Disaster Reduction Literacy

防災リテラシー

第2版

太田敏一・松野 泉 共著

森北出版株式会社

推薦のことば

防災科学技術研究所理事長　林 春男

21 世紀前半のわが国には，国難というべき大災害が待ち受けています．南海トラフ地震の発生は確実視されています．首都直下地震も，発生すると甚大な被害をもたらします．どちらも国の存亡にかかわるほどの脅威です．こうした危機感を背景にして，それを乗り越えていくには，私たち一人ひとりがそのことを理解し，必要な備えをし，いざというときには適切な行動をとっていける力をもつべきであることを説くのが本書です．この力が「防災リテラシー」です．

リテラシーはものを学ぶ力のことです．リテラシーを高めることで，その後自ら調べ，自ら考えていくことが可能になります．その意味で，この本は防災の百科事典ではありません．しかし，防災に関して最低限知っておくべきことが，簡潔に，わかりやすくまとめられています．このテキストで学ぶことで，災害や防災についての見方が変わると思います．

本書は対象とするハザードについても，とるべき対策についても，類書にはない幅広い視野で書かれたテキストです．自然災害を中心に取り上げていますが，いわゆるオールハザードアプローチが採用されており，わが国社会が直面するさまざまな危機に対応できる力をもつことを目的として書かれています．とるべき対策についても，被害の未然防止，発災した場合の被害拡大防止，速やかな復旧・復興という防災・減災にかかわるすべての局面を取り上げ，阪神・淡路大震災と東日本大震災での事例を踏まえて，私たちがそれぞれの立場で何をすべきかが具体的に書かれています．

本書のもう一つの特徴は，バランスの良さです．本書では防災・減災に関するさまざまな研究成果も紹介されています．しかし，単に成果を寄せ集めたのではなく，著者たちの 20 年以上にわたる防災との関わりから得られた経験をもとに，成果を公平公正に評価し，ていねいに体系的な整理がされています．

最後に，私自身は防災行政という視点からの優れた教科書が生まれたと感じており，若い人たちだけでなく，防災の実務にかかわるすべての人にもぜひ読んでいただきたいと思っています．

はじめに

日本はきわめて災害の多い国です．災害リスクは，世界の先進国のなかでも突出して高い数字となっています．国連大学のWorld Risk Report 2016では，自然災害に直面しているリスクは世界で第4位となっています[1]．このような例をもち出すまでもなく，2011年3月に起こった東日本大震災は，日本の災害の脅威を私たちの目の前に明らかにしました．その後も，熊本や北海道など，日本各地で地震が起こりました．地震だけではなく，2018年には西日本の広域を豪雨が襲い，2019年には台風が中部地方から東北地方にかけて猛威をふるいました．そして，2020年に入ってからは，新型コロナウィルスという未知のウィルスの登場により，世界中がその脅威にさらされています．このような現実に対して，私たちはどのようなことをすべきでしょうか？

災害に立ち向かうための基本的な知識を「防災リテラシー」といっています．災害が多い日本でこれから活躍していこうとする若い人にとって，災害やそれへの対応を知っていることは不可欠です．とくに，職場の最前線で活躍していくことになる若い人にとって，防災の基本的なことを理解し，かつ行動できるリーダーとしてこの「防災リテラシー」を身につけることは，非常に重要な意義があります．

本書は，「防災リテラシー」を学ぶためのテキストとして以下の点に留意して作成されています．

①幅広い防災・減災についての生きた知識を取得

地震や津波だけでなく，幅広い種類の災害を対象として，その基本を理解できるようにしました．また，実際にどのようなことが起こったのかが理解できるように，現場での状況や実務にかかわることも多く紹介しています．

②専門的な分野に深入りせずに，防災・減災において必要不可欠な事項を厳選

防災・減災の分野は非常に幅が広く，厳選して学ぶことが重要です．必要と考えられる要素を厳選し，理解しやすい平易な表現で記述しています．

③ほぼ最新の情報を紹介

災害の多い日本では，頻繁に新しい災害が発生しています．そして，それに応じた新しい知見が公表され，政府や民間での新しい対応策が発表されています．そのような状況をなるべく反映するために，増刷や改訂の際には最新の情報を紹介する

1）Wold Risk Report 2016, p. 49（United Nations University）

ように心がけています．本書は2016年3月に初版を発行し，おかげさまで多くの学校の教科書として採用されています．今回の改訂にあたっては，初版以降に発生した豪雨災害や地震災害などの情報も加えました．

いま，もっとも心配されている南海トラフ地震は，30年以内に起こる確率が70～80%という高い数字が示されています．また，地球温暖化などで自然災害が今後もますます激化し，多発することは避けられないと思います．本書をおおいに活用して，防災・減災に対するしっかりした理解力をもち，この書を学んだみなさん方が将来の災害において頼れるリーダーとして活躍してくれることを願っています．

なお，防災リテラシー研究所のホームページでは学習の参考となる基本的な情報を公開しています．また，本書を活用して講義される方や防災学習をされる方々のために，教科書に掲載していない情報や指導にあたってのポイントなどを出版社の協力でウェブ上に掲載していく予定です．

https://www.morikita.co.jp/books/mid/045292

元 明石工業高等専門学校 特命教授
防災リテラシー研究所 代表　太田敏一

「防災リテラシー」の趣旨

これから日本の産業界を担う若きエンジニアに対して，これまで技術者の立場からの防災教本があまり存在しておらず，あっても土木・建築系が中心のものが主体でした．今回，従来の一般的な防災・減災知識のみならず，土木・建築系の範囲に加え，機械系，化学系，電気・情報系の防災・減災知識を含めて，エンジニアとして知っておくべき基礎的な防災リテラシーをまとめました．

しかし，技術系ではない読者に対しても，防災・減災を学ぶうえでの総合技術として知っておくべき知識をまとめていますので，十分に理解・活用できる内容であると思います．

言うまでもなく日本は世界でも類のない災害大国であり，このため災害に対する予知・防災・減災の対応が世界最先端であることは疑う余地はありませんが，災害の種類の多さ，因果関係の複雑さ，これに伴い必要とされる対応技術の多様さなど，まだまだ技術開発が不十分であり，とくにしっかりと系統だった防災の基礎知識をもつエンジニアが多分野にわたり必要とされています．

みなさんには，本書でもって系統的に防災・減災の基礎知識を吸収し，発展的に最先端の知識を勉強し，自らが国土強靭化（レジリエンス）の一翼を担う技術者を志していただけることを期待します．

技術者としてのみならず，1人の日本人として，大災害に直面した際に，自らと家族の命と安全を守り，友人や居住地などにおける近隣の方々，地域の住民の防災リーダーとして，もしくは，企業や官公庁などの組織・団体における防災リーダーとして，色々な局面で臨機応変に対応できる能力を身に着ける一助となれば幸いです．

元 明石工業高等専門学校 特命教授　松野 泉

主な改訂内容

数値データのアップデートなどに加え，第 2 版では下記の点を変更しています．

［第 1 章］

・災害関連死および避難所での課題を追加

・東日本大震災被災地の伝承施設の紹介

［第 3 章］

・液状化の最新事例を追加

［第 5 章］

・2018 年西日本豪雨と 2019 年台風 15 号，19 号豪雨災害を紹介

・内水氾濫の事例として台風 19 号の丸森での事例を追加

・豪雨災害の際の避難について加筆

・台風 19 号での千曲川氾濫と新幹線車両基地の浸水を追加

［第 6 章］

・大火の定義を追加

・不燃領域率の計算式を追加

［第 7 章］

・大規模盛土での宅地災害を追加

［第 8 章］

・北海道胆振東部地震でのブラックアウトを追加

・震災での電気，電話の被害を追加

［第 9 章］

・5 段階の大雨警報レベルとその説明を追加

・感染症に新型コロナウィルスを追加

・外務省が提供する「たびレジ」登録を追加

・日本の緊急事態宣言を追加

［第 11 章］

・南海トラフ地震における臨時情報と事前避難計画を追加

［第 15 章］

・フォース・マジュールについて説明を追加

もくじ

＊執筆担当：太田（第 1 ～ 5，7，8，10，11 章）
　　　　　　松野（第 6，9，12 ～ 15 章）

Chapter 1　災害に立ち向かうために ―大震災の経験をもとに―

この章では…

阪神・淡路大震災と東日本大震災の被害の実態，および大災害への対応について学びます．

1.1　はじめに

1995 年 1 月 17 日，神戸を中心とする阪神地方から淡路島にかけて大きな地震災害が起こりました.「**阪神・淡路大震災**」です．この地震により 6,400 名以上の人命が奪われ，多くの建物が壊れ，生活のインフラがすべて破壊されました．人々の生活のためのシステムはほとんど機能せず，被災地の市民生活はきわめて混乱しました．そして，その災害からの復興には，おおむね 10 年という長い年月が必要となりました．

この大震災後も，全国各地で大きな地震が起こりました．鳥取県西部地震（2000 年），芸予地震（2001 年），十勝沖地震（2003 年），新潟県中越地震（2004 年），能登半島地震（2007 年），新潟県中越沖地震（2007 年），岩手宮城内陸地震（2008 年），そして，2011 年 3 月 11 日には**東日本大震災**が起こりました．その後も，熊本地震（2016 年）や北海道胆振東部地震（2018 年）などが発生しています．

地震や津波だけではなく，日本では，大きな台風が毎年のように襲い，強風や豪雨で大被害をもたらしています．また，火山の噴火もあります．このように日本に大きな災害が多いのは，日本が海と山に恵まれ，また，四季をもつすばらしい気候に恵まれているためでもあります．美しくすばらしい日本の自然は，災害をもたらすもう一つの顔をもっているのです．また，日本の発達した都市のシステムは，そこに住む人々に快適な生活を提供しているように見えますが，実は，それが災害への**脆弱性**《ぜいじゃくせい》の原因ともなっています．そして，このような災害に，これまで私たちは力を合わせて立ち向かい，生きてきました．災害の多い日本で生きていくためには，この災害にどのように立ち向かうかを知ることが重要です．

まずは，大災害が起こったらどのようなことが起こるのか，最初の 1 か月を中心に，災害に立ち向かう方法について考えていきましょう．

1.2 阪神・淡路大震災直後の状況

実際の大災害ではどのようなことが起こったのでしょうか？ まず，阪神・淡路大震災の場合を見てみましょう．1995年1月17日，真冬の未明5時46分，突然，大地が激しく揺れました．揺れた時間はわずか20秒足らずでしたが，阪神地域から淡路島にかけて，大きな被害が発生しました．

多くの建物が崩壊しました．住宅，マンション，ビル，鉄道，道路…．地上のほとんどのものが大きな被害を受けました(図1.1～1.3)．また，火災も起こりました(図1.4)．朝6時までのわずかな時間に，神戸市では約60件の火災がほぼ同時に発生しました．そしていったん起こった火災は，消防力の不足，あるいは消火のための水の断水など

図1.1　神戸市役所の２号館は６階部分が圧壊した．（荒井 勲 撮影）

図1.2　阪神高速道路も大きな被害を受けた．写真の場所は，およそ600 mにわたり橋脚が折れて倒壊した．このことは，安全といわれていた日本の土木構造物の安全神話が崩壊した象徴とされた．（神戸市）

図1.3　鉄道も大きな被害を受けた．阪神電鉄大石付近．（阪神大震災全記録，神戸新聞社）

図1.4　発生した火災．消火の水が不足し，燃え広がった．（神戸市）

でなかなか消すことができませんでした．水だけでなく，電気が途絶え，電話がつながらなくなりました．都市ガスも多くのところで供給不能になりました．鉄道も完全にストップしました．わずかな時間の揺れが，都市の機能を完全に停止させました．

大きな災害が起こると，被災した地方自治体が「**災害対策本部**」を設置することになります．災害対策本部にかかってくる市民からの電話の多くは，安否の確認でした．とくに多かったのは企業からの問合せで，自分の会社の職員が無事かどうかでした．また，**避難所**は市内の小中学校を中心に開設されているはずですが，断片的に集まる情報によると，当時の**地域防災計画**で避難所にすることを想定していなかった県立高校や公園，広場にまで避難者がいたようです．しかし，災害対策本部では，当日の段階では実態の把握はまだほとんどできていませんでした．そのような状況ですので，個々の市民の安否などわかるはずはありません．しかも，後ほどわかるのですが，避難所には20万人以上もいたのです（図1.5）．また，物資の不足を訴えてくる電話も多くありました．被災1，2日後には，「粉ミルク」「毛布」「生理用品」の三つが不足していると多くの避難所から電話がありました．そこで，電話の受付の横にその旨を大きく紙に書いて貼り出したところ，テレビがその紙を放映したことで，多くの物資が届けられました．

図1.5　避難者でいっぱいの避難所（神戸市長田区神楽小）．（阪神大震災全記録，神戸新聞社）

一方，街の中では，多くのところで人々が壊れた建物に押しつぶされ，近所の人たちが必死に建物の中に閉じ込められた人たちを救出しようとしていました．消防は，水が十分使えないながらも，何とか火事を食い止めようと奮闘していました．病院にも，多くの負傷者が押し寄せていました．病院そのものの被災による対応と，外来患者の対応との両方を，電気も水もないなかで行わなければなりませんでした．

鉄道はすべてストップしました．水や電気などライフラインも多くのところで止まりました．電話も，安否をたずねる電話の殺到で回線が混み合い，非常につながりにくくなりました．市役所の電話は，災害時の優先電話となっているため何とか使えましたので，市役所の各局は，所管の被害情報を必死になってかき集めていました．

災害直後の災害対策本部は，おおよそこのような状況です．この当時を振り返ってみて強く思うのは，被害が大きいところほど情報は外部に出て行かず，外からもこないという，情報の真空地帯のようになってしまっているということです．

1.3 東日本大震災の状況

2011 年 3 月 11 日の東日本大震災では，地震の揺れの後，大津波が押し寄せました．多くの人がこの大津波で命を亡くしました．また，その大津波が原因で，火災も発生しました．さらには，福島県では**東京電力(株)福島第一原子力発電所**が大津波に襲われ，非常用電源も機能しなくなり，炉心溶融を起こす大事故となりました．このように，東日本大震災は，阪神・淡路大震災とは異なった被害となっています．

図 1.6 は，岩手県宮古市での津波がまさに入ってくるときの写真です．海底の泥を巻き上げた真っ黒な水が入り込んでいます．図 1.7 は，宮城県仙台市若林区の 10 日後の写真です．ここは**海岸平野部**ですが，すべてが流されています．図 1.8 は，宮城県女川町の 1 か月後の状況です．ここは**リアス（式）海岸**にある町で，津波で鉄筋コンクリートのビルが 6 棟倒壊しました．

図 1.6 津波が入ってくる瞬間．（宮古市 提供）

図 1.7 何もかも流されてしまった（仙台市若林区）．（太田撮影，2011 年 3 月 21 日）

図 1.8 ビルの上に車が流されて止まっている（女川町）．（太田撮影，2011 年 4 月 11 日）

1.4 大震災後に起こること

阪神・淡路大震災と東日本大震災を比較すると，災害を引き起こした**ハザード**（外力）はともに地震ですが，一方は都市部を中心に襲った**直下型地震**であり，もう一つは，点在する沿岸の市や町を襲った**海溝型（プレート境界型）地震**と**津波**です．前者では地震の揺れにより多くの住宅が倒壊しましたが，後者では津波による被害が中心でした．このように，二つの災害は異なるものですが，その後に起こっていることには共通部分も多くあります．ここではまず，阪神・淡路大震災後の流れを中心に整理してみましょう．

(1) 大震災の起こった地域 —震災の帯・・・

阪神・淡路大震災を起こしたハザードは，「兵庫県南部地震」という内陸直下型の地震です．この地震の結果，「**震度 7**」が日本で初めて公表されました．震度 7 は，1948 年 6 月 28 日の福井地震の被害があまりにも大きかったため，それまでは震度 6 が震度の最大値であったものを，さらに上の新たな基準が必要であるとして定められたものです．しかし，その基準が定められて以降，震度 7 にいたる大地震は起こっていませんでした．震度 7 となったのは図 1.9 に示す地域で，この地図が発表されたのは 3 週間後の 2 月 7 日でした．発表がこれだけ遅くなったのは，当時の震度 7 の定義が「3 割以上の家屋の倒壊」となっており，現地を確認してから決定しなければならなかったためです．この震度 7 の地域が帯のように広がっているので，「**震災の帯**」とよばれています．

阪神・淡路大震災と東日本大震災の被害は表 1.1 のとおりです．被害のエリアは，阪神・淡路大震災では 50 km 程度でしたが，東日本大震災は 500 km にも及びます．地震の規模を表す地震のマグニチュードは 7.3 と 9 で，これも大きく違います．これは，阪神・淡路大震災の場合は，直下の活断層が動いたためにその近くの限定的な地

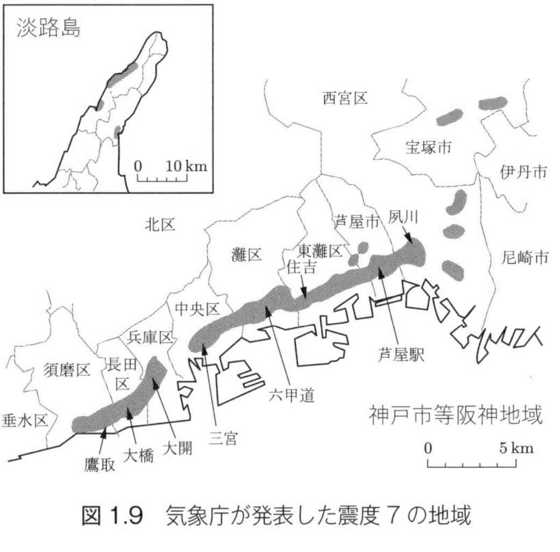

図 1.9 気象庁が発表した震度 7 の地域

表 1.1 二つの大震災の被害

	阪神・淡路大震災①	東日本大震災②
死者（人）	6,434	18,703
行方不明者（人）	3	2,674
負傷者（人）	43,792	6,220
全壊（棟）	104,906	126,574
半壊（棟）	144,274	272,302
一部破損（棟）	390,506	759,831
床上浸水（棟）	—	3,352
床下浸水（棟）	—	10,217

消防庁 ①平成 18 年 5 月 19 日発表
②平成 25 年 9 月 9 日発表

域に被害が現れたのに対し，東日本大震災では，太平洋の日本海溝に沿って大きく断層が動いたためです．死者・行方不明者も 3 倍以上となりました．ところが，住宅の被害を見てみると，全壊棟数はあまり変わりません．阪神・淡路大震災は密集した都市で地震が起こったため，狭い地域で東日本大震災とほぼ同じくらいの数の住宅が壊れました．

（2）人的被害の特徴・・・

ハザードが同じ地震でも，大震災での死因については異なった様相を示します．1923 年の関東大震災，1995 年の阪神・淡路大震災，2011 年の東日本大震災の三つの大震災を比較してみましょう．

阪神・淡路大震災で亡くなった人の死因は，建物や家具の下敷きになったことによるの圧死・窒息死が 83 ％であり，焼死は 13 ％ですが，これは関東大震災や東日本大震災と比べて非常に特徴的です（図 1.10）．

1923 年（大正 12 年）9 月の関東大震災では 10 万人以上が亡くなりましたが，そのうちの 9 割近くの死因が火災によるものです．これは，関東大震災のときの気象条

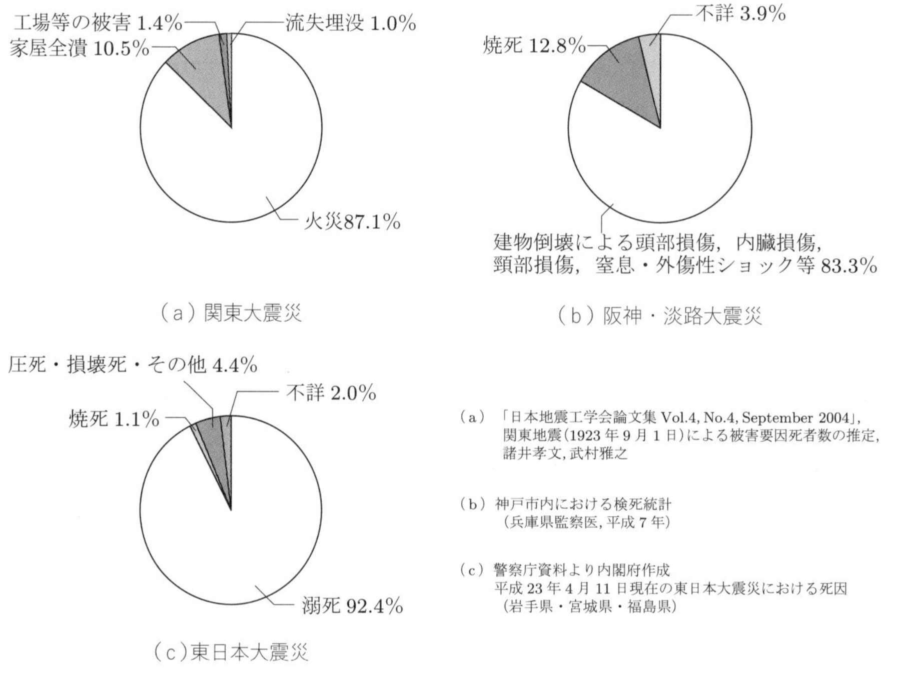

（a）関東大震災

（b）阪神・淡路大震災

（c）東日本大震災

（a）「日本地震工学会論文集 Vol.4, No.4, September 2004」，関東地震（1923 年 9 月 1 日）による被害要因死者数の推定，諸井孝文，武村雅之

（b）神戸市内における検死統計（兵庫県監察医，平成 7 年）

（c）警察庁資料より内閣府作成 平成 23 年 4 月 11 日現在の東日本大震災における死因（岩手県・宮城県・福島県）

図 1.10　三つの大震災の死因の比較

件や発生時刻，また，建物の密集度や防火性などが関係していると考えられます．関東大震災以降，火災中心の地震対策を考えてきた日本の防災対策にとって，阪神・淡路大震災は，地震が起これば建物が壊れ，その下敷きになって人が亡くなるという基本的なことを改めて認識させるものでした．一方，東日本大震災では 9 割以上が溺死となっており，そのときの津波の脅威を物語っています．

(3) 発生した時刻，季節・・・

災害は，起こった時間，季節などに大きく左右されます．阪神・淡路大震災は未明の 5 時 46 分，季節は真冬です．この日は，連休明けの火曜日，風はあまり強くはありませんでした．一方，関東大震災は 1923 年 9 月 1 日土曜日で，地震が起こった時刻は 11 時 58 分，お昼どきでした．しかも，風速 15 m ほどの強風が吹いていました．ちょうど昼食の支度をしている家が多かったため，地震でいくつかの箇所で火事が起こり，強風のため大きく燃え広がりました．このように，起こった時間や気象条件が災害の様相を大きく変えています．もちろん，1923 年の東京は，炊事も炭や薪などの直火《じかび》を使用していて，壊れた家に引火しやすく，家も狭い路地に木造家屋が密集していましたし，逃げる人たちがリヤカーに布団などの燃えやすいものを満載してごったがえしていたなどの悪条件も重なっていました．図 1.11 は，関東大震災の際に皇居の二重橋前の広場に逃げてきた人たちの様子です．リヤカーに家財や布団を山のように積んでいます．東京本所の陸軍被服廠《ひふくしょう》跡地では，逃げてきた人たちの上を竜巻となった火災旋風が襲い，38,000 人もの人が熱風に包まれて焼死しました．

図 1.11　二重橋に逃げてきた東京市民
（東京都復興記念館所蔵写真（部分））

阪神・淡路大震災でも火事はかなり燃え広がりましたが，幸いなことに，関東大震災ほどには類焼が拡大せずにすみました．これは，阪神・淡路大震災当時の風速が小さかったことや，住宅の耐火性能の向上，道路や公園の存在なども関係していると考えられます．

東日本大震災は，地震が起こったのは 2011 年 3 月 11 日金曜日の午後 2 時 46 分でした．このときは，多くの学校ではまだ終業式を終えていなかったので，一部で早く帰宅した子供はいたものの，多くは学校に残っていました．そのため，学校での避難誘導が可能となり，加えて，これまでの訓練の成果もあり，子供たちの被害は比較的少なかったといわれています（p.48「釜石の奇跡」参照）.

同じ平日の午後でも，2008 年 5 月 12 日月曜日の午後 2 時 28 分に起こった中国の四川大地震（汶川《うぇんちゅわん》地震）は悲惨でした．東日本大震災ときわめてよく似た時刻です．このとき，中国では多くの子供たちが学校にいました．そして，多くの学校の建物が，この大地震で倒壊しました．その結果，死亡した生徒が 2 万人近く，震災死亡者全体の 2 割に達したと伝えられています．

このように，災害が生じる時間は災害の様相を大きく左右します．また，その季節も，その後の避難生活に大きな影響を与えるのです．

（4）多くが近所の人に助け出された・・・

阪神・淡路大震災では，多くの人が建物の下敷きになって亡くなりましたが，建物の下敷きになったものの，何とか助け出された人も非常に多くいます．どれだけの人が，いったん地震で壊れた家や家具の下敷きになったのかの統計はありませんが，ある調査研究[1)] では，20 万人は閉じ込められたと推計されています．そして，日本火災学会での報告によると，閉じ込められた人たちは，95 %の人が自力で脱出，あるいは近所の人などに救出されました（図 1.12）.

図 1.13 は，阪神・淡路大震災の直後に倒壊した家の中から，生き埋めになった人を救出しようとしている際の写真です．救出に参加しているのは，すべて近所の人たちです．一般の市民が，あり合わせの道具を使って必死で救出しようとしています．このようにして，多くの人たちが壊れた家々から助け出されました．

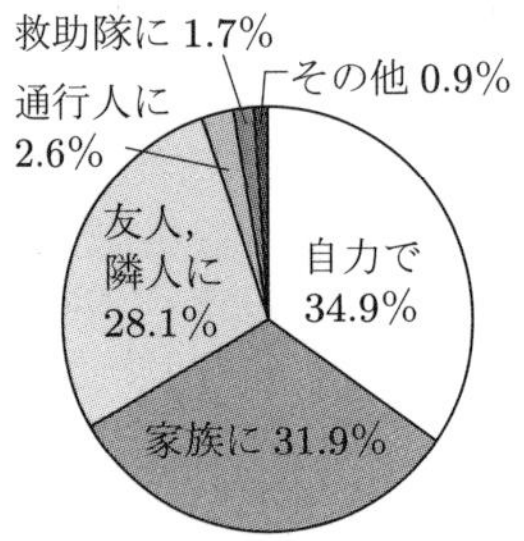

図 1.12　誰に救出されたか
（日本火災学会「兵庫県南部地震における火災に関する調査報告書」）

図 1.13　倒壊した家屋の下に埋もれている人を救出する市民（阪神大震災全記録，神戸新聞社）

1）「震度分布を既知情報とした人的被害の推定手法 —死傷から閉じこめ者分布へ—」村上ひとみ他，東濃地震科学研究所，Seq. 3.

（5）避難所に避難する・・・

大災害が起こったとき，どこに避難するかを家族で決めていますか？ もし，東日本大震災のときのように発生時間が平日の日中なら，たとえばお父さんは会社，子供は学校，お母さんは家に，というように，みんなバラバラになっていることも想定されます．事前に決めていなければ，どこにいるのか探し回らなければなりません．

阪神・淡路大震災の発生は夜明け前でしたので，多くの家族は家に一緒にいました．そこで，多くの人たちは，みんな一緒に**避難所**に避難することになったのです．家がつぶれなかった人たちのなかにも，余震が恐ろしくて，自分の家から出て避難した人たちがたくさんいました．

図 1.14 は，阪神・淡路大震災の後，神戸市で避難所に来た人数の推移を表しています．ピーク時には，599 か所の避難所がありました．避難所数が最大になったのは地震から 9 日後の 1 月 26 日です．また，避難者数が最大だったのは 7 日後の 1 月 24 日で，236,899 人でした．一方で，避難所就寝者数が最大となったのは震災翌日の 1 月 18 日で，222,127 人でした．ここで不思議なのは，この三つのピークの日が，震災当日ではないこと，そしてそれぞれ異なることです．

避難所の実態を把握するのには時間がかかります．避難所となったのは学校，公園・広場，公共施設などです．全体の 8 割の人たちが学校に避難しました．震災直後に自然発生的に避難所となったところも多くあり，市町の地域防災計画に予定されていないところでも，避難所になっていました．そのため，その把握ができたのが翌日以降であったと考えられます．また，被災地では余震が続きました．そのため，いったん

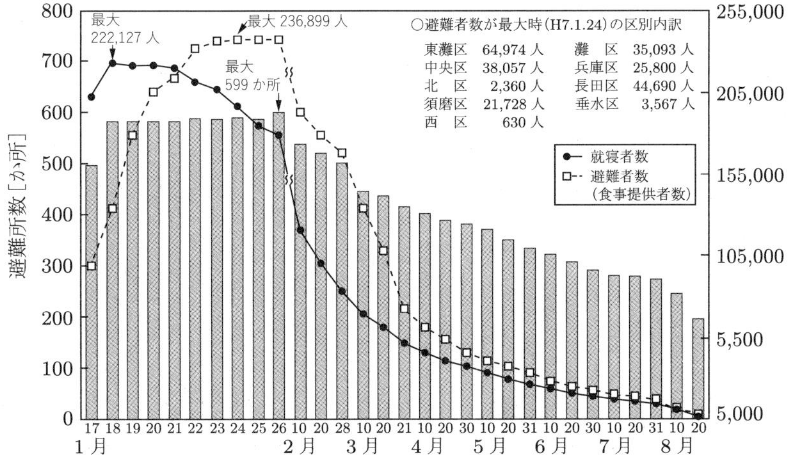

図 1.14　避難者数の推移（阪神・淡路大震災 神戸市の記録，平成 8 年 1 月）

家に帰った人たちも，結局は被災した家で住むことをあきらめ，避難所に集まってきました．被災地ではライフラインが途絶しており，電気もガスもない状態では食事をつくることもできません．食事を確保するためにも避難所に来る必要がありました．1 月 24 日が避難者数で最大になっているのは，そのときに供給した食事数を表しているためです．すなわち，避難所内で就寝していなくても，周辺の公園で自動車を停めたり，テントを張ったりしている人たち，あるいは，夜は壊れかけた自宅で就寝している人たちも避難所に食事の配給をもらいにきているため，このような数字として現れていると考えられます．また，避難所も，当初認定していなかったところや公園なども避難所として登録し，食事を供給するようにしました．そのような推移のなかで，避難所の登録数が少し遅れてピークになったと考えられます．

避難所の運営は，当初かなり混乱しました．たとえば，避難所のなかには，水が出ないために少し経つとトイレに大便が山のように溜まり，とても使える状態でなくなったところがありました．その後，清掃当番や水を溜めておいて流すなどのルールを決めて，そのようなことは起こらなくなりました．同じようなことは多くの避難所で起こっています．

大きな避難所には千人以上もの人たちが寝泊まりしていましたので，プライバシーはほとんど保てません．女性は着替えをするのにも困りました．また，授乳する場所もなかなかありません．さまざまな困難な状況が避難所にはありました．しかし，そのようななかでも，避難所に徐々に秩序が生まれ，整然と運営されるようになりました．避難所の運営を行ったのは当初は避難所となった学校の先生方が多かったのですが，その後，避難者のリーダーが運営に参画するようになりました．

東日本大震災の避難所では，当初から住民のリーダーが運営に参画しているケースが多く見られました．また，場所に余裕があるところは，家族ごとに簡単な段ボールの仕切りがなされたりしているところもありました．おそらく，阪神・淡路大震災の際の経験が活かされているのでしょう．このように，被災後のさまざまな局面で，被災者が自らの力で行動していくことは重要です．しかし，混乱した状況で被災者自らが行動していくことは容易ではありません．大災害における状況を学んでおくことで，そのようなときにも適切にリーダーシップを発揮できるようになると思います．

（6）災害関連死・・・

2011 年の東日本大震災や 2016 年の熊本地震などで，「**災害関連死**」への関心が高まりました．東日本大震災では全体の死者・行方不明者（22,252 人）の 17%（3,739 人）が関連死でした．熊本地震では，全体の死者数（270 人）の実に 80%（215 人）が関連死でした（熊本地震では最初の震度 7 の揺れの 28 時間後に本震が起こり，揺れが大きかった2回目では多くの人が避難中であったため，直接死が少なかったという指摘もあります）．なお，阪神・淡路大震災での関連死は932人（14%）でした．

災害関連死の原因とされているのが，避難生活を過ごす間でのさまざまな困難な状況で，とくに重要と指摘されているのが「**トイレ，食事，就寝場所**」です．避難生活ではトイレが不足しやすく，トイレに行くのを控えたり，水分を取らなくなる傾向が強くなりますが，それが原因で，さまざまな病気を引き起こすことになります．避難所での食事も簡易なものになりがちで，栄養のバランスや，アレルギーのある人への対応には限界があります．就寝場所についても注意が必要です．避難所では眠れないからといって車の中で寝たり，狭い場所での就寝などであまり体を動かさなくなったりすることにより，「**エコノミー症候群**」という病気にもなります．また，体育館の床に直接布団を敷く場合が多いため，お年寄りや体に障がいがある人は，立ち上がったりもできなくなってしまいます．そのようなことから，最近では「**段ボールベッド**」を避難所に備蓄したり，配給したりするようにもなってきています．

また，阪神・淡路大震災などではインフルエンザなどの**感染症**による関連死も多かったことが報告されています[1]．これは，おおぜいの人々が，冬季のインフルエンザ流行期に過密で過酷な避難所という環境で生活せざるを得なかったことに起因していると考えられます．2020年に発生した新型コロナウィルスの流行期のような時期に大災害が発生する場合には，避難所の衛生環境にはとくに十分配慮することが重要です．また，このような課題の多い避難所生活そのものをいかに短期間で終わらせるかも重要です．

さらに，東日本大震災での震災関連死の4分の1が障がいをもっている人であったということが報告されています[2]．避難所における障がい者への配慮には特別な注意が必要です．

このようなことを踏まえて，避難所の運営においては，地域の実情にあった運営がなされることが重要です．そのためには，行政だけに任せるのではなく，地域のことをよくわかっているリーダーのもとで，避難所にいる人たちも参加した体制づくりを早急に行えるように，災害が起こる前から地域でよく話し合い，必要な情報や計画をもっておくことが大切です．そして，災害が起こる前に，計画に基づいた訓練をしておくことが，いざというときに役に立ちます．災害でせっかく助かった命をその後の避難生活で亡くしてしまわないように，地域の力を育てておくことが重要です．

そのための方策の一つとして，地域で防災リーダーを養成する取組みが行われてい

1）「震災関連死におけるインフルエンザ関連死の重大さ」上田耕蔵（都市問題2009年12月号）．
2）共同通信社アンケート結果（2020年3月1日）．

ます．内閣府では「災害被害を軽減する国民運動」[1)] を提唱し，さまざまな取組みを紹介するとともに，「地域防災リーダー入門テキスト」[2)] を公開するなどの支援を行っています．加えて，日本防災士機構は，各地域で防災士養成研修講座を開催し，多くの防災士が生まれています（2020 年 9 月現在約 20 万人）．

また，地域での取組みが重要であることから，平成 25 年には災害対策基本法において「地区防災計画制度」が創設されました．これに基づいて，市町村よりも小さい地区の単位での防災計画を自主的に策定し，それを市町村の地域防災計画に組み込むことができるようになりました．内閣府「みんなでつくる地区防災計画」[3)] には，それに関するさまざまな情報が掲載されています．これらを参考にしながら，地域の防災力を高めていきましょう．

Question

障がいをもつ人が避難所で生活する際に，どのような困りごとがあるか，みんなで話し合ってみましょう．

(7) 膨大な支援物資の配布・・・

避難所の状況が報道されると，全国から多くの**支援物資**が届くようになります．全国から温かい支援の気もちとともに送られてくる支援物資ですが，非常に膨大な量であり，これらがすべて被災市町村宛てに送られてくるため，それらの市町村職員だけの対応ではとてもさばききれません．なぜなら，送られてきた大量の支援物資を避難者がいる個々の避難所に届けなければならないからです．そのためには多くの労力が必要となります．そして，そのために多くのボランティアが活躍します．

(8) ボランティア・・・

阪神・淡路大震災の前にも，日本では徐々にボランティアの萌芽がみられましたが，この大震災で，それが爆発的に起こりました．そのことから，この年を「**ボランティア元年**」とよんでいます．大震災後，突然膨大な人数のボランティアが被災地で活動しようとやってきたために，当初は，受入れ側にかなりの混乱がありました．また，ボランティアをする側も，何を基準に考えたらよいのかわからないために，未熟な動きもありました．その後，中越地震などの経験を経て，災害後すぐにボランティアセンターが立ち上がるなど，しっかりした仕組みができていますし，また，ボランティアをする側も自立心としっかりとした規範をもって行動するようになりました．

---

1) http://www.bousai.go.jp/kyoiku/keigen/index.html
2) http://www.bousai.go.jp/kyoiku/keigen/gensai/leader_text.html
3) http://www.bousai.go.jp/kyoiku/chikubousai/

（9）応急危険度判定と罹災証明・・・

地震で建物が損壊して壁に亀裂が入ったり傾いたりした場合に，その中に残っていても大丈夫かどうかについては，専門の知識がないと判断がつきません．そこで，知識をもったボランティアの専門家が被災地の建物に判定結果を貼っていきます．これを**応急危険度判定**といいます．安全な場合には緑の地色に「調査済」と書いた紙を，要注意の場合は黄色の地色に「要注意」と書いた紙を，そして，そのままいることが危険な場合には，赤い地色に「危険」と書いた紙を貼っていきます．この赤札を貼られた建物に入ると危険です．

一方，被災した市民にはさまざまな支援の手が差し伸べられます．先ほどの避難所の提供や避難所での食事の提供も，「**災害救助法**」という法律で定められています．また，多くの人たちからの善意の品物や**義援金**が届きます．義援金以外にも「**被災者生活再建支援法**」という法律で，全壊や半壊などの被害の程度に応じて生活再建のための支援金が支給されます．避難所から**仮設住宅**に移ったり，その後，自力で住むところが確保できなければ**災害復興公営住宅**に住めるようになど，さまざまな公的な支援策がありますが，そのもっとも基礎的なものが「**罹災《りさい》証明**」です．前述の「応急危険度判定」とは別のものですので，被災したら，行政からの支援を得るために，必ず罹災証明をもらうことが大切です（住宅の罹災証明についてはp.101で詳しく説明します）．

【阪神・淡路大震災について学ぶために】

阪神・淡路大震災については，非常に多くの記録や文献をインターネットから入手することができます．そのなかで，もっとも収集数が多いものが神戸大学の「震災文庫」です．そこでは，収集した文献をスキャンしたデジタルデータとして大量に保管して公開しています．

震災文庫：http://www.lib.kobe-u.ac.jp/eqb/

また，人と防災未来センターには，震災関係の膨大な資料が整理されています．

神戸市では，阪神・淡路大震災の記録写真をオープンデータとして公開しています．

阪神・淡路大震災「1.17の記録」：http://kobe117shinsai.jp

神戸市が取りまとめた「阪神・淡路大震災の概要及び復興」（平成23年1月）はコンパクトにまとまっており，また，インターネット経由で全文が入手できます．英語版もあります．

【東日本大震災について学ぶために】

東日本大震災についても，インターネット経由で多くの資料が入手できます．国土交通省東北地方整備局の「震災伝承館」は，写真データも豊富で，二次利用も可能です．

震災伝承館：https://infra-archive311.jp/

また，東日本大震災の関連で，国主催の多くの検討会議が開催されました．これらをすべて紹介することはできませんが，まず，「東日本大震災復興構想会議」について関連資料と提言を見ることをお勧めします．

東日本大震災復興構想会議・議事資料：https://www.cas.go.jp/jp/fukkou/

【災害の伝承施設】

大きな災害の記録と記憶を後世に継承していくことは，つぎの災害に備え，災害に強いまちにしていくために大切なことです．阪神・淡路大震災のあと，「人と防災未来センター」（神戸市）や淡路島の野島断層を保存した「北淡震災記念公園」（淡路市）などの伝承施設ができました．東日本大震災被災地では，被災地が海岸沿いに広く点在していることから，各地域で多くの伝承施設が整備されています．

たとえば，陸前高田市では，高田松原・津波復興祈念公園と東日本大震災津波伝承館（いわてTSUNAMIメモリアル）が2019年9月にオープンしました．近くの「奇跡の一本松」や震災遺構とあわせて震災を学び，また，犠牲者を鎮魂する慰霊の場となっています．宮城県でも，伝承と慰霊の場として国立の石巻南浜津波復興祈念公園が整備中（2021年3月完成予定）です．

宮城県気仙沼市では，被災した向洋高校の校舎をそのまま震災遺構として保存した「気仙沼市　東日本大震災遺構・伝承館」が2019年3月にオープンしました．また，東松島市では，津波で流された仙石線野蒜駅をそのまま保存した「東松島市 東日本大震災復興祈念公園」があります．これらの施設では，被災した姿を目の当たりにできるほか，当時の写真や資料で震災を具体的に学べるようになっています．

このように，東日本大震災の被災地では，各地で震災遺構や伝承施設が整備されてきています．「震災伝承ネットワーク協議会」（国土交通省東北地方整備局が事務局）では，登録制で，逐次，整備された震災伝承施設を紹介しています．もっともグレードの高い第3分類の伝承施設の登録だけでも61施設（2022年12月末現在）になっていて，今後まだ増える見込みです．下記のウェブページで確認して，各地の施設を訪れてみてください．

震災伝承ネットワーク協議会：
https://www.thr.mlit.go.jp/sinsaidensyou/sisetsu/index.html

Chapter 2　災害とは

この章では…

大きな災害に被災するとはどういうことか，また，災害とは何か，それに備え，災害に立ち向かうこととはどういうことかを学びます．

2.1　被災するということ

前章では大震災の後の状況を簡単に紹介しましたが，ここでは，「被災する」ということについて考えてみましょう．被災する，と一言でいっても，実は，そのレベルは「命を亡くす」「財産を失う」「毎日の生活に支障が出る」「恐怖を体験する」などさまざまです．

この恐怖心は，場合によっては心に傷をつけ，いつまでも消えずに残ることがあるといわれています．阪神・淡路大震災の後，**PTSD** についてしきりに報じられました．PTSD とは Post Traumatic Stress Disorder の頭文字をとったもので，日本語では「心的外傷後ストレス障害」といわれます．これは，災害などで強烈なショックやストレスを経験したことによる心の傷（**トラウマ**）がもとになり，さまざまなストレス障害を引き起こす病気です．一見健康に見える人でもこの病気にかかっている場合もありますので，適切な対応が必要です．阪神・淡路大震災を契機に被災者の心理問題への社会の関心が非常に高まり，その対策を総称して，「**こころのケア**」とよばれるようになりました．それ以降は，大災害の後の「こころのケア」についてかなり注意が払われるようになっています．

被災者の心理は，災害からの時間的な経過とともに変化をしていきます（表 2.1）．よく言われている言葉に，「**災害ユートピア**」があります．これは，被災した人たちが，避難所などにおいて極限状態で助け合うなかで生まれてくる現象です．

災害直後は，被災地の中心では何が起こったのかまったくわかりません．とりあえず自分と家族の命と安全を守ることで精一杯です．これを「失見当期」といいます[1)]．最初の 10 時間くらいを過ぎると，徐々に状況が明らかになってきます．そのなかで，組織的な災害対応の活動が始まってきます．これが災害発生から 100 時間，すなわち 4 日間程度のことです．そこでできた被災者の臨時的な社会では，極限状態をおた

1)「いのちを守る地震防災学」林 春男，岩波書店．

表 2.1　被災者の心理の変化（林 春男氏 作成（抜粋））

フェーズ 0	失見当期	周りの状況はまったくわからないなかで，被災者は自分の力だけで生き延びなくてはならない．	地震発生 ～ 10 時間
フェーズ 1	被災社会の成立期	被災者の命を救う活動が中心．災害情報が入手可能になる．組織的な災害対応活動が始まる．	10 時間 ～ 100 時間
フェーズ 2	災害ユートピア期	助け合いの精神が顕著になる．社会機能の回復とともに，生活の支障が徐々に改善されていく．	100 時間 ～ 1,000 時間
フェーズ 3	復旧・復興期	人生と生活を再建する．破壊されたまちの復興，経済の立て直しが始まる．	1,000 時間 ～

がいが協力し合って生きていこうとする「**災害ユートピア**」という時期が現れてきます．この時期は，ライフラインが不完全な状態の期間続きます．ライフラインのうち，電気，電話は比較的早期に復旧されやすいですが，水道や下水道，都市ガスなどは地下を掘り返して復旧する必要があるため，時間がかかります．このフェーズを過ぎると，人々は仮設住宅や，仮復旧した家に移ったりして，徐々に個々の復旧，復興のフェーズへと移行していくのです．そして，この復興への道のりは長く続きます．災害で失ったものは取り戻せません．被災した人々は，長く続く喪失感と闘いながら，被災した生活の再建へと向かっていくことになります．

2.2　災害に立ち向かう

（1）ハザードと人間の対応・・・

災害（disaster）とはどのようなことをいうのでしょうか？ 災害を引き起こす原因となる外力を**ハザード**（hazard）といいます．ハザードとは，自然災害であれば，たとえば地震や台風，大雨，噴火などのことです．このハザードが人間の社会を襲うときに起こる被害が「災害」です．したがって，「**災害は，ハザードが人間社会を襲った結果生じる被害である**」と定義することができます．この定義から，災害を知るには，ハザードとともにもう一つの要素，すなわち人間社会をよく知ることが重要であることがわかります．

① ハザード

ハザード（外力）としては，地震，台風，豪雨，噴火など，実にさまざまなものが考えられます．自然災害だけではなく，戦争やテロなどの人為的なものも考えられますし，新型インフルエンザなどの伝染病も大きな災害を引き起こすもととなります．

人間社会の抵抗力を超える規模のハザードが人間の社会を襲ったときに，「災害」

となります．「東日本大震災」は災害の名前ですが，それを引き起こしたハザードである地震には「東北地方太平洋沖地震」という名がつけられています．「阪神・淡路大震災」も災害の名前で，それを引き起こしたハザードは「兵庫県南部地震」です．災害とハザードが一つの名前の場合もありますが，このように大きな災害の場合，別々となっていることもあるので注意が必要です．

ハザードは，単一で襲ってくる場合もあれば，複合して襲ってくる場合もあります．阪神・淡路大震災の場合は，地震というハザードが 2 次的に火災というハザードを引き起こしました．東日本大震災では，地震というハザードが津波を引き起こし，それがさらに火災や原発事故を引き起こしたため，3 重，4 重のハザードに襲われた**複合災害**となりました．

表 2.2 は，1948 ～ 2011 年までの 64 年間の災害のうち，10 人以上の死者・行方不明者が出た災害の分類です．この表を見ると，豪雨・豪雪（台風を含む）は 62 件（死者・行方不明 16,571 人）で全 136 件の 46 %を占め，火災，事故，地震がそのつぎに起こりやすいことがわかります．しかし，死者・行方不明者数では，地震が 30,248 人と豪雨災害の 1.8 倍となっています．このように，地震は，頻度は豪雨災害よりも少ないものの，一度起これば大災害となるという性格があることがわかります．10 人以上の死者を出す大きな災害は，年平均で約 2 件発生しています．災害の多い日本という国に住んでいる以上，これらのハザードと付き合いながらどのように安全度を高めていくのかが重要です．

表 2.2　日本におけるハザード別集計（1948 ～ 2011 年）（消防白書および理科年表から作成）

ハザードの種類	項目（件）	項目の比率	死者・行方不明者（人）	死者の比率
地震	16	11.8 %	30,248	59.4 %
台風および豪雨	32	23.5 %	11,982	23.5 %
台風以外の豪雨，豪雪	30	22.1 %	4,589	9.0 %
噴火	1	0.7 %	44	0.1 %
その他の自然災害	4	2.9 %	464	0.9 %
火災	36	26.5 %	1,626	3.2 %
その他の事件・事故	17	12.5 %	1,992	3.9 %

② 人間社会の条件

人間社会の側の条件としては，地球上の位置，地形や地質などの自然条件，人口や年齢構成，都市か過疎地か，住まい方やコミュニティなどの社会的条件など，実にさまざまなものが考えられます．これらが，ハザードを受けた人間社会の災害の程度や，それからの回復の仕方に大きな影響を与えます．たとえば，阪神・淡路大震災では都市の中枢部分が大きな被害を受けました．この地域は，老朽化した住宅が密集し，都市としての新陳代謝が乏しくなったことによる多くの課題をもった，いわゆる「**インナーシティ**」といわれる地域を含んでいて，そのことが大きな被害の一因にもなりました．

人間社会の条件の要素としては，つぎの各項目を考慮しなければなりません．

- Exposure（暴露：ハザードにさらされている要素）

  ハザードにさらされた対象のことです．たとえば，直下型地震の場合は，一定の震度以上の地域が対象となりますし，豪雨災害の場合は，一定の雨量以上の地域になるでしょう．そして，それらハザードにさらされている地域がもつ諸要素の特性とハザードとの関係によって，災害の規模や様相が決まってきます．

- Vulnerability（脆弱《ぜいじゃく》性）

  「脆弱性」とは，災害に対する人間社会の「弱み」です．それは物理的な面だけでなく，社会やコミュニティのあり方や経済力など多岐にわたって考えていく必要があります．

- Measures and Capacity（対応策とそれを実行する能力）

  人間社会は，その弱みを克服しようとする「計画」や「手段」をもっています．あるいは，災害にも強い人間関係を構築しようとします．さらに，そのような強みにいっそう磨きをかけようと努力します．そのことが，災害に対して強い回復力をもつ「能力」あるいは「資産」をもつことにつながります．

- Resilience（災害からの回復力）

  災害を受けた社会がいかに速やかに回復できるかということは，きわめて重要な社会の資質です．災害の多い先進国である日本においては，強い**レジリエンス**をもった社会をつくり上げていくことが重要です．

③ 災害への対応

ハザードに襲われて災害が発生したら，どのようなことが起こるでしょうか？ ハザードにはさまざまな種類があり，また，人間社会の条件にもさまざまな要素があります．したがって，これらの結果として現れる災害は，決して同じものは起こりませんが，共通するものも多くあります．前がそうだったから今度もそうだという単純な類推は決してできませんが，過去の大きな災害の結果どのようなことが起こったのかを学んでおくことは，つぎの災害に備える大きな力となります．

災害に対する備えはある程度は可能ですが，まったく災害を起こさないように事前の備えの規模を設定することは，費用や技術の面で難しいこともあります．それに関連して，「**防災**」と「**減災**」という考え方があります（図 2.1）．

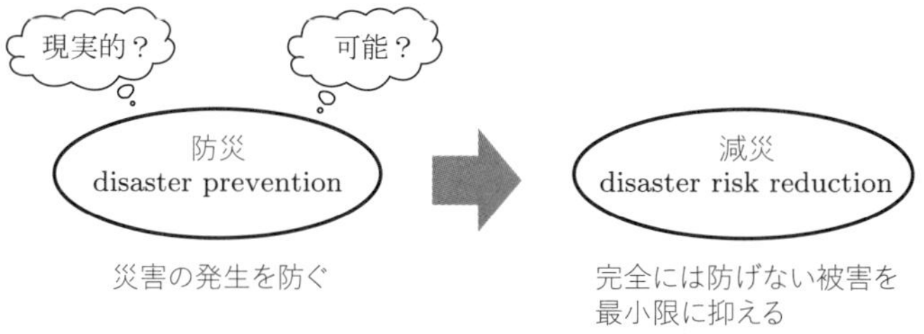

図 2.1　防災と減災

東日本大震災の後，大津波に備える防潮堤の高さについて議論されました．その結果，千年に一度というような今回の大津波のようなレベル（**レベル２**とよんでいます）に対応するのは難しいので，防潮堤などの施設で対応するのは，せいぜい百数十年に一度のレベル（**レベル１**）までとし，それ以上の津波については，背後のまちづくりや避難などの行動も含めて対応を考えていくことになりました．

リスクをどのように評価し，どのように対応していくかというリスクマネジメントの考え方は本書の第 14 章でも学びますが，事前の備えで大きな災害をすべて解決するのは難しいということは，しっかりと確認しておく必要があります．

なお，2015 年の国連防災世界会議においても，「災害のリスクを減らす」という意味の disaster risk reduction が防災を意味する英語として定められました．

大きな災害が発生すると，まずは，被災者の命を守る活動が最優先されます．また，火災が発生していれば，消火活動を行わなければなりません．そして，安全な避難先の確保，誘導，避難所運営や緊急物資の確保が行われます．また，ライフラインの応急復旧，道路の啓開《けいかい》や規制が必要となります．さらに，市中のがれきの撤去，仮住まいとなる住宅の確保，被災者の生活支援や生業再開の支援などが必要となります．

このような当面の対応とあわせて，復旧・復興の活動が必要となります．この復旧・復興の活動は，先ほどの当面の活動が終わってからつぎに行うという段階的なものではなく，当面の対応とあわせて並行して行う必要があります．災害の後，人々は，すぐに自らの生活の再建に向かって動き出そうとします．そのため，復旧・復興の動きは速ければ速いほど，その市民の再建の動きの方向性に対して重要な情報を与えることになりますし，また，人々の再建への大きな励みになります．

④ 災害対応の担い手

災害に遭遇したときに，行政の支援がすぐに届くでしょうか？ あるいは，全国各地からの支援はすぐに届くでしょうか？ 答えは「No」です．大きな災害であればあるほど，被害の中心地の情報は外には届きません．第1章で述べたように，被災地の中心は混乱しています．まずは，自分たちの力で何とかするしかありません．

また，その後の応急対応や復旧・復興の過程でも，行政だけですべてをできるということはありません．自分一人でできること，あるいはまわりのみんなと力を合わせてできることがあります．それを率先して行っていくことで，結局は自分たちの生活の再建が進みます．災害の後だけでなく，事前の備えにおいても同様に，行政だけに任せずに，自分たちですること，できることがあります．

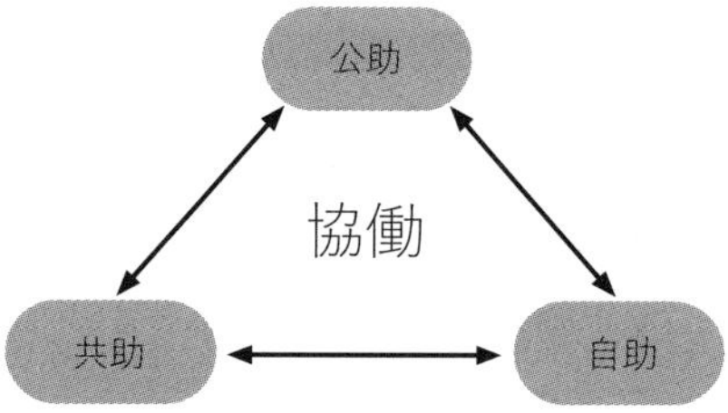

図 2.2　自助，共助，公助，協働

このような考え方は，阪神・淡路大震災を経験して整理されました．行政のできることを「**公助**」とよび，それに対応する言葉として，まわりのみんなでできることを「**共助**」，そして自分一人でできることを「**自助**」とよびます（図2.2）．いざというときには，自分の命を守り，生き抜くすべがあることが何よりも重要です．それがないと，他人を助けることはできません．そのような意味で，「自助」がもっとも基本となりますし，防災リテラシーを学ぶことで「自助」の力を高めることが非常に重要です．

この「自助」「共助」「公助」をそれぞれバラバラにやったのでは，効果はうまく上がりません．個人，まわりのみんなの力，行政，これらが役割分担をしながら力を合わせる「**協働**」という考え方が重要になります．

（2）災害に立ち向かうために・・・

災害と，それに対する私たち人間の対応は，以上のような構造になっています．では，まだ災害を受けていない状態において，つぎの大きな災害がくるまでに何をしておくことが重要でしょうか？

① ハザードの特性を知る

災害に備えるには，まず，ハザードの特性を知っておく必要があります．そして，そのハザードを受けて起こった災害でどのようなことが生じ，人々はどう対応したのかを知ることが重要です．

② 災害で実際に何が起こったのかを知る

ハザードと人間社会の状況の組合せで数多くの種類の災害が生まれますが，過去の災害を学ぶことで，つぎの災害を「イメージ」することが可能になります．少なくとも，「イメージ」するヒントを得ることができます．

③ 人間社会の脆弱な面を知る

災害は必ず，その対象となった人間社会の脆弱な部分を突いてきます．自分たちの社会の脆弱な面は何なのかを事前に知っておくこと，そして，それを克服する手立てを考えておくこと，せめて，少しずつでも改善の策を講じ続けることが，結局は，災害による被害を軽減することに役立ちます．

④ 災害への備えの仕組みを知る

これまでの災害の経験から，災害に備え対応していくための仕組みが整備されてきています．それは，法律や保険制度，民間組織などさまざまですが，これらについて学び活用できるようにすることが重要です．

⑤ 自分で，あるいはみんなで何ができるかを知る

ハザードを予測し，災害をある程度予測すると，いろいろな準備が可能になります．そこにおいても「個人でできること」「みんなでできること」「行政ができること」があり，それぞれにおいて他人任せにせず，自分の問題として取り組んでいけることがたくさん見つかるはずです．自らの力を蓄え，災害に対峙《たいじ》しなくてはなりません．このときの「力」とは，物理的なものであったり，あるいは人間の知恵であったり，社会の仕組みであったり，人間どうしの絆であったりします．

⑥ 災害に立ち向かうための基本姿勢

「敵を知り，己を知らば，百戦危うからず！」

これは，2,500 年前の中国の兵法書「孫子」という書物に書かれている言葉です．本書では，これを防災リテラシーの基本に据えています．「敵」とは，災害のもとの外力であるハザードです．そして，「己」はそのハザードに襲われた人間社会および自分自身の弱みと強みです．そしてそれらを知るには，先人の経験を学ぶことも重要です．このようにして，敵と己の両方を知ることが，災害に立ち向かう基本であると考えます．

(3) 防災リテラシーを学ぶ人たちへ・・・

災害を学ぶうえで重要なのは,「防災や減災は自らや家族の命と生活,まちのみんなの命と生活を守るための実践的な知識であり,大切な科学である」と認識することです.そしてこのテーマは,工学(engineering)や技術(technology)と同様に,非常に具体的で実践的なものです.そういった点から,この学問は,必ず現場から学ぶ必要があります.防災リテラシーを学ぶ際も,可能なかぎり,現場を歩いたり,自ら調べたりすることが重要です.

もう一つは,防災や減災という分野は,きわめて多様な分野を包括しているということです.大きな災害になれば,市民生活のあらゆる部分での対応が必要となります.その意味で,対象はきわめて広いものになります.また,たとえば,緊急事態で組織を動かしていくための理論や仕組みが必要となります.あるいは,まちづくりなどでの合意形成ということも学ぶ必要があります.そういった意味では,ハード系の知識だけでなく,心理学や社会学などソフト系の知識も重要になります.すなわち,理系から文系までの多様な分野を横断的に学ぶことが重要になります.

防災や減災を学ぶことは,災害に備え,あるいは災害が発生したときに,自ら行動できる人となることをめざしています.そして,いずれは,そうした局面で,防災リーダーとして活動できるようになることをめざす行動的な視点が重要です.

いま,南海トラフでの巨大地震の危険性や,地球環境の変化に伴う豪雨災害の頻度と程度の増大などが指摘されています.防災リテラシーは,それらに備える基礎となる知恵と指針を与えてくれるものです.防災リテラシーを学ぶことにより,みなさんが「減災」を担うリーダーとして育ってくれることを心から願っています.

Chapter 3　地　震

この章では…

日本に地震が多いのはなぜか，地震にはどのような種類があるのか，地震の特徴はどのようなものかなど，地震についての基礎的なことを学びます．

3.1　日本は世界のなかでも地震の多い国

（1）世界の 1 割以上が日本での地震・・・

1995 年の兵庫県南部地震の後も，日本では鳥取県西部地震（2000 年），芸予地震（2001 年），十勝沖地震（2003 年），新潟県中越地震（2004 年），能登半島地震，新潟県中越沖地震（2007 年），岩手宮城内陸地震（2008 年），そして東北地方太平洋沖地震（2011 年）と大きな地震が続きました．このように，日本は地震が本当に多い国です．

地震は世界中で起こっています．世界で起こる地震のうち，マグニチュード 6 以上の大きな地震は，1 年間に平均 152 回起こっています[1]．一方，日本では，ここ 10 年間の年間平均回数は約 20 回でした．ということは，海洋部を含めても地球上の面積の 1 %程度しかない日本で，世界の地震の 1 割以上が起こっているということになります．

（2）地震の多い地域は日本だけ？・・・

地震の多い国は日本だけではありません．図 3.1 には，世界で地震が起こっている地点を示しています．世界で地震の多い地域は，たとえば，ヒマラヤ山脈から地中海にかけて，あるいは，南北アメリカ大陸の西海岸などに帯のように集中して存在することがわかります．そして，日本を含む太平洋の周囲は，地震が非常に集中しているということが見てとれます．

1）マグニチュードについては 3.3 節（4）で学びます．

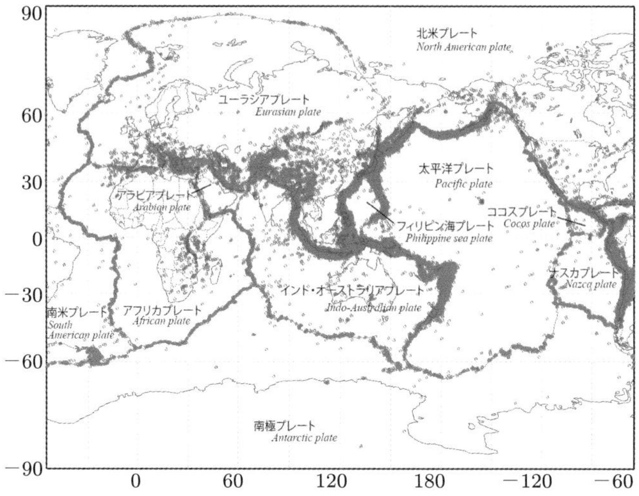

図 3.1　世界の主なプレートと地震の分布（気象庁ホームページ「地震の起こる場所」）

3.2　地球内部の運動

（１）地球の内部・・・

地震の分布が図 3.1 のようになっているのは，地球の内部が不動ではなく，かなり規則的に動いているためです．私たちの住んでいる大地は非常に安定感がありますが，実はその内部は非常に活動的です．地球は半径約 6,400 km の球体です（実際は赤道の半径が 20 km ほど長いので，完全な球体ではありません）．その内部は，図 3.2 のように深さとともに性質が変化し，外側から地殻，マントル，外核，内核と変化します．

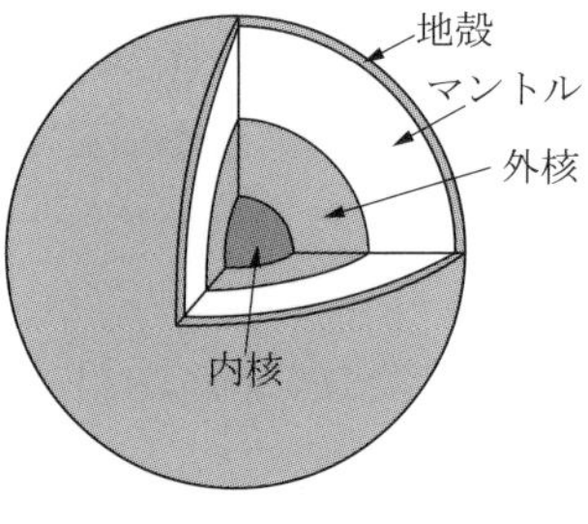

図 3.2　地球の内部構造

地球内部の性質は，地震波の伝わり方を用いて調べることができます．地震波には P 波と S 波という速度の異なるものがありますが（3.3 節（１）を参照），その速度は地球の内部の層ごとに異なります．上部マントルから下部マントルのほうに向かうにしたがって，地震波の速度は大きくなります．一般に，地震波の速度は伝わる媒体の固さに関係します．地下深くなるにつれて固くなっていると考えられるので，下部マントルの下まで，すなわち約 3,000 km くらいまでは固い物質が満ちていると考えられます．ところが，その下の外核とよばれる部分では，突然 S 波の速度がゼロになります．これは，この部分が液体のような性質であることを示しています．

(2) 大陸移動説からプレートテクトニクスへ・・・

このような活動的な地球のイメージを最初に考えたのはアルフレート・ヴェーゲナー（Alfred Wegener）であり，彼は 1912 年に「**大陸移動説**」を提唱しました．世界地図をよく見ると，南北アメリカ大陸の東側と，ヨーロッパ大陸からアフリカ大陸の西側が非常によく似た形をしているのに気づくでしょう．そのことだけでなく，地質構造や化石の分布，氷河の痕跡などから，ヴェーゲナーは，これらの大陸はもともとは一つの**パンゲア**という巨大な大陸であったが，それが分かれて移動したという主張をしました．しかし，この説は大陸が動くということの説明がしきれず，学界から忘れられた存在となっていたのです．

その後，この説を裏付けるいくつかの新しい事実が示されました．その一つが，地球の磁気の過去の変化の研究です．地球の磁気は，いつも同じではありません．いまは，地球の磁気が示す北の方向は，実際の地球の回転軸の北とは，日本付近では約 7 度ずれています．このずれの変化は過去何回も起こっていて，完全に反対向きのときもありました[1]．太古の磁気の変化の研究などから，大陸の分裂と移動が明らかにされたのです．これらの研究によると，約 2 億年前からパンゲアの分裂が始まったと考えられています．これらの新しい知見にもとづいて地殻の動きを説明する理論が，いまから約 50 年前に登場してきた「**プレートテクトニクス**」です．これは，地表にはいくつかの分割されたプレートがあり，それらが移動して海溝に沈み込んでいると考えるもので，テクトニクス（tectonics）というのは，地殻変動の理論というような意味合いです．

この沈み込みの運動では，相対的に**軽い陸のプレート**の下に相対的に**重い海のプレート**がこすれ合いながら沈み込むため，境界部ではひずみがどんどん蓄積します．それが耐え切れなくなったときに，一気に跳ね返りが起こり，地震となります．このようなことが周期的に繰り返されるので，地震が頻繁に起こります．

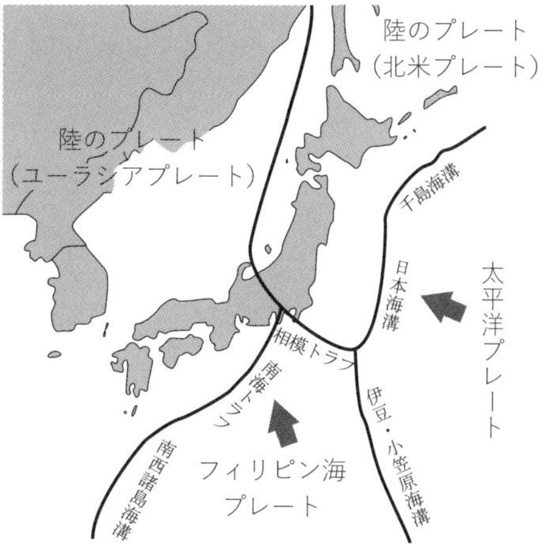

図 3.3 日本付近のプレート模式図

日本付近では，図 3.3 のように東から太平洋プレートが，南からフィリピン海プレートが沈み込み，プレートが沈み込んでいく境界部，すなわち**日本海溝**や**南**

1）千葉県市原市の養老川沿いの地層には，77 万年前の地球史最後の磁場逆転の証拠が残されていて，「チバニアン」と命名されています．

海トラフ，相模トラフ，伊豆・小笠原海溝では，地震が周期的に頻繁に起こります．2011 年の東日本大震災は，日本海溝の西側に沈み込んでいるプレート境界で起こったものです．図 3.1 からも，プレート境界で地震が起こりやすいことが見てとれます．

3.3 地震の基礎知識

（1）地震波・・・

地震が起こると地面が揺れます．その揺れを観測する計器が地震計です．その計器で測ると，揺れの最初に 2 種類の波が観測されます．最初にくる波は伝播速度の速い波で，これを**P 波**といいます．P 波は最初にくる波 Primary wave の略で，あまり揺れないので初期微動ともいいます．つぎにくる波が**S 波**で，Secondary wave の略です．この波が揺れの本体なので，主要動ともいいます．図 3.4 は東北地方太平洋沖地震の加速度の観測波形（観測地：気仙沼の赤岩）で，矢印部分が P 波が到達してから S 波が到達するまでの時間です．

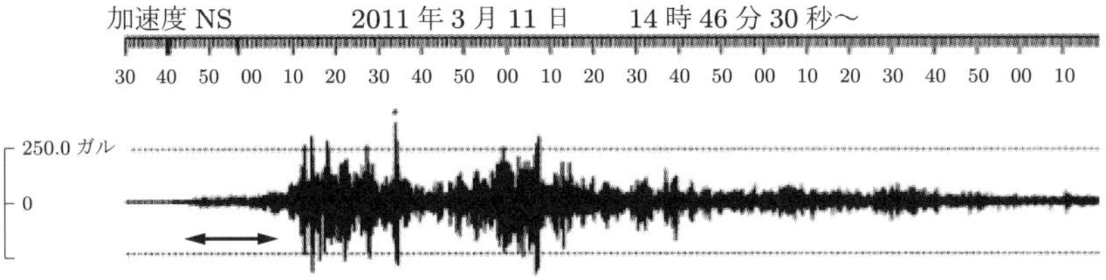

図 3.4　東北地方太平洋沖地震での赤岩の観測波形
（気象庁ホームページ「強震波形（平成 23 年）東北地方太平洋沖地震」を加工して作成）

この 2 種類の波が最初に発生した時間は同じですが，進む速さは P 波のほうが速いので，離れた場所で観測すると，この図のように P 波が早く現れます．波の伝わる速さが異なるのは，この二つの波の伝わり方が異なるためです．P 波は波が伝わる方向に振動するのに対して，S 波は伝わる方向に直角に振動します．そのため，P 波を疎密波あるいは縦波，S 波をせん断波あるいは横波ということもあります．

（2）震源までの距離を求める・・・

地下の岩盤が破壊されると，P 波と S 波は同時にすべての方向に向けて揺れを伝えていきますが，その速度の違いで，到達地点では到達時間に差が出ます．それを利用して，揺れを感じた地点から震源までの距離を推測できます．ただし，いったん揺れが始まると，それ以降はすべて混合されて伝わるので，割れ始めのときしかその時間差がわかりません．地震の割れ始めの地点を「**震源**」(focus)，その地表の点を「**震央**」(epicenter) といいます．

さて，P 波と S 波の到達時間を用いて震源までの距離を求めてみましょう．P 波の速度を V_P，S 波の速度を V_S，それぞれの到達時間を T_P，T_S，震源までの距離を L とすると，

$$T_P = \frac{L}{V_P} \tag{3.1}$$

$$T_S = \frac{L}{V_S} \tag{3.2}$$

となります．実際には T_P と T_S の差（図 3.4 の←→の部分）がわかっているだけなので，

$$T_S - T_P = L\left(\frac{1}{V_S} - \frac{1}{V_P}\right)$$

となり，これから

$$L = k(T_S - T_P) \tag{3.3}$$

$$\text{ここで，} k = \frac{V_P}{(V_P/V_S) - 1} \tag{3.4}$$

と求められます．

式(3.3)，(3.4)に具体的な数字を入れてみましょう．実際にはこの速度は幅をもちますが，気象庁が緊急地震速報のページで明示している $V_P = 7$ km/s，$V_S = 4$ km/s，$V_P/V_S = 1.75$ を代入すると，$k \fallingdotseq 9.3$ となります．したがって，P 波到達後，S 波到達までの時間が 30 秒の場合は，震源までの距離は約 280 km になります．このようにして，多くの点で距離を求めて半径を重ねていけば，その地震の破壊が始まった点が確定できます．なお，震源をここでは「点」として表現していますが，地震を起こす活動は「面」であり，地震を起こした面を「**震源断層**」といいます（p.35 参照）．

（3）余震・・・

大きな地震が起こると，その後長く**余震**が続きます．それは，地下の岩盤が大きくずれ動いた後，その岩盤の面がなじもうとするためです．この余震の震央を知ることで，地下のどの部分が動いたのかを推測することができます．たとえば，1995 年の兵庫県南部地震では，15 日間で図 3.5 のように頻繁に余震が発生しました．

余震がこのように大きな地震の直後に頻繁に起こることによってわかることがあります．兵庫県南部地震では，都市直下の地下の活断層が割れましたが，それが地表にまで顔を出したのは淡路島の一部のみで，ほかでは地表に地震断層は現れませんでした．そのため，いったいどこが震源なのかが大きな謎となりましたが，淡路島から六甲山の山麓に集中したこの余震分布のエリアが，まさにそのときに動いた震源断層であると予想されます．

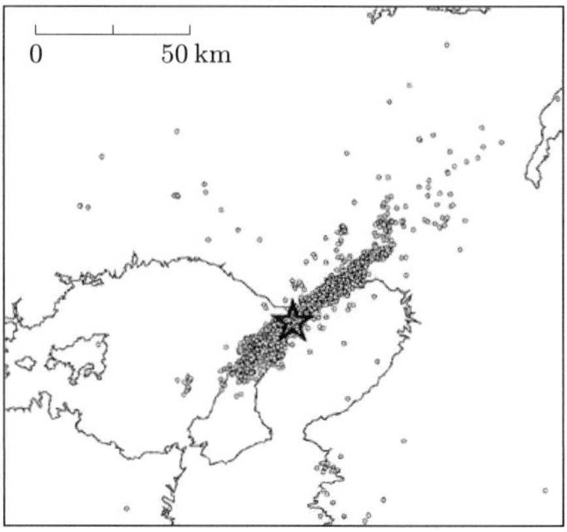

図 3.5　兵庫県南部地震の直後 15 日間の余震の震央（国立研究開発法人防災科学技術研究所ホームページ）

（4）震度とマグニチュード・・・

阪神・淡路大震災では初めて震度 7 が適用されましたが，この**震度**とはどういうものでしょうか？ 震度とよく似たものに，**マグニチュード**があります．マグニチュードも数字が 10 未満で，よく似た範囲なので非常に紛らわしいですが，この二つの言葉の違いをはっきりと理解することがまず必要です．

① マグニチュード

これを理解するために，まず，100 W（ワット）の電球を点けてみましょう．つぎに，10 W の電球を点けてみます．当然，100 W のほうがはるかに明るいです．つぎに，この 100 W の電球から 100 m 離れた場所での明るさと，10 W の電球の間近での明るさを比べると，10 W の電球のほうが明るいのがわかります．マグニチュードは震源の揺れの強さ（すなわち，前の例では電球のワット数に対応）を示すときに使う値です．1935 年に**チャールズ・リヒター**（Charles Richter）が定めた単位であり，**M** と表記します．それは，「震央から 100 km 離れた場所に置かれた所定の形式の地震計記録紙上の最大振幅長さの常用対数」とされています．これを英語では Richter scale といいます．当然，地震計が震央からぴったり 100 km 離れた場所にあると決まっていないので，震央からの距離に応じた補正をします．

マグニチュードにはこのように定義されたもののほかに，**モーメント・マグニチュード**があります．これは，地下で破壊された断層の規模から求めるもので，**Mw** と表記します．通常のマグニチュードと少しずつ値が違います．大きな規模の地震では，リヒターの定義では限界があるため，巨大地震に対しては一般にモーメント・マグニチュードが使われます．

マグニチュードは対数で定義されているため，数字が1違えば，地震の大きさは大きく異なります．地震波のエネルギーについて，次式が示されています．

$$\log_{10} E = 1.5M + 4.8 \tag{3.5}$$

（Eはエネルギー（ジュール），Mはマグニチュード）

この式から，マグニチュードが1増えるとエネルギーは10の1.5乗倍増えますので，約31倍になります．

② 震度

一方，震度というのは，その場所の揺れ方（すなわち，先ほどの電球の例ではその地点での明るさに対応）です．各国によって定義が異なりますが，日本の震度は，阪神・淡路大震災を経て，計器により計測された震度，すなわち「計測震度」に変更になりました．阪神・淡路大震災までは，たとえば震度7は「木造家屋の30％が倒壊」という定義でした．そのため，震度を決めるために気象庁の職員が被災した地域を歩いて判定する必要があり，1.4節でも述べたように，震度7の「震災の帯」が発表されたのは半月以上経過した2月7日でした．このようなことから，阪神・淡路大震災以降，震度は，その地点での揺れを「計測震度計」（図3.6）で自動的に算定したものに変更されました．気象庁の地震速報では，全国で4,300点以上ある震度観測点のデータを1分30秒以内に発信するという，世界でも最高レベルのシステムが運用されています．

図3.6　計測震度計
（気象庁札幌管区気象台ホームページ）

震度の階級は，1996年10月1日に表3.1のように10段階に定められました．しかし，震度が1増えたら揺れの規模がどれくらい異なるのかを説明するのは単純ではありません．なぜなら，震度は，地震の揺れが建物や構造物にどのように影響を与えるのかを主眼に定めていますので，周期特性によって定義が異なるためです．図3.7は，気象庁が作成した震度ごとの周期と加速度の関係ですが，周期が違えば，同じ加速度でも震度が大きく異なることがわかります．この図において，たとえば**木造家屋に影響が大きいとされる周期1秒**での加速度の値を見てみましょう．周期が1秒（すなわち，10のゼロ乗）のところを見ると，約100ガル[1)] 以上で震度5強，約200ガ

1）ガルは加速度を表す単位．Gal：cm/s^2．地球上の標準的な重力加速度は980ガル．

表 3.1　気象庁震度階級表

震度階級	計測震度	震度階級	計測震度
0	0.5 未満	5 弱	4.5 以上 5.0 未満
1	0.5 以上 1.5 未満	5 強	5.0 以上 5.5 未満
2	1.5 以上 2.5 未満	6 弱	5.5 以上 6.0 未満
3	2.5 以上 3.5 未満	6 強	6.0 以上 6.5 未満
4	3.5 以上 4.5 未満	7	6.5 以上

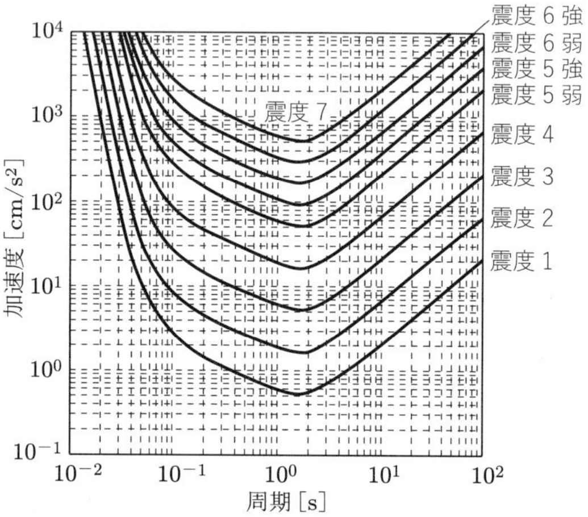

図 3.7　周期，加速度，震度の関係
（気象庁ホームページ「周期および加速度と震度（理論値）の関係」）

ル以上で震度 6 弱，約 350 ガル以上で震度 6 強，約 600 ガル以上で震度 7 という数字になっています．すなわち，震度 5 強と 6 弱で，加速度は 2 倍違います．また，6 弱と 7 では，加速度は 3 倍違います．

これを家屋の倒壊との関係で表現すると，図 3.8 のようになります．この図は阪神・淡路大震災の西宮市での揺れと倒壊の関係を示したもので，新耐震といわれる基準の前につくられた建物のデータをプロットしています．この図を見ると，震度 6 弱から被害が大きくなり，震度 6 強を超えると急激に被害が大きくなることがわかります．

震度 6 弱くらいの大きな揺れになると，立っていることは不可能です．防災訓練の際も，そのことをイメージしておくことが重要です．

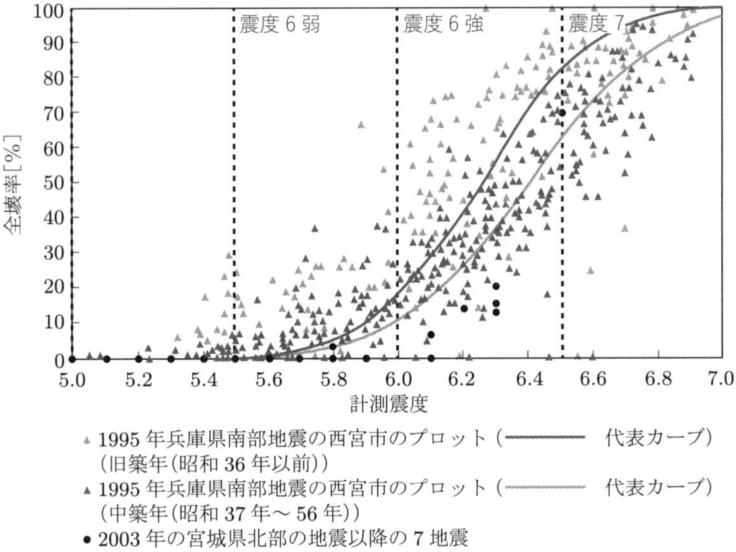

図 3.8　震度と家屋倒壊の関係
（気象庁「木造全壊率と計測震度の関係 兵庫県南部地震の木造被害との重ね合わせ」より抜粋）

（5）早期地震警報システム・・・

地震波の P 波と S 波の速度が異なることを用いて，地震に備えることができます．その一つが，新幹線で使っている早期地震検知警報システム（**ユレダス**，Urgent Earthquake Detection and Alarm System）です[1]．これは，P 波を検知して大きな揺れと判断すると警報を発するとともに，送電を自動的に停止して走行を止めるというシステムで，P 波を検知してから 1，2 秒で警報を発することができるように開発されています．この装置のおかげで，東北地方太平洋沖地震でも大きな新幹線事故は生じませんでした．

また，**緊急地震速報**は気象庁が行っているサービスで，P 波を感知したらテレビや携帯電話にアラームを発するというものです（p.124 参照）．地震の際に，携帯電話から警戒音が出るのを体験した人も多いと思います．

このようなシステムは非常に便利ですが，限界もあります．一つは，直下型のように震源がきわめて近い地震の場合は，警報が出た頃にはもう揺れが始まっていることになります．たとえば，震源が 50 km 離れている場合は，P 波は 7 秒ほどでやってきます．その 5 秒後に揺れの本体である S 波がやってきますが，P 波を感知して揺

1）ユレダスは現在では，P 波検出後の警報発令時間を大幅に短縮したフレックル（FREQL）にバージョンアップされ，東京メトロや原子力発電所などで使われています．

れの大きさを予測し，警報を出すまでには数秒かかるので，結局は揺れと同時，あるいは揺れの後ということになります．また，P 波と S 波のごく最初の情報だけで揺れの大きさを決める必要があるため，大きさの予測の精度にも限界があります．

このような限界があるものの，とっさに大きな揺れに襲われる衝撃を緩和し，命を守る身構えや，エレベータや新幹線を緊急停止させることができる早期地震警報システムや緊急地震速報は，これからますます活用の道がひらかれてくるものと期待されています．

3.4 日本での地震

(1) 2 種類の地震・・・

3.2 節(2)で述べたように，プレート境界では，周期的に大きな地震が起こっています．一方で，このプレートが押す力は陸のほうにも伝わっていますので，日本列島全体がその力で押しつけられており，内陸部でもその力により，ときどきプレート内部が割れ，地震が発生します．

図 3.9 は，東北地方を東西に横断する断面で，深さ 250 km までの地震の発生状況を示したものです．右上が日本海溝付近で，ここから左下の日本海直下にかけて，斜め下にだんだん深くなりながら震源が並んでいます．これは太平洋プレートの沈み込みに伴って発生している地震群ですが，この延長は，ウラジオストク下の深さ 600 ～ 700 km まで追跡することができます．

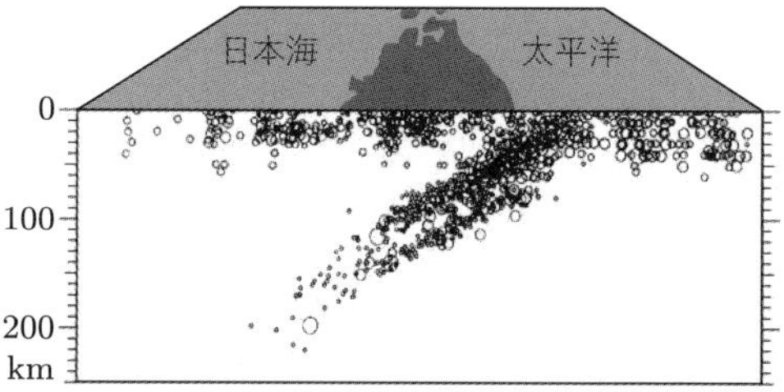

図 3.9　太平洋プレートの震源の分布（東北大学のデータに基づき国立研究開発法人防災科学技術研究所が作成）

一方，これとは別に，東北地方直下の地表近くにも多くの地震が集中的に発生しています．これらの地震の震源の深さは，おおむね 15 ～ 20 km より浅いものです．

このように，地震には，地表沿いの地震と，**プレート境界**に沿って斜めに潜り込む地震の 2 種類があります．この斜めに沈み込む震源のうち，地下 60 km くらいまでの浅い部分はプレート境界で発生する地震がほとんどで，これよりも深くなると沈み込むプレート内部での地震となります．地表近くのプレート内部が割れた部分は「断層」となりますが，同じような場所が活動することが多く，そのような場所を「**活断層**」といいます．ただし，この活断層で地震が起こる頻度は，千年から数千年に一度というレベルで，プレート境界での地震よりもかなり頻度が少なくなります．また，地震の規模（マグニチュード）もプレート境界での地震よりは小さいのですが，断層が近い場合，被害は大きくなります．阪神・淡路大震災を起こした兵庫県南部地震は，この都市直下の活断層による地震でした．

（2）プレート境界での地震・・・

① 発生する場所

太平洋プレートは東から西に沈み込む運動を続けていますので，その部分にどんどんひずみがたまっていきます．そしてそれが限界に達したときに，そのひずみを解消する動きを行います．それがプレート境界での地震です．図 3.9 で斜め下に伸びている地震群のうち，深さ 60 km よりも浅い部分のほとんどがプレート境界地震です．

日本の周囲の海底の地形は，図 3.10 のようになっています．東北地方の太平洋側は太平洋プレートが沈み込んでいるために日本海溝という深い海溝になっていて，それは南で伊豆・小笠原海溝につながっています．日本海溝は非常に深く，7,000 ～ 8,000 m もの深さがあります．日本海溝の東側から移動してきた太平洋プレートが，年間 10 cm くらいのスピードで沈み込んでいます．一方，静岡県沖から四国沖にある南海トラフは日本海溝よりも浅く，4,000 ～ 5,000 m 程度です．海溝（trench）よりもやや浅いため，トラフ（trough）と名付けられています．ここには，南から移動してきたフィリピン海プレートが年間 3 ～ 4 cm の速さで沈み込んでいます．このように，海溝部ではプレートが沈み込んでいくことが原因で，周期的に地震が発生します．

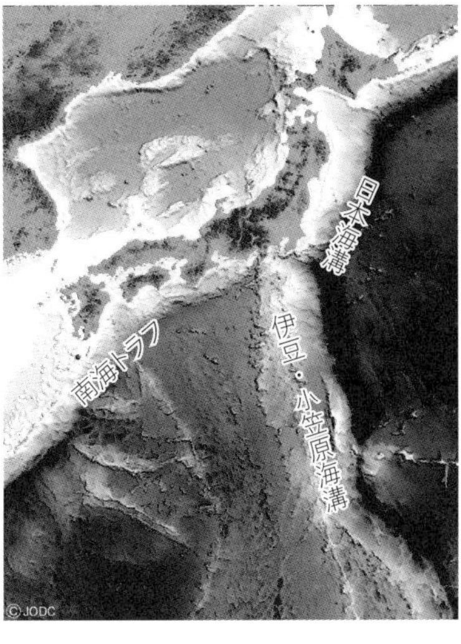

図 3.10　日本周辺の海底
（海上保安庁，海底地形図に加筆）

② 発生する間隔

プレートが沈み込んでいる境界部では，かなり規則的な間隔で大きな地震が起こることが知られています．そしていま，大きな話題になっているのが**南海トラフでの地震**です．図 3.11 に示すように，この南海トラフでは過去に大きな地震が周期的に起こってきました．この南海トラフでの地震を，これまでは三つの区域，東の静岡県沖での「東海地震」，愛知県から三重県にかけての「東南海地震」，そして和歌山県から高知県にかけての「南海地震」と分類していました．

一番新しいのが 1946 年の昭和南海地震で，その 2 年前に昭和東南海地震が起こっています．このとき，東海地震は起こっていません．その 90 年前の 1854 年の安政の時代には，東南海と東海で同時に地震が起こり（安政東海地震），その 32 時間後に安政南海地震が起こりました．その 147 年前の宝永の時代には，南海から東海まで同時に地震が起こりました．そのおよそ 100 年前の慶長の時代にも，東海から南海まで同時に地震が起こっています．

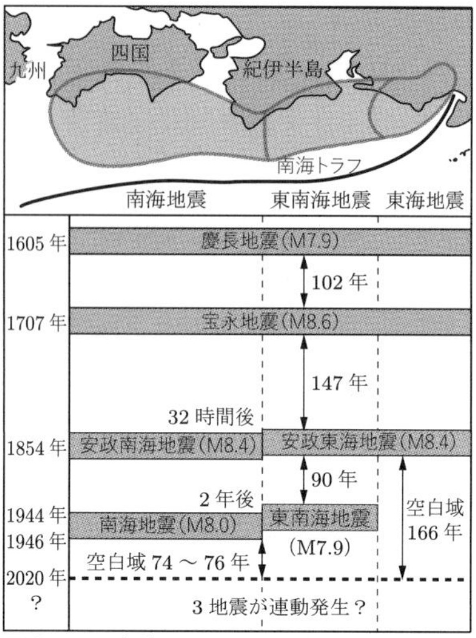

図 3.11　南海トラフでの地震の繰返し
（内閣府，南海トラフ巨大地震対策検討ワーキンググループ第 1 回資料（平成 24 年 4 月）をもとに，2020 年 12 月で作図）

このように，ほぼ 100 年前後の間隔で地震が起こってきました．そして，東海では前回の地震からは約 170 年，南海，東南海では前回の地震からは 80 年近く経っていることから，つぎの地震の発生が心配されているのです．

③ 南海トラフ地震を見直す

2011 年 3 月に東日本大震災が起こり，それまでの対応で十分だったのかどうかが再検討されることになりました．その理由は，東北地方太平洋沖地震からの反省にあります．

実は，それまでは，東北地方の太平洋沖を日本海溝に沿っていくつかのブロックに分け，それぞれのブロックで個別に地震が起こるものとして想定していたのです．ところが，東北地方太平洋沖地震では，それらが連動して動き，結果的には一連の動きとなって巨大な地震と津波が発生しました．

南海トラフでの地震も，南海，東南海，東海の三つのエリアも個別の想定だけでなく，連動して起こることを想定しておくことが必要ではないか，というのが今回の見直しの大きな理由です．そこで，2011 年 8 月に検討会が設置され，2012 年 3 月に地震や津波高さの見直し結果を公表し，それに基づいて，2012 年 8 月 29 日には，その地震と津波による被害想定が発表されました．南海トラフの地震の新しい予測と被害想定，その対応策などについては，第 11 章で説明します．

Column：プレートの活動と火山の関係

日本は地震が多い国ですが，それとともに火山が多い国です．それは，日本列島がプレートの沈み込む場所の真上にあるためです．プレートは斜め下にどんどん地下深くに沈み込んでいきますが，地下 110 km ほどの深さになると，境界部の温度が 1,400°C 程度に上昇しています．そして，プレートの沈み込みの際には海水が一緒に境界沿いに入っていきますが，この水が，マントルの融点を下げる役目をします．そのため，このあたりでマントルが溶けて「マグマ」というドロドロの状態に変化します．そのマグマが地下の中を上昇し，地上に噴出したものが火山です．プレートは斜めに沈み込んでいるので，東北の場合は，日本海溝に平行に，日本列島の真ん中あたりに火山の列ができています．

過去 1 万年以内に噴火したことがある火山を「活火山」（p.129 参照）と定義していますが，日本には世界中の 7 %にあたる 111 の活火山があります．火山は温泉や地熱，地球内部の有用金属，透水性のよい土壌（火山灰）などをもたらし，人間の活動におおいに役に立つものですが，いったん噴火すると広範にわたり被害を及ぼします．火山活動と地震活動との関連性も指摘されており，東北地方太平洋沖地震が大きな火山噴火を誘発するのではないかという懸念も一部にあります．火山活動には十分注意しておくことが大切です．

（3）活断層での地震・・・

プレート境界で発生した力は地殻の内部にも伝わるので，地震はプレート境界だけでなく，地表近くのプレート内部でも起こります．それが活断層での地震です．活断層での地震は，規模はプレート境界での地震よりも小さいとされていますが，人が住んでいる場所の直下で起こると大きな被害になります．それが直下型地震とよばれるものです．

① 地表の活断層

1995 年 1 月の兵庫県南部地震は，まさに直下型活断層の地震でした．このような内陸直下の地震では，地表に活断層が現れる場合があります．淡路島の淡路市小倉では，その際の断層が地表に現れました．いまでは，断層の周辺は北淡震災記念公園として整備され，その断層の一部を「野島断層保存館」として保存して公開しています．この地表の活断層は，震源となった活断層の一部が地表に顔を出したもので，揺れの本体はもっと深い地下の岩盤の割れです．地下本体の割れの部分を**震源断層**，地表に現れたものを**地表断層**といいます．断層に「活」という言葉がついているのは，割れる場所が比較的同じ場所であることが多いためです．しかし，兵庫県南部地震が起こった六甲山系の活断層でも，年代とともに動いた場所が変わってきているともいわれており，必ず同じ場所で地震が起こるとも言い切れないことに注意が必要です．

② 地下の構造を知る

地震の揺れは地下の構造とおおいに関係があります．兵庫県南部地震の震源断層がある六甲山は，標高 931 m で阪神間でもっとも高い山ですが，実は，このような高さになったのは，およそ 100 万年前から始まった六甲変動とよばれる地殻の変動による隆起のためであるとされています．活断層の運動は千年から 1 万年に 1 度といわれていますが，仮に千年に 1 度地震があったとすると，100 万年では千回の地震が起こっていることになります．実際には，六甲山の中に数多くの断層が確認されているので，いろいろな場所で地震が起こりながら変動を繰り返し，いまのような山に成長してきたものと考えられます．

一方，この時期，大阪湾は逆に沈降していったと考えられています．また，山裾には六甲山から流れてきた土砂が堆積するので，市街地の下には堆積層が何層にも積もっています．図 3.12 は，神戸市の西部における地下の地盤の断面図です．

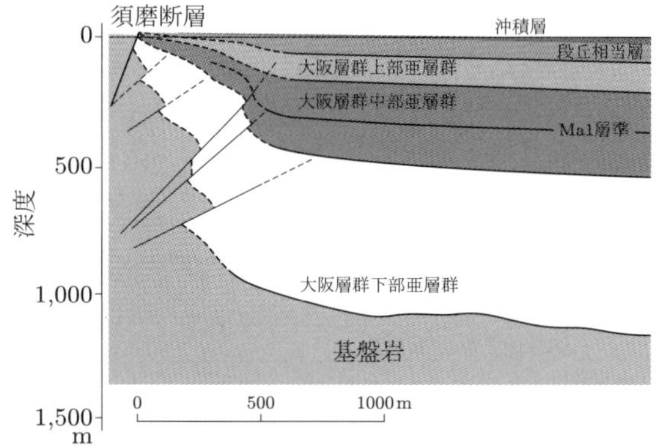

図 3.12　須磨区板宿から長田区野田町にかけての地下の想定断面図（神戸市「阪神・淡路大震災と神戸の地盤」を加工）

この図の下から左にかけては**基盤岩**であり，これは六甲山の基盤を形成しているものです．一番左の基盤岩のギザギザは，過去の変動による断層の痕跡と考えられます．このような地下の構造は，地震の揺れ方にも関係してきます．一般に，軟らかい地盤は揺れを増幅しますので，新しい堆積層が厚いほど揺れが大きくなります．

さらに，図のような複雑な地下構造が原因で，地震波が岩盤で反射し，焦点を結ぶような効果で揺れが増幅することもあると指摘されています．阪神・淡路大震災での「震災の帯」はちょうど市街地の中心部分にあり，直後の余震が起こった山麓部からは少し南にずれていますが，その理由として上記のようなことが指摘されています．

扇状地や平野部では，基盤岩の上には堆積した土砂が層をなして積もっています．六甲山の扇状地の場合は，堆積層の一番下の大阪層群とされている地層から上は，六甲山から流れてきた土が堆積してできた地層です．深いところでは 1 km 以上の堆積層が確認できます．一般には上に行くほど新しい地層であり，相対的に軟らかい地層となっています．多くの場合，都市の地下は厚い堆積層で覆われているため，真下に断層があっても地表には明確に出てこない場合が多いので，注意が必要です．このような活断層を**伏在断層**といいます．兵庫県南部地震の活断層も，淡路島側では地表に活断層が一部現れましたが，阪神間の都市部では上図のような構造はわかったものの，動いた活断層を特定できませんでした．

日本の多くの大都市は大きな川の河口部に発達してきたため，厚い堆積層に覆われています．東京などは富士山の火山灰が厚く堆積しているため，基盤上の堆積土の厚さが 4 km 以上あるといわれています．そのため，地下の構造がわかりにくく，立川断層や荒川断層などのように見つかっているものもありますが，都市部直下ではあまり明らかになっていません．しかし，明らかになっていないということは存在しないということではありません．未知の直下の活断層が動く可能性を否定しきれないのです．

そのため，首都圏および阪神間では，未確認であるが起こるかもしれない直下型地震についての被害想定なども行われています．2013 年 12 月 19 日に政府の有識者委員会が，マグニチュード 7 クラスの**首都直下地震**が起こる確率は，今後 30 年以内に 70 %という高い数字を発表しました．都市直下の地震について，私たちはおおいに警戒しなければなりません．

（4）プレート境界での地震と活断層での地震の違い・・・

この 2 種類の地震には，いくつかの違いがあります．一つは，発生頻度の違いです．プレート境界地震は 100 年に 1 回程度であるのに対し，活断層での地震は，一つの活断層の活動度は 1,000 ～ 1 万年程度あるいはそれ以上で，頻度は 1 桁から 2 桁小さくなります．また，マグニチュードの大きさも，最大値で比べると，プレート境界での地震のほうが大きいです．東北地方太平洋沖地震は，マグニチュード 9 の巨大地震でした．これまでの最大のマグニチュードは 1960 年のチリ地震で，マグニチュード 9.5 です．

しかし，前にも述べたように，直下型は地表のすぐ近くで起こるので，マグニチュードが小さくても震度が小さいわけではないことに注意が必要です．なお，直下型地震の日本での最大マグニチュードは，1891 年 10 月 28 日に起こった岐阜県の濃尾地震で，この地震のマグニチュードは 8.0 でした．このときは，根尾谷断層という巨大な断層が十数 km にわたり，地表に出現しました．

兵庫県南部地震はマグニチュード 7.3 でしたが，この地震の直前の活動度の評価を現在の手法でさかのぼって算定したところ，30 年以内に地震が起こる確率が 0.02 ～ 8 %と非常に低いものでした．この活断層の平均活動間隔は 1,700 ～ 3,500 年とされていて，直下型活断層での地震を予測することの難しさを示しています．

活断層での直下型地震は地表のすぐ近くからくるので，地震の揺れ方として，短周期の要素が多くなると考えられます．また，揺れの持続時間も短いです．一方，プレート境界での地震は，遠くからくるので長周期の成分が多くなります．そのため，高層ビルでは共振して大きく揺れることが予想されます．また，揺れの持続時間も長くなります．大きな揺れが1分以上続いたら，プレート境界での地震と考えて対応を考えなければなりません（プレート境界地震である南海トラフ巨大地震に備えるにはどうしたらよいかは，第11章で述べます）．

（5）地盤の液状化・・・

東日本大震災では，震源からかなり離れた茨城県や千葉県で，**地盤の液状化**による被害が起こりました．図3.13は，千葉県浦安市での被害状況です．マンホールが浮き上がったり，地盤が沈下したり，道路が波打ったりしました．このような被害を起こした地震の揺れは，浦安市では震度5弱から5強で，激震クラスではありませんでした．この本震の29分後に，茨城県沖でマグニチュード7.7の余震（浦安市では震度5弱）が発生し，液状化がさらに進行したといわれています．液状化した面積は，

（a）浮き上がったマンホール

（b）建物の前の地盤が沈下し，階段の下に隙間ができている

（c）道路が不等沈下で波打ち，電柱が傾いている

図3.13　浦安市の液状化被害（浦安市 浦安震災アーカイブ）

1964年からスタートした海面埋立事業エリアのほぼ全域にわたり，約1,455 haにも及びました．浦安市での被災者数約97,000人，37,000世帯，道路の被害延長は約112 km，下水道破損地区面積は約820 ha，応急危険度調査対象戸数が約8,900戸で，これは都市部の（液状化の）被害としては世界最大級といわれています[1)]．

このような被害を起こした液状化とはどのようなものでしょうか？ 地盤を構成しているのは土や石の粒子です．その粒子の間にはわずかな隙間があり，地下水がある場合には，その隙間に地下水が浸みわたっています．隙間が全部水で満たされている状態を「飽和状態」といいます．飽和状態において地震で地盤が揺れると，土の粒子が水に浮いたような状態になり，地盤が液体のような性質に変化します．これを液状化といいます．一瞬，液体のようになった地盤は，砂の重量も含めた密度の液体と化しますので，浮力が一気に大きくなり，マンホールなどを浮き上がらせます．そのときに内部の圧力が大きくなるので，土砂と水が一緒になったものが噴出します（墳砂現象）．また，揺れた後は沈下が起こります．沈下は一様には起こらないので，「不等沈下」となって建物を傾けます．地中では土砂が横方向に移動する「側方流動」という現象が起こることがあり，その場合，地中の基礎杭の破断なども起こります．液状化はいつでも起こるのではなく，以下のような要素で起こるかどうかが決まります．

（i）土の粒子のそろい方：砂のようにばらつきが少ない粒子でできた地盤では起こりやすい
（ii）締まり具合：緩い地盤では起こりやすい
（iii）地下水位の飽和状態：地下水位が高ければ起こりやすい
（iv）地震の揺れの強さおよび持続時間：強い揺れや持続時間が長い揺れでは起こりやすい

浦安市で液状化被害が発生したのは，沖の砂をサンドポンプで吸い上げて埋め立てた場所であり，上記の条件が整ったためと考えられます．すなわち，粒径がそろった緩い砂地盤で，かつ地下水位が高かったためです．

浦安のケースにかぎらず，液状化は，これまで大きな地震が発生したら必ずといってよいほど起こってきました．2016年4月の熊本地震では，熊本県内18市町村において，5,000か所以上で液状化が発生しました[2)]．また，2018年9月の北海道胆振東部地震（M6.7）の際も，震源地から北西に約60 km近く離れた札幌市清田区里塚で大規模な液状化が発生しました．ここは，もともとは住宅もない谷筋の土地で，そこに盛土をして造成した新興住宅地です．そのため，このエリアは地下水位が高く，盛

1）「3・11から1年　浦安，液状化被害との戦い」中山浦安市長公室長．
2）日本地震工学会「平成28年（2016年）熊本地震液状化調査報告（第3報）」．

土に使われた土の性状（水を含むと強度が落ちやすい火山灰質土壌を含んでいた）も原因して液状化したと考えられています[1]．このように，もとは谷筋であったり，あるいは，ため池であったような場所や，海沿いで砂浜や河口であった場所は液状化しやすいのです．

図 3.14 は，液状化の起こりやすさを表した地図です．大阪湾，東京湾，伊勢湾に面した大都市部の沖積平野などは，とくに液状化が起こりやすい地域です．地盤の液状化は，死者を出すことは少ないものの，市民の財産に多大な影響を与えます．自分のまちの地盤についてよく知っておくことが重要です．

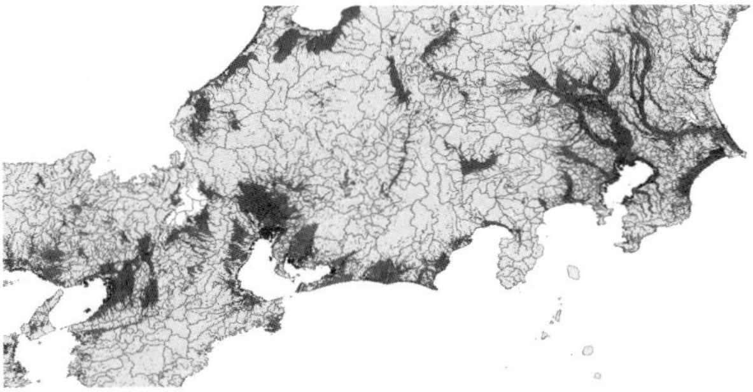

図 3.14　液状化の起こりやすさ[2]．色の濃い部分ほど液状化が起こりやすい．
（提供 東京工業大学 松岡昌志氏）

1)「平成 30 年胆振東部地震による火山灰谷埋め盛土の液状化被害」渡部要一，消防防災の科学 No.138.
2) 表示には QGIS 2.6.1 を利用している．地図情報はネオ・ジーアイエスの基盤地図情報 25000MWS（承認番号 平 23 情使，第 281 号）を利用している．

Chapter 4 津　　波

この章では…

地震は，ときとして津波を伴います．東日本大震災の事例などを参考にしながら，津波についての基礎的なことを学びます．

4.1 東日本大震災での津波

東日本大震災を引き起こした東北地方太平洋沖地震の震源は，南北方向に約 500 km に及んでいます．地震のマグニチュード（Mw）は 9 で，日本で観測されたものでは最大でした．

この地震による各地での震度は，宮城県北部で震度 7，宮城県南部・中部，福島県浜通り・中通り，茨城県北部・南部などで震度 6 強，岩手県沿岸南部などで震度 6 弱などであり，大きな揺れが襲いました．

また，この地震により各地を大津波が襲いました．海底の地盤が地震で激しく動き，その上の海水をもち上げて津波となりました．気象庁などの観測データは，巨大津波が襲った場所では計器が壊れて観測不可能となったため正確な津波高さは不明ですが，岩手県から福島県にかけての東北沿岸各地に 5 m 以上，場所によっては 15 m を超える大津波が襲来しました．そして，第 1 章の図 1.10 に示したように，この地震による死者の 92 % が津波による溺死でした．人的被害と建築物の被害の数字は表 1.1 に示したとおりです．

4.2 明治，昭和の東北での津波

今回の津波災害以前にも，東北では何度も津波による被害が繰り返されており，平均すると 46 年に 1 度の頻度といわれています．明治以降の東北での主な津波災害を紹介します．

（1）明治三陸津波・・・

明治三陸津波を引き起こした地震は，1896 年（明治 29 年）6 月 15 日午後 7 時 32 分に起こりました．震央は，釜石の東方沖 200 km でした．これはきわめて特異な地震で，震度はわずかに 2 ～ 3 程度で，非常に軽微な揺れしか感じられなかったにもかかわらず，この地震による津波はとてつもなく大きなものでした．地震の揺れは小さいのに大きな津波がくる地震を「**津波地震**」といいますが，明治三陸地震は典型的な津波地震です．この地震のマグニチュードは 8.2（津波を考慮したもの）[1] とされています．岩手県の三陸海岸では，宮古市田《た》老《ろう》地区で 14.6 m，山田町船越で 10.5 m，宮古市重《おも》茂《え》で 18.9 m，大船渡市三陸町吉浜で 22.4 m，大船渡市三陸町綾《りょう》里《り》で 21.9 m と，のき並み 10 m を超える大津波がやってきました．とりわけ，綾里湾の奥では，38.2 m の遡上が確認されています．そして，この津波で，21,959 人もの死者が出ました．岩手県では死者 18,158 人中，行方不明者が約 8,000 人で，44 % の遺体が発見されませんでした[2]．

（2）昭和三陸津波・・・

昭和三陸津波を引き起こした地震は，1933 年（昭和 8 年）3 月 3 日午前 2 時 30 分に，岩手県釜石の東方沖約 200 km を震源として発生しました．地震のマグニチュードは 8.1 で，最大の震度は 5 程度であり，強い揺れを観測しました．地震の揺れによる建物の被害は少なかったのですが，大きな津波が押し寄せ，この地震と津波により，死者・行方不明者 2,064 人，家屋流失 4,034 戸，家屋倒壊 1,817 戸の被害が出ました．とくに被害が激しかったのは岩手県の下閉伊郡田老村で，人口の 24 % にあたる 1,211 人が亡くなり（当時の村内の人口は 4,982 人），家屋も 824 軒中 505 戸が被災し，428 戸が流失しました[2]．

（3）チリ地震津波・・・

1960 年 5 月 23 日に地球の裏側のチリで起こったマグニチュード（Mw）9.5 の世界最大の地震が起こした津波が，22 時間 30 分かけて日本に到達し，三陸地方を中心に被害が出ました．もちろん，震源ははるかに遠方のため，揺れはありませんでしたが，最大で 6.1 m の津波が押し寄せ，142 人が亡くなりました．

4.3 津波の性質を知る

（1）津波の速さ・・・

① 津波はジェット機並みの速さでやってくる

津波は，通常の波浪のような波とは性質がまったく異なります．通常の波浪は海水の振動が伝わっていくのに対して，津波は質量の輸送を伴う波で，きわめて大きなエネルギーをもちます．そのため，「波」というよりも「流れ」のような力がはたらく

1）理科年表（平成 25 年）．
2）「災害を語り継ぐ」中央防災会議．

ので，たとえ 1 m 程度の高さの津波でも，立っていることはほとんど不可能です．

津波がやってくる速さ C は，

$$C = \sqrt{g \times \text{水深}}$$

という簡単な式で表されます[1)]．g は重力加速度で，およそ $9.8\ \mathrm{m/s^2}$ です．すなわち，**「水深が深いほど津波の速さは速くなり，その速さは水深のルートに比例する」**と表現できます．

では，いったいどれくらいの速さなのでしょうか？ 先に紹介したチリ地震津波では，日本時間午前 4 時 10 分に地球の裏側のチリで発生した津波が世界中に広がり，22 時間 30 分後には日本の東北・北海道沿岸を襲いました．震源地と日本の東北までは約 17,000 km 離れています．単純に平均時速を出してみると時速 760 km，つまり，水深が深い太平洋を平均時速約 760 km という超高速で日本までやってきたことになります．この速さは，ジェット旅客機の速度とほぼ同じです．

Question

東北地方太平洋沖地震の震央付近の水深は 6,800 m です．重力加速度 g を $9.8\ \mathrm{m/s^2}$ として，この水深の場合の津波の速度を計算し，時速（km/h）で答えましょう．

② 津波は成長しながら陸地にやってくる

この津波の性質，つまり水深が深いほどスピードが速いという性質が，津波を大きくします．海の水深は，陸地に近づくほど浅くなります．そうすると，沖合で発生した津波が陸地に向かう際には，どんどん浅いほうに進んでいきますが，水深が浅くなれば津波の速さが遅くなっていきますので，波長が短くなります．そうなると，エネルギー保存の関係で，振幅が大きくなります．つまり，**「陸地に近づくにつれ，津波は大きくなっていく」**のです．どれくらい大きくなるかというと，**「津波の高さは，水深の 4 乗根に反比例する」**という計算式（グリーンの法則）が提案されています[2)]．たとえば，水深が 1,000 分の 1 の場所では，津波の高さは 5.6 倍になります．つまり，水深 1,000 m の沖合では高さ 2 m くらいの津波でも，水深 1 m の陸地近くにやってくると，11 m 以上の高さに成長することになります．

1）津波は，波長が数十 km から数百 km ときわめて長い波で，それに比べて波の高さが非常に小さいので，数学的には微小振幅波理論の「**長波**」として扱えます．

2）4 乗根というのは，ルート（平方根）を 2 回繰り返すことです．H_0，h_0 を沖合での津波高と水深，H_1，h_1 を沿岸での津波高と水深とすると，つぎのようになります．

$$H_1 = \sqrt[4]{\frac{h_0}{h_1}}H_0$$

③ 陸上近くでの津波の速さと波形

それでは，陸上に近づいた津波はどの程度の速さになっているのでしょうか？ 津波は，海底から石や砂などを巻き上げて運んできます．図 4.1 の写真は，東日本大震災の津波に乗って宮古市田老の休耕田に流れ着いた巨石です．この巨石の重さは 140 トンで，約 500 m 流されてきました．このような事実をもとに，筑波大・千葉工大の共同研究チームによって推定された速さは秒速 8 m，時速にすると約 30 km，つまり 800 m 走の世界記録とほぼ同じです．時速 30 km の速さでせまってきたら，いくら足に自信があっても到底逃げ切れません．津波がきてからではなく，地震の揺れを感じたらまず逃げることが大切です．

陸に近づいたときの波の形はどのようなものでしょうか？ 仙台平野沖合の GPS 波浪計のデータでは，20 分間水位が上がり続けました．津波の速さが時速 30 km とすると，20 分では半波長が約 10 km となりますが，上がった水位は 10 m 程度なので，波の勾配はわずかに 1/1,000 であり，非常にゆるやかで海上では津波がきていることもはっきりとわかりません．このように，通常の波とはまったく異なることを理解しておかなければいけません．

図 4.1　津波で流された巨石(M. Yamada, et al., "Deposi-tion of sediments of diverse sizes by the 2011 Tohoku-oki tsunami at Miyako City", Marine Geology, Elsevier (2014))

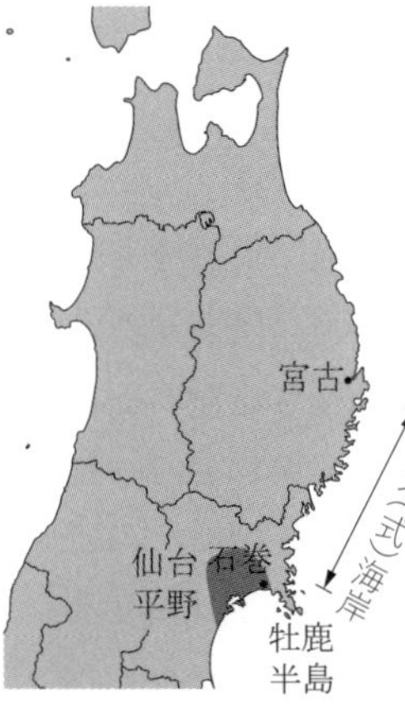

図 4.2　東北地方の地形

（2）地形による違い・・・

東北の東海岸の地形は，よく見ると二つのタイプに分かれることがわかります．図 4.2 の宮古から牡鹿《おしか》半島までは海岸がかなり複雑に入り組んでおり，このような海岸を「リアス（式）海岸」といいます.

一方，石巻から南では直線状の海岸形状になっていて，ゆるやかな平野が続きます. リアス（式）海岸のような入り組んだ海岸と直線的で緩やかな**海岸平野**とでは，津波の性状が異なります.

① リアス（式）海岸での津波

リアス（式）海岸では，点在する入り江の奥の狭い平地部にまちができています. この地形をイメージするには，まず，海辺にある山のヒダの多い地形を思い浮かべてください. そして，その地盤が沈んでいき（あるいは反対に，海面が上がっていき），もとの海岸線がいまの水面よりかなり下がった（あるいはいまの地形より水面が上がった）地形を思い描いてください. そうするとわかるように，このギザギザの地形の海面下にも谷の傾斜が続いています.

津波が，このリアス（式）海岸のところにやってくると，V 字型の谷の奥に行くほど津波が高くなり，また，陸に上がってもその高さはなかなか衰えません.

図 4.3 は，死者が浸水区域内での人口の約 13 %という大きな被害が出た，陸前高田市の津波の高さを表したものです. ここでの津波の高さは海岸近くで 15.4 m 程度でしたが，2.5 km 陸側の地点（地盤高約 3 m）で 14.1 m，海岸から 3.6 km 入った地点（地盤高約 5 m）でもまだ 11.3 m の浸水高さが記録されています（なお，ここで示した浸水高さは津波の水面の「高さ」で，「深さ」ではないことに注意してください. 地面の高さとの差が津波の深さになります）. このようにリアス（式）海岸では，谷の奥深くまで津波が入っていきます. そして，谷筋の奥深くまで斜面をかけ上っていっ

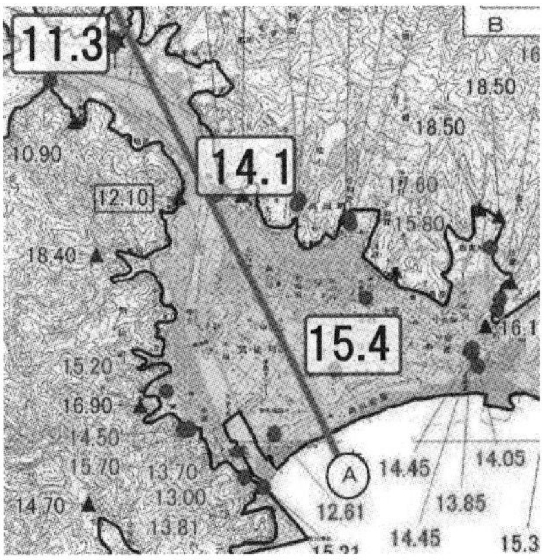

図 4.3　陸前高田市の津波浸水高さ（囲み数字）（中央防災会議資料を加工）

図 4.4　倒壊したビル（女川町）（太田撮影，2011 年 4 月 11 日）

た津波の水は，引いていくときは斜面をすべり降りますので，非常に強い力の引き波が生じ，すべてのものを流し去ります．このようなことから，浸水域の人口に対する死者の率は，リアス（式）海岸では平野部の倍となっています．

宮城県女川町では，図 4.4 のように，この津波で鉄筋コンクリートのビルが 6 棟倒壊しました．津波でもビルは安全という神話が崩れ去りました．また，津波による行方不明者の 85 %がリアス（式）海岸におけるものであることが報告されています．これは，強い引き波が，遺体を海に運び去ってしまったためと考えられます．

② 海岸平野部での津波

海岸平野部では，リアス（式）海岸の場合と異なり，津波の高さは陸地を進行していくにつれ急激に弱まります．それだけでなく，リアス（式）海岸のような強い引き波がすべてを洗い流すようなこともありません．図 4.5 は，仙台平野での被災家屋の様子ですが，海側（左側）から流されてきた家屋が，頑丈な家にへばりついたままになっていて，引き波の力がほとんどなかったことがわかります．

図 4.5　へばりついた被災家屋（仙台市若林区）
（太田撮影，2011 年 3 月 21 日）

海岸平野部に位置する名取市での津波の高さの変化を示したのが図 4.6 です．海岸から左の東部道路までが約 3 km で，ここで津波はほぼゼロになりました．一方，先ほどの図 4.3 で示した陸前高田市では，海岸線で約 15 m，約 3 km 地点でも 12 ～ 13 m 程度（図 4.6 の破線）なので，様子がまったく違うことがわかります．

このようなことから，平野部はリアス（式）海岸と比べて安全だと考えられるかもし

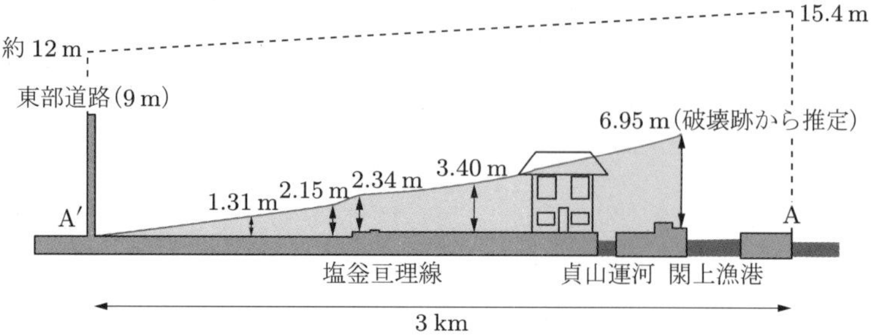

図 4.6　名取市での津波の変化（名取市復興計画資料から作成）

れません．しかし，国土交通省が行った調査では，確かに平均的な死亡率は，リアス（式）海岸のほうが高いものの，同じ津波の高さで比べてみると，平野部での死亡率のほうが，リアス（式）海岸部よりも高いということが報告されています．なぜでしょうか？

図 4.7 の写真は，仙台市若林区から名取市にかけての斜め上からの航空写真です．撮影日は 3 月 13 日，津波から 2 日後で，まだ，津波の浸水が広く残っています．東（写真の上方向）が太平洋で，そこから西（写真の下方向）には平坦な土地が開けています．この平野部は平坦・広大で，海岸から中央の六郷という集落にかかるまでで約 4 km あり，この間で 1 m ほどしか標高が高くなっていません．周りは平坦で，高い建物も見えません．陸地でも津波の速さは人間の足より速いので，こういうところで津波に襲われても，逃げる場所はほとんどありません．

図 4.7　仙台平野（アジア航測（株）提供の写真に地名を加筆）

写真中央を横切る仙台東部道路は盛土の構造で，津波はここでほぼ止まりました．この道路はこの辺りの数少ない高台で，高速道路という危険はありましたが，230 人がこの道路に避難して助かりました．

図 4.7 の海岸沿いの中央部に冒険広場というところがありますが，ここは盛土した人工的な高台になっています．そこに，近くの井土という集落の家族 3 人が避難してきました．偶然，公園の管理スタッフ二人が残っていたので，一緒にその高台まで逃げました．5 人が高台にたどり着いて間もなく襲ってきた津波は，周囲を全部飲みこんで高台のすぐ下にまでせまってきましたが，なんとか海抜 14 m の頂上にまでは達せず，自衛隊のヘリコプターにより無事救出されました．

このように，平野部では，安全なところに「逃げる」という行動が難しいのです．そのため，どのようにして安全なところに逃げるのか，あるいは，津波から逃げられる安全な場所をいかに確保するのかが非常に重要になります．

4.4 津波からの避難

（1）逃げるということ・・・

まずは，「逃げる」ことが重要になります．中央防災会議の「津波避難対策検討ワーキンググループ」が，東日本大震災での犠牲者の行動をヒアリングしました．たとえば，この場所は安全だと思って逃げなかったとか，避難してからいったん自宅に戻ったとか，家族を待っていたとか，後片づけをしていた人が多く亡くなっています．また，車で避難して渋滞に巻き込まれた，というケースもかなりあります．

車で逃げるのは，果たして安全でしょうか？ 車で避難する人たちは，どんどん高いほうに逃げますから，どうしてもそちらの方向に集中し，必ず渋滞に巻き込まれます．1 台でも車を放置して逃げる人がいたら，そこから後ろの車は前には進めません．また，道路が地震による倒壊物でふさがれたり，マンホールが液状化で浮き上がったりして通れなくなることも考えられます．そのため，逃げ遅れて車ごと流されてしまう可能性がおおいにあります．浸水し始めた車は，水圧でドアは開けられませんし，電気系統がはたらかなければ窓を開けることもできません．基本的には，車で逃げるというのは，非常に危険度が高いと考えるべきです．

（2）逃げない人たち・・・

東日本大震災の後，「**釜石の奇跡**」という話が非常に有名になりました．これは，釜石市の小・中学校の子供たちの行動によって，約 3,000 人の児童・生徒がほぼ全員，津波からの被害を逃れて高台に避難し，犠牲者を出さなかったというものです．

すでに下校していた児童・生徒も多くいたなかで，なぜ子供たちは避難することができたのでしょうか？ それは，これまでの地道な取組みにより，地震があったら津波がくるので，必ず高台に避難するということを子供たちがしっかりと理解していたからといわれています．この奇跡の舞台の一つとして有名になった鵜住居《うのすまい》小学校の子供たちの作文[1] にも書かれていますが，子供たちは自分で考え，必死に高台に逃げました．率先して必死に避難した子供たちの行動が，多くの人の行動をよび起こし，「率先避難」の重要性もいわれるようになりました．

釜石市で防災教育を指導した片田敏孝教授（現 東京大学）は，「**避難三原則**」として「**①想定にとらわれるな！ ②その状況下において最善をつくせ！ ③率先避難者たれ！**」の三つを徹底して教えたとのことです[2]．どれも，避難のための核心をついた言葉です．

1）「つなみ 被災地のこども 80 人の作文集」文藝春秋．

2）「命を守る教育」片田敏孝，PHP 研究所．

一方，釜石の奇跡が起こった大槌湾では，多くの大人が命を落としました．その後の研究で，事前のハザードマップで安心とされていた地域で亡くなった人たちの割合がきわめて高かったことが示されています．「安心」とされていたため，避難しなかった人が多かったのでしょう．

同様のことは，ほかの自然災害においても見られます．地震と違い，台風はその進路が現在の科学ではかなり正確に予測できるので，避難をすることができる自然災害です．アメリカのニューオーリンズ市では，2005 年の巨大ハリケーン「カトリーナ」の襲来の前に，市長が避難命令を出していました．その結果，8 割の人が避難しましたが，2 割の人は避難しませんでした．避難しなかった人の半分程度は自分では避難する手段をもっていなかったためでしたが，残りの半分（すなわち全体の 1 割）は避難する手段があったにもかかわらず，自らの意志で避難しませんでした．避難しなかった理由は，「そんなにひどいものとは考えなかった」「自分は大丈夫だと思っていた」などでした．

しかし，8 割が避難したというのは，実は日本の豪雨災害と比べると，きわめて高い割合です．2000 年の東海豪雨災害では避難した人は 44 %，2004 年の台風 23 号豊岡水害のときには 33 %でした．つまり，6 ～ 7 割の人は避難していません．「自分は大丈夫」として必要な対応をとらないのは，心理学でいう「**正常化の偏見**」（normalcy bias）というものがはたらきやすいためといわれています．

「想定にとらわれず，そのときの状況を自分自身で把握して，率先して避難する」ことは，命を守るために不可欠な大切な行動であることを，みんなが理解することが重要です．

（３）安全な避難場所を確保する・・・

そうはいっても，歩いて遠くまで逃げられなかったり，避難する道がかなり遠回りで時間がかかる場合もあります．そのために，確実に避難できる場所の確保や避難路を事前に用意しておくことが重要です．

仙台市宮城野区の中野小学校は，東日本大震災の直前に，市民の要望で，学校が閉まっている時間でも外から屋上に避難できるように改修したところでした．地震の後，市民は学校の屋上に避難しました．そこに屋上を洗うほどの津波がきましたが，何とか全員無事救出されました．

一方で，安全だと思って避難した場所で津波に襲われてしまって亡くなった例も報告されています．**事前に安全な場所を確保し，安全な避難行動を考えておく**ことが避難にとっての大前提です．行政と住民の協働で，災害の前にその計画をつくっておくことが重要です．

このように，いざというときの安全な避難場所の確保は生死を分けるのです．そのため，南海トラフ地震による津波に備える各地域では，まちぐるみで避難の方法を考えたり，避難先となる**津波避難ビル**を指定したり，それがない場合は，**避難タワー**を建設するなどの準備が進められています．

4.5 防潮堤の高さとリスクの選択

東日本大震災での大津波からの復興において，防潮堤についての議論が高まりました．とくに，宮古市田老町での二重の防潮堤が壊れたことや，釜石などの**湾口防波堤**が破壊されたことで，防潮堤や防波堤が不要であるとか，巨大すぎるのではないか，というような主張もあります．しかし，あれだけの被害を受けたまちの復興において，高潮や津波を防ぐための防潮施設は本当に必要ないのでしょうか？

まず，東日本大震災を受けて国や県が定めた防潮堤に関する基本方針を確認しましょう．そのおおもとの方針は，国土交通省が東日本大震災から4か月後の2011年7月に定めたものです．その考え方は，「第一線の防潮堤の高さを決める際に考慮する津波は**レベル1**程度，すなわち，せいぜい百数十年に一度程度のものであり，今回の東日本大震災のような千年に一度というような**レベル2**の大津波は想定しない．そして，レベル1を超えるような大きな津波については，防潮堤だけに頼らずに，まち全体の強さや避難などの行動も含めて総合的に対応していこう」というものです．このように，国や県も，決して防潮堤ですべてを守ろうとしているのではないということを理解しておく必要があります．

この方針を受けて，岩手や宮城の県レベルで防潮堤の高さが各海岸ごとに定められました．しかし，県が提示した高さに対して，もっと低くてもよいという選択をした地区が現れました．たとえば，岩手県大槌町では，県の計画に対して，高すぎるという反対論が一部に出てきたため，防潮堤の高さを地域住民の意向によって決めることにしました．その結果，高台に住宅を移転することを条件に，従来あった防潮堤の高さに復旧することを選びました．もとの防潮堤と同じ高さを選択したのには「あまりに高い防潮堤は海を隠してしまい，逃げ遅れること，また，高い防潮堤に安心して，肝心の『逃げる』ということがおろそかになること」などの理由が挙がりました．

大船渡市三陸町吉浜というまちでも同じようなことが起こりました．吉浜は明治三陸津波で大きな被害を受けたために高台への移転を行っていた結果，今回の津波では死者わずか1名のみで，「奇跡の集落“ラッキー・ビーチ”」として海外にも紹介されました．この経験から，従来の堤防の高さでよいとの選択が多数を占めたと考えられます．

このように，まちを守る最前線である防潮堤の高さについても，基準から割り出した高さを機械的に当てはめるだけではすまなくなってきた，というのが今回の東北の復興での新たな特徴です．しかし，そのことは，自分の命を防潮堤頼みにするのではなく，自分自身で命を守るというリスクを住民自らが背負うということにもつながることをしっかり認識しておかなければなりません．

ミシシッピー州のビロクシ（Biloxi）というまちはメキシコ湾に面しており，ハリケーンが常襲するところですが，いっさい防波堤や防潮堤がありません（図 4.8）．高潮や高波のリスクを承知で，自然の海岸を残すことを選択しているのです．その結果，ハリケーン・カトリーナの襲来により大きな被害を受けました．このように，自然のリスクを承知のうえで無防備でいるにはそれなりの覚悟が必要です．日本でも，リスクを住民自身がしっかり把握して決断していくことが求められるようになってきています．そのためにも，住民自身が防災の基礎的な知識をもち，災害のリスクやそれへの対策について理解することが，非常に重要になってきていると思います．

図 4.8　ハリケーン・カトリーナで大きな被害を受けたビロクシの海岸．正面はメキシコ湾．防波堤も防潮堤もなく，砂浜があるだけ．（太田撮影，2008 年 3 月）

Chapter 5　台風と豪雨

この章では…

日本において発生する頻度の高い台風や豪雨災害について，発生のメカニズムや被害，それへの対応などについて学びます．

5.1　気象の基本を学ぶ

第 2 章の表 2.2 で示したように，日本の災害においてとりわけ頻度の高いものは，台風や豪雨による災害です．日本は，地球上において，台風の進路に位置しています．また，豪雨の季節が，春，梅雨，秋，冬（豪雪）と四季のなかで頻繁にあります．そのため，これまで台風災害，豪雨災害を繰り返してきました．また，ここでは述べませんが，台風や豪雨・豪雪以外にも，猛暑や干ばつ，突風や竜巻など，多くの自然災害があります．これらを知るために，まず，気象の基本のおさらいから始めましょう．

（1）四季・・・

地球は太陽の周りを回る惑星です．太陽の周りを回ることを「公転」といいます．そして，地球は公転しながら自分自身も回っており，これを「自転」といいます．地球が公転をする軌道に直角な面と自転の軸は，23.4 度ずれています．このことが地球に**四季**というすばらしい恵みをもたらしています．火星や土星の自転軸は地球と同じくらいの傾きですが，金星や木星の自転軸はわずか 3 度しかずれていませんので，四季はありません．

地球に入ってくるエネルギーは，ほとんどすべて太陽によるものだけです．したがって，太陽と地球の関係が，基本的に地球の気象の条件を決定づけています．この太陽との関係を基本に，**海洋の潮流**や**上空の偏西風**など，海洋や大気の**対流運動**なども地球の気象に重要な役割を果たしています．

（2）高気圧と低気圧・・・

半径 6,400 km の地球は，空気の層に包まれています．その厚さは 100 km（直径の 0.8 %）と薄く，そのなかでも私たちの生活に身近な気象の変化は，厚さ 10 km くらいの**対流圏**で起こっています．

この大気の状態を地上で測ると気象に関する情報が得られますが，その基本となるものが，**気温**，**湿度**（大気中の水蒸気の量），そして**気圧**です．

1 気圧は 1,013 hPa[1)]であり，気圧の平均はこの値になりますが，実際には，1 気圧よりも高かったり低かったりします．気圧は，これまでの最高が 1,080 hPa，最低が 870 hPa です．したがって，せいぜいプラスマイナス 1 割程度の差しかありませんが，気象の状況には大きく影響します．

低気圧では基本的には**上昇気流**が生じています．低気圧や地形の関係などで上昇気流が生じると，空気の塊は上に移動します．高度が 100 m 上がると，湿潤な空気の場合では気温が約 0.5°C 下がり，乾燥した空気なら 1°C 下がります．空気に含むことができる水蒸気の最大の量（最大の量に達したときを「飽和」といいます）は温度が高いほど大きく，温度が低いほど小さいので，上昇に伴って空気の温度が下がると，水蒸気が飽和状態に至ります．そうすると水蒸気は**相変化**を起こし，水蒸気すなわち水分子の気体から水滴に変わります．雲や霧の発生です．このとき，この相変化に伴って**潜熱**を放出します．1 g の水蒸気が水に変化するときの潜熱は，600 g の水を 1°C 上昇させられるほどの大きな熱であり，この空気の塊の温度は上がります．その結果，空気塊はさらに上昇します．上昇に伴ってさらに水滴を生成し，雨雲はどんどん成長していきます．この雨雲は，やがて雲として空中で存在することができず，雨や雪になって地上に落ちていきます．

台風は大型の**熱帯低気圧**ですが，暖かい海洋の上で，どんどん暖かい湿った空気が供給され，上記のような現象が加速度的に起こって成長し，巨大に発達したものです．しかし，上陸したり，海水の温度が低い場所に移動したりすると，暖かい水蒸気を含んだ空気の供給が途絶えるので，だんだんと衰退します．

一方，**高気圧**は，大きなスケールで見た場合は，基本的には下向きの空気の流れのもとで，よい天気をもたらします．しかし，高気圧のもとでは必ずよい天気かというと，そうとも言いきれません．夏の太平洋高気圧のもとでは，晴天により猛烈な暑さとなり，地上の空気が暖められます．そして，その空気が上空に上がり，上空の冷たい空気と接することにより，積乱雲が局地的に発生します．2013 年 7 月 8 日午後に，東京の荒川で落雷により 1 人が亡くなり 2 人が負傷しましたが，そのときの天気図を見るかぎりでは，東京は安定した太平洋高気圧の勢力下でした．この日の東京の 14 時頃の気温は 35°C と盛夏並みの気温でした．そのため，地上の気温が急上昇し，局地的に積乱雲が発生し，雷が襲ったのです．

---

1) ヘクトパスカル：1 m^2 あたり 1 N の力がかかるときの圧力が 1 Pa．1 hPa = 100 Pa.

(3) 低気圧と高気圧の風の向き・・・

低気圧と高気圧の風の向きを知っておくことは，気象を理解するうえで重要です．北半球においては，**低気圧は反時計回り**，**高気圧は時計回り**に風が吹いています．

これを理解していると，たとえば冬の典型的な気圧配置である西高東低になると，なぜ強い北風が吹くのかが理解できます．図 5.1 は，2013 年 1 月 3 日の天気図です．この天気図のように，西に高気圧（H）があると，高気圧では時計回りなので，高気圧の東側の地域は北から風が吹きます．また，東に低気圧（L）があると，低気圧の西側の地域は北から風が吹きます．結局，高気圧と低気圧に挟まれた場所（すなわち，この図では日本列島）には北風が吹きつけることになります．そして，この図のように混み入った等圧線は気圧の変化が大きいことを表していますので，東の低気圧と西の高気圧に挟まれた地域には，猛烈な北風が吹くことがわかります．

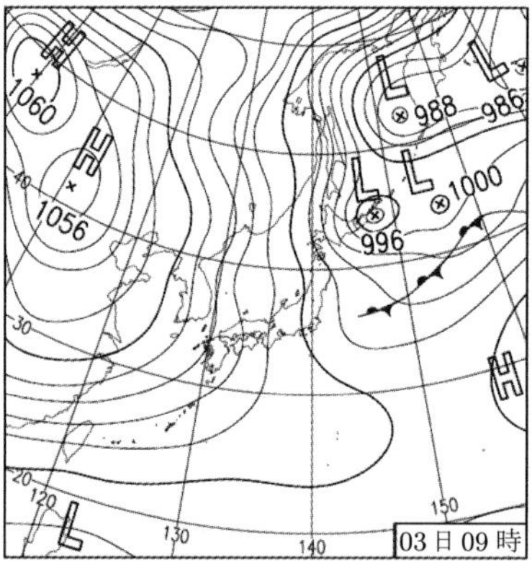

図 5.1　冬型の気圧配置（気象庁ホームページ「日々の天気図」）

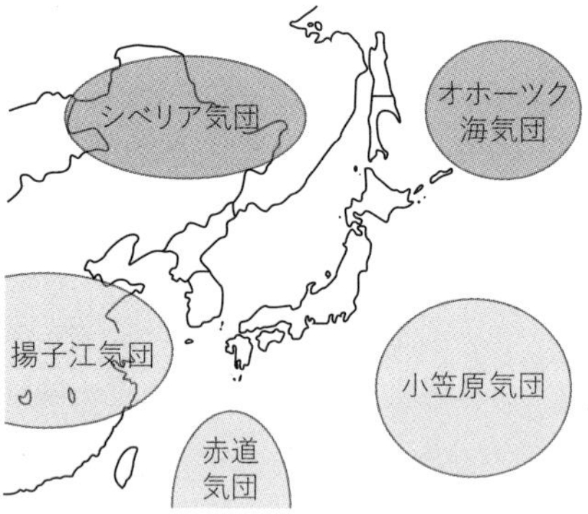

図 5.2　日本周辺の気団

(4) 気団と前線・・・

天気が悪くなる要素として，「**気団**」と「**前線**」を理解しておくことが重要です．単純化して説明すると，日本の北側にある空気は，冷たい空気です．南にある空気は，暖かい空気です．また，海上の空気は，湿った空気です．天気の理解のためには，空気を大きな塊として理解します．それを「気団」といいます．日本の周りには，図 5.2 に示すように，シベリア気団（冷たい，乾燥，大陸性），オホーツク海気団（冷たい，湿潤，海洋性），小笠原気団（暖かい，湿潤，海洋性）などがあり，季節によってその勢力が変化します．

① 寒冷前線と温暖前線

このような気団と気団の境目に,「前線」が発生します．前線では気温の差が大きく，天気が急変することがあります．たとえば，発達中の温暖低気圧の左下には寒冷前線が，右には温暖前線ができ，前線付近では雨が降りやすく，また，風も強くなります．

寒冷前線（図 5.3 の B）は，北の冷たい空気が暖かい空気の下に潜り込むことにより発生します．前線付近では暖気団が強制的に上昇させられて積乱雲ができ，短時間に強い雨が降ります．寒冷前線の通過時には気温が急激に下がり，風向きが急変して突風を伴い，雷が発生することがあります．**温暖前線**（図の A）は，冷たい空気に暖かい空気が乗り上げます．この場合，前線に近づくにつれて低い雲となり，前線から進行方向前面 300 km くらいまでの間では，雨が連続して降ります．寒冷前線と温暖前線の記号と向きは，冷たい空気と暖かい空気の進行方向を表しています．前線の表記の仕方を知っておくと，気象の理解を助けます．

② 停滞前線および梅雨前線

停滞前線（図 5.4）は，暖気団と寒気団の勢力が同じくらいのときの前線で，ほとんど同じ位置に停滞します．そのため，長時間雨が降りやすくなります．停滞前線は，季節が変わるときによく現れます．梅雨の時期にできる停滞前線を，梅《ばい》雨《う》前線といいます．

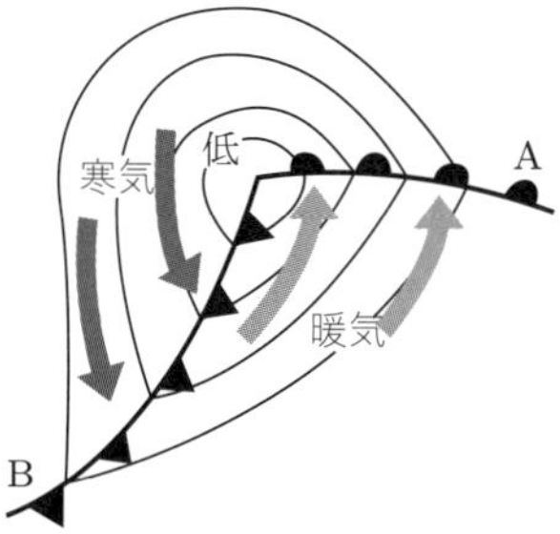

図 5.3　発達中の温暖低気圧と前線

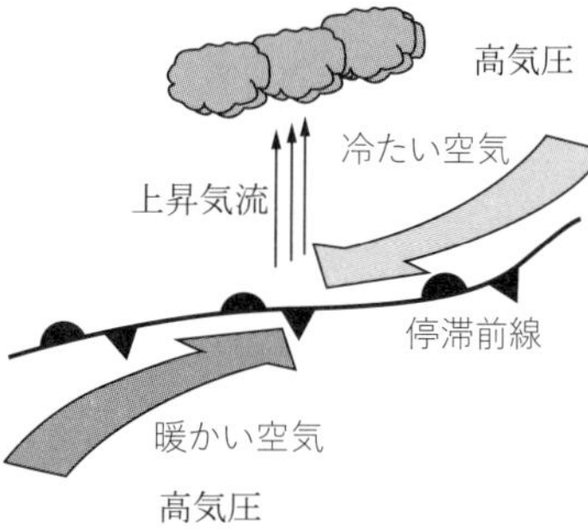

図 5.4　停滞前線

5.2 台風

(1) 台風の発生する場所・・・

図 5.5 は，1985 ～ 2005 年までの熱帯低気圧の経路です．日本では，風速が 17.2 m/s 以上の熱帯低気圧を「**台風**」とよんでいます．図を見ると，日本は世界のなか

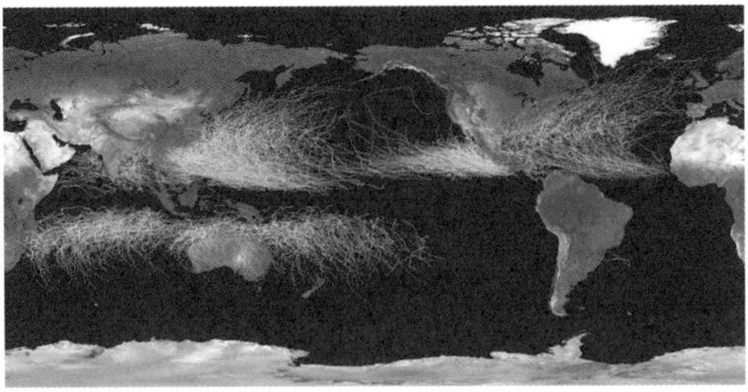

図 5.5　1985 ～ 2005 年までのすべての熱帯低気圧の経路

でもきわめて台風がよくくる地域であることがわかります．北アメリカ大陸でも熱帯低気圧が発生していますが，これは「**ハリケーン**」とよばれます．そして，インド洋周辺と南半球のものは「**サイクロン**」とよばれます．

（2）日本における台風の進路・・・

日本での台風は，海面温度が上昇する夏にフィリピン東部の海域で発生します．台風の進路は，発生した場所，太平洋高気圧の位置，そして，日本付近では上空の偏西風の位置などによって決まります．夏は，太平洋高気圧が日本の南海上にあるので，そのふちを回って台風が日本にやってきます．図 5.6 は，各月の台風の典型的なコースです．図から，日本列島に近づくのは 6 月から 10 月までが多いことがわかります．そして，9 月は日本列島にもっとも台風が襲来しやすい月です．

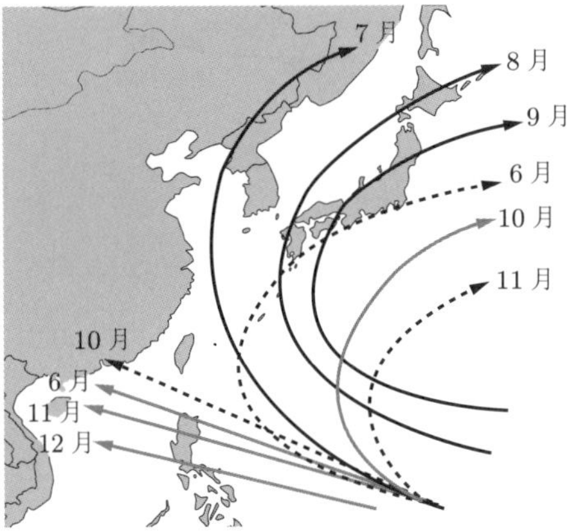

図 5.6　台風の典型的なコース（日本気象協会）

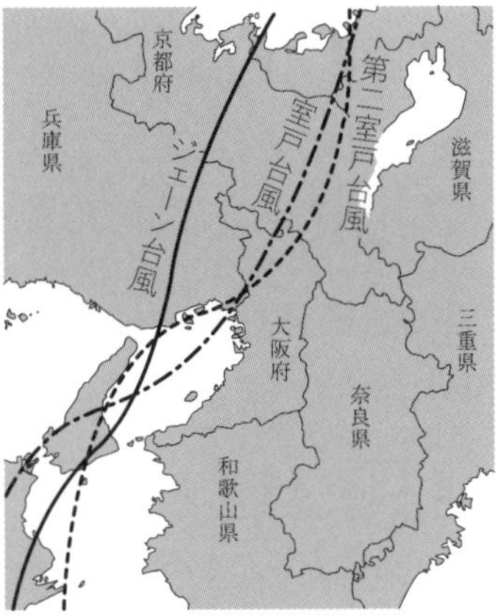

図 5.7　大阪湾 3 大台風のコース
（国土交通省大阪港湾空港整備事務所）

(3）台風と高潮・・・

図 5.7 には，関西，とくに大阪湾に大きな被害を及ぼした三つの台風のコースを示しています．三つの台風とは，**室戸台風**（1934 年 9 月 21 日室戸岬に上陸），**ジェーン台風**（1950 年 9 月 3 日徳島県日和佐町に上陸），**第二室戸台風**（1961 年 9 月 16 日室戸岬に上陸）です．台風では，中心に向かって反時計回りに風が吹いていますので，これらのコースのように大阪湾の西側を淡路島沿いに北上する際には，大阪湾に強烈な南風が吹き続けます．その方向に風が吹き続けることによって，海の水がどんどん湾の奥に寄せられてきます．これを「**吹き寄せ**」といいます．また，台風は中心気圧が低いので，その分，海面が気圧差でもち上がります．これを「**吸い上げ**」といいます．この二つの要素により，「**高潮**」が発生します（なお，この二つの要素以外に，場合によっては，強風の吹き出す間隔と湾の固有振動が共振すれば「湾内振動」が起こることがあります）．

また高波も，大阪湾の長軸方向（南南西 ～ 南西方向）から風が吹く場合に**吹送距離**（フェッチ）がもっとも長いため，もっとも高く成長します．そのため，大阪湾の西側を通るルートがもっとも大きな被害を出します．

さらに，台風の進行方向と風の方向が同じため，**進行方向の右側のほうが風が強く**なります．すなわち，これらの 3 大台風のように湾の西側を淡路島に沿って台風が進む場合は，その東側，すなわち大阪湾岸の地域で風が強く，波が高く，高潮も大きくなります．

このようなことから，大阪湾での高潮対策では，3 大台風と同じような大阪湾の西側，淡路島沿いのコースを通る台風を想定して高潮や高波の想定高さを決めています．その際の台風の規模は，これまでで最高の規模であった**伊勢湾台風**並みのものを想定しています．ちなみに，大阪港の防災上の高潮の**偏差**は 3 m，神戸港では偏差 2 m を想定しています．海面は，潮の満ち引きがあるため，1 日に 2 回（あるいは 1 回）満潮と干潮があり，変化しています．そのため，高潮の計算では，通常の潮位からの差を「偏差」として示します．防潮堤は，満潮の高さに，この高潮偏差と港内の台風時の波の高さなどを加えたものを想定して設計されます．

地形と台風の通過する進路と風の向きの関係を知っていると，どのような進路を通るときにとくに警戒が必要かがわかります．自分の住んでいる地域で，過去に大きな被害を及ぼした台風とその進路を調べてみましょう[1]．

1）過去の台風の進路や規模，強さなどについては，気象庁のウェブサイトや，国立情報学研究所の北本朝展氏が提供している「デジタル台風」などで調べることができます．

陸地の高さが海面より低い沿岸低地の市街地は，高潮に対してもっとも脆弱な場所です．標高が海面（すなわち，平均的な満潮位（**朔望平均満潮位**））より低い土地を「**ゼロメートル地帯**」といいます．この「ゼロメートル地帯」は，東京湾岸に 116 km^2，大阪湾岸に 124 km^2，名古屋を中心とする伊勢湾岸に 336 km^2 存在します．日本でもっとも人口が集中している東京，大阪，名古屋の大都市圏は，海抜の低い土地が非常に多く存在していて，高潮や豪雨などの水害にきわめて脆弱な土地であるということです．

ゼロメートル地帯では，潮位が高いときは，下水管から海水が逆流します．また，大雨のときに，雨水管や川から水が流せないこともあります．そのため，ゼロメートル地帯では，**雨水排水ポンプ場**を設置し，強制的に内水を海に排水しています．大阪市では，市の 90 %の地域で雨水排水ポンプ場からの排水が必要です．

現在の科学では，台風はかなりの精度で進路を予測できますので，情報を入手し，早めに避難や補強などの対策を立てることが重要です．

Column：台風の名前

日本での台風の一般的な呼び名は，〇〇年〇〇号台風ですが，それとは別に，アジア名といわれるものがあります．これはアメリカおよびアジア各国が参加する台風委員会に各国がもち寄った 140 の名前を順番に使うものです．2013 年 11 月にフィリピンで大きな被害を出した台風 30 号のアジア名は Haiyan でした（フィリピン国内では，フィリピン名 Yolanda のほうが一般的です）．

また日本では，大きな被害を出した台風には「伊勢湾台風」のように特別の名前をつける場合があります．さらに，日本におけるアメリカ占領期の頃には，一時的に，当時のアメリカの慣習的な命名法にならい女性の名前を台風につけた時期がありました．ジェーン台風やカスリン（キャサリン）台風，キティ台風などが有名です．

現在のアメリカでは，ハリケーンの名前は，事前に用意されたアルファベット順の名前のリスト（男女交互）にそって順番に名前がつけられます．

5.3 豪雨

台風は**豪雨**や**強風**を伴います．2019 年 9 月に東京湾を横断して千葉県に上陸した台風 15 号は，猛烈な強風により，千葉県全域に屋根の損壊や長期間の停電など大きな被害をもたらしました．また，1 か月後の 10 月には台風 19 号による豪雨により，中部地方から東北地方で，河川氾濫，内水氾濫，土砂災害などの大きな被害が発生しました．

（1）豪雨について・・・

① 降雨強度

雨量は，地面に降る雨の「厚さ」を測ります．雨量が 1 mm とは，雨が 1 mm 地面に均等に溜まる雨量です．観測する時間が長くなれば雨量は増えます．そのため，たとえば 10 分間の雨量と 1 時間の雨量を単純に比べても意味がありません．そこで，雨の強さを比較するためには，「**降雨強度**」を用います．「降雨強度」とは，たとえば 5 分間の雨量を計測したとして，その雨がその強さで 60 分間（すなわち 1 時間）降り続いたとした場合の雨量（5 分間の雨量を 12 倍）です．

気象庁では，雨の強さと降り方についての解説を表 5.1 のように示しています．この表は 1 時間雨量なので，以下の②で述べるように，それより短い時間ではもっと激しい降雨強度となるので注意が必要です．1 時間雨量が 20 mm を超えると，側溝や下水，小さな川はあふれ出します．30 mm を超えると，災害の危険が増します．50 mm を超えると，多くの災害が発生します．

表 5.1　雨の強さと降り方（気象庁ホームページから抜粋）

1 時間雨量［mm］	予報用語	人の受けるイメージ	災害発生状況
10 以上 ～ 20 未満	やや強い雨	ザーザーと降る	この程度の雨でも，長く続くときは注意が必要.
20 以上 ～ 30 未満	強い雨	どしゃ降り	側溝や下水，小さな川があふれ，小規模のがけ崩れが始まる.
30 以上 ～ 50 未満	激しい雨	バケツをひっくり返したように降る	山崩れ・がけ崩れが起こりやすくなり，危険地帯では避難の準備が必要. 都市では下水管から雨水があふれる.
50 以上 ～ 80 未満	非常に激しい雨	滝のように降る （ゴーゴーと降り続く）	都市部では，地下室や地下街に雨水が流れ込む場合がある．マンホールから水が噴出する.土石流が起こりやすい. 多くの災害が発生する.
80 以上 ～	猛烈な雨	息苦しくなるような圧迫感がある 恐怖を感じる	雨による大規模な災害の発生するおそれが強く，厳重な警戒が必要.

地域によって年間の**降水量**（雨と雪をまとめていうときに，このように表現します）が異なります．瀬戸内は日本のなかでも比較的降水量が少ない地域で，兵庫県明石市の年間降水量は 1,073 mm（1992 ～ 2010 年の平均）です．降水量がもっとも多い月は 6 月，7 月で，どちらも 136 mm となっています．一方，たとえば和歌山県御坊《ごぼう》市の年間降水量は 1,840 mm（2003 ～ 2010 年の平均値）です．

Question

なぜ，瀬戸内地方は紀伊半島南部よりも雨が少ないのか，理由を考えてみましょう．また，自分の住んでいる地域の年間降水量について調べてみましょう．

② 雨の降り方を理解する

降雨量は，その対象とする時間の長さで異なります．たとえば，神戸での 10 年確率降雨量は，過去の統計値から，次式のように表現できます[1]．

$$R = \frac{400}{\sqrt{t} + 0.4}$$

ここで，R：降雨強度［mm/h］

t：継続時間あるいは到達時間［分］

これをグラフ化すると，図 5.8 のようになります．この式は何を表しているのでしょうか？ 雨は，連続した時間のなかでも，すごく強く降るときもあれば小雨のときもあり，このようなばらつきを考慮する必要があります．観察する時間を長くするとそのばらつきが消え，平均的になってきます．すなわち，継続時間が短い場合は，同じ確率の雨を考えても，非常に大きな降雨強度を考えなければなりません．

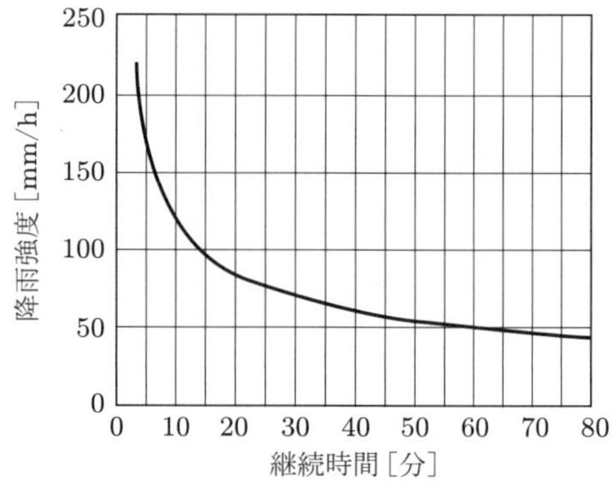

図 5.8　継続時間（到達時間）と降雨強度

排水施設の設計においてもこの式を用いますが，雨の継続時間は，雨水が施設に到達する時間とも関係します．そのような理由から，上式では継続時間と到達時間を併記しています．

このように，短い時間を対象にした場合はきわめて高い降雨強度を考慮する必要があり，対象とする時間が長くなると，そのばらつきが平均化されて降雨強度が小さくなるということを，まずしっかりと理解しなければなりません．なお，地域により統計的な値が異なるので，この式も地域ごとに決まっています．たとえば，東京都の 10 年確率降雨量の式は

$$R = \frac{1500}{t^{2/3} + 4.5}$$

1）この式は 10 年確率を表す式であり，確率の対象年数が変わると式も変わります．

であり，神戸よりも大きい値となります．

雨が降ると，その水はまず地面に降ります．地面に降った雨は，地中に浸み込んだり，あるいは舗装してあればその表面を流れ，**側溝**に入ります．側溝に入った水は側溝を流れ，**雨水幹線**や近くの**小河川**にたどり着きます．そして，雨水幹線や小河川は途中からくる水をさらに集めながら，**河川の本流**に到達し，そして，最終的には海にたどり着きます．

雨水の流れていく順路のなかでもっとも上流にある側溝は，きわめて小さな地域の水を集めているので，到達時間は当然小さくなります．そうすると，たとえばそれを10分と考えると，神戸での式では，降雨強度112 mmを考えないといけません．到達時間を1時間とすると，降雨強度は49 mmに下がります．すなわち，より広い範囲を想定している河川や雨水幹線では，集水までの到達時間が延びるので，想定する降雨強度が側溝よりは相対的に小さくてよいことになります．一方，側溝は，雨水を流す系のなかでもっとも小さく，排水能力が小さいのにもかかわらず，大きな降雨強度の雨を受けます．そのため，雨が降ればまず側溝や小川があふれるのです．表5.1において，20 mmクラスの雨でも側溝や小さな川に異変が起こるとしているのは，このような理由です．

以上のことから，年に何回かは側溝があふれるということを理解できるはずです．側溝に隣接して無防備に掘り下げたような住宅は，溢水《いっすい》による浸水があることを覚悟しておかなければなりません．

③ 都市化の進展に伴う降雨時の集水速度の変化

都市化が進展すると，地面が舗装や屋根でおおわれて地中に雨が浸み込まないので，雨は，舗装の表面を流れて側溝などにすべてたどり着きます．そのため，平均的な到達時間が短くなります．もともと丘陵地であった場所を切り開いてニュータウンができると，いままで森や田畑であったところがほとんど舗装されるため，河川への到達時間が早くなり，考慮すべき降雨強度が大きくなります．すなわち，これまでどおりその地域の雨水を川に流すだけでは，洪水の危険があります．

森林を切り開いた大規模なニュータウンには，「**調整池**」というものがつくられます．大雨が降った場合は，その調整池にいったん雨水を溜めます．そして，ある程度溜まった時点で，一定の分量を河川に放流するような仕組みになっています．それにより，結果的に到達時間が延び，また，放流量もコントロールされるので，それを受ける河川は，開発以前と同じような能力でも対応できるようになっているのです．

図 5.9 は，西神ニュータウンの調整池です．もとは小高い丘陵地であったところをニュータウンとして開発したために，このように 11 の調整池をつくっています．これらの池のうちいくつかは，農業用水のため池の機能も兼ねているため，常時一定程度の深さの水が溜まっていて農業に使えるようにもなっています．

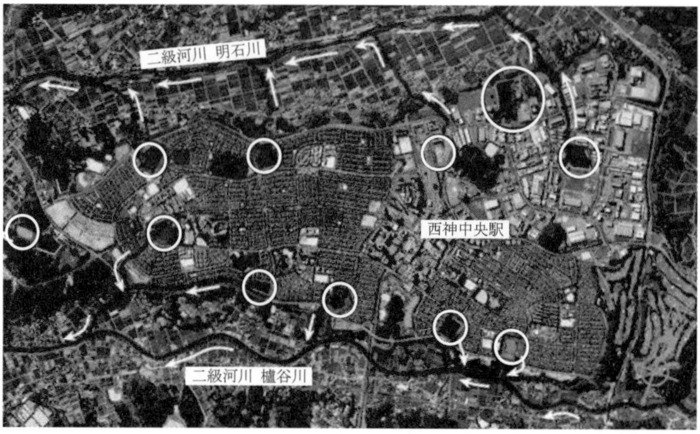

図 5.9　開発に伴い設置された西神ニュータウンの調整池（神戸市建設局）

④ 豪雨と洪水，土砂災害

これまで見てきたように，雨の降り方で災害の様子が異なります．短時間の集中した雨の場合，**冠水**が起こり，その程度が激しい場合**内水氾濫**（p.66 参照）が起こります．雨の量が河川の流下能力を超えたり，堤防が破壊されると**洪水**が発生します．豪雨により，斜面の安定が崩れ**土砂災害**が発生します．これらの過去の事例を（2）で紹介し，（3），（4）ではその仕組みを説明します．

（2）過去の豪雨災害・・・

過去の大きな豪雨災害をいくつか紹介します．

① 阪神大水害および昭和 42 年大水害

昭和 13 年 7 月台風に刺激された梅雨前線は神戸市に集中豪雨をもたらしました．3 日間での雨量は 462 mm に達し，死者 616 名，被災家屋 89,715 戸に達する大災害となりました．

河川はすべて氾濫し，流木や岩塊を交えた土石流が市街地に流れ込み，水道，道路，鉄道はいたるところで破壊され，電話は不通，都市の機能は奪われ，周辺は見渡すかぎりの泥の海となりました（図 5.10）．この災害を「**阪神大水害**」といいます．この

図 5.10　河と化した三宮駅西側道路（神戸市文書館 提供）

災害を契機として，六甲山系の砂防事業や表六甲の河川改修は，国の直轄事業となりました．

さらに，昭和 42 年 7 月には，熱帯低気圧となった台風 7 号が西日本に停滞する梅雨前線を刺激し，集中豪雨を西日本にもたらしました．総降水量は 371 mm であり，河川の氾濫により，市内各地域で水害を受けました．

ただ，13 年災害と比べると被害は少なく，13 年以降の治水・治山事業の効果が現れたと考えられています．とくに，13 年の大水害の後，日本で初めて行われた「砂《さ》防堰堤《ぼうえんてい》」（砂防ダム）の効果が発揮されたといわれています．

② 平成 23 年台風 12 号紀伊半島大水害

2011 年 9 月，日本に来襲した大型の台風 12 号は奈良県や和歌山県などの紀伊半島を中心に，多くの地域で甚大な被害をもたらしました．

この台風 12 号は動きが遅く，紀伊半島の南西をゆっくり北上したため，各地で大雨をもたらし，和歌山県田辺市大杉で，9 月 1 日 ～ 4 日までの降雨量の総計が 1,998 mm となるなど，各地ですさまじい豪雨となりました．奈良市における過去 30 年間（1981 ～ 2010 年）の年平均降水量が 1,313 mm であることから考えると，いかにすさまじい大雨であったかがわかります．

土砂災害については，土石流など 94 件，地すべり 32 件，がけ崩れ 82 件があり，死者 78 名，行方不明者 16 名（うち土砂災害では死者 49 名，行方不明者 13 名）の被害がありました．この災害の特徴として，以下のことが指摘されています．

- 土砂災害，河川氾濫が多数発生し，家屋が崩壊土砂に巻き込まれ，また，河川の増水によって流出するなどして，多くの人命が失われた．また，大規模崩壊に伴う**河道閉塞**が17か所で発生した．
- その後の降雨に対して，河道閉塞による**堰き止め湖**の越流・決壊が懸念され，住民避難や安全監視など，周辺地域への影響が長期化する事態となった．
- 奈良，和歌山，三重の3県での崩壊土砂量は約1億 m^3 にのぼるものと推定されており，これより，土砂量の面からも最大級の土砂災害であった．

③ 平成26年8月豪雨と広島土砂災害

平成26年（2014年）8月，西日本を中心に各所で豪雨災害が発生しました．台風第11号の影響で，日本の広い範囲で大雨となり，とくに，四国地方から東海地方にかけて，8月7日 ～ 11日までの総降水量が500 ～ 1,000 mmの大雨となりました．

続いて，前線や湿った空気の影響で，各地で局地的に雷を伴って非常に激しい雨が降りました．とくに，8月16日 ～ 17日にかけては，京都府福知山市や岐阜県高山市などで，48時間降水量の値が観測史上1位の値を更新するなど，近畿，北陸，東海地方を中心に大雨となり，丹波や福知山では土砂災害が頻発しました．また，19日夜から20日明け方にかけては，広島市を中心に猛烈な雨となり，1時間降水量，3時間降水量，24時間降水量の値が観測史上1位の値を更新しました．そのため，広島市安佐南区では，局地的な集中豪雨となり，住宅地背後からの土石流で74人が亡くなる災害となりました（図5.11）．気象庁は，これら一連の豪雨を「**平成26年8月豪雨**」と命名しました．

図5.11　土石流に見舞われた住宅地
（撮影 国際航業株式会社・株式会社パスコ）

④平成30年7月豪雨（西日本豪雨）

平成30年（2018年）7月に，西日本の非常に広い地域で豪雨災害が発生しました．豪雨をもたらしたのは梅雨前線とその南にあった温帯低気圧で，6月28日から7月8日まで，西日本を中心に広い範囲で長い時間にわたって豪雨が降り続きました（48時間降水量の観測史上の最大値を124か所で観測）．その結果，死者・行方不明者232人，全壊6,758棟，床上浸水8,567棟という大きな被害となりました．とくに被害が大きかったのは，広島県（死者・行方不明者114人），岡山県（死者・行方不明者64人），愛媛県（死者・行方不明者29人）でした．

図 5.12　浸水した真備町（国土交通省「住民自らの行動に結びつく水害・土砂災害ハザード・リスク情報共有プロジェクト」配布資料）

岡山県の被害は主に倉敷市真備町で，まちを東西に流れる小田川が氾濫したため，真備町の市街地の 3 割（低地のほとんど）が浸水しました（図 5.12）．小田川が本川である高梁川に合流する部分で，高梁川からの水が支流の小田川に向けて逆に流れ込む**バックウォーター現象**が発生したため，小田川やその支流の堤防が決壊しました．以前からこの合流部での問題は指摘されていたものの，改修されずにいたため，危惧が現実のものとなってしまいました（この災害の後，小田川の合流点を南に付け替える整備事業が行われています）．真備町でのこのときの浸水による死者の 8 割が 70 歳以上で，高齢者の逃げ遅れという問題が浮かび上がりました．また，この西日本豪雨では，広島県だけで 1,242 件の土砂災害が発生するなど，西日本の各地で斜面崩壊や土石流などの土砂災害が発生しました．

⑤令和元年台風 19 号

令和元年（2019 年）10 月，台風 19 号が大型で強い勢力で伊豆半島に上陸したあと関東地方を通過し，13 日未明に東北地方を抜けました．総降水量は神奈川県箱根町で 1,000 mm に達するなど，中部から東日本各地で記録的な豪雨となりました．この台風により，死者・行方不明者は 102 人，全壊 3,280 棟，堤防が決壊した河川は 140 か所にのぼりました．また，河川の堤防の決壊だけでなく，内水氾濫も多く発生しました．たとえば，阿武隈川水系では，64 か所で浸水被害が発生しましたが，そのうち内水氾濫は 44 か所（69%）でした．

台風 19 号は，「**令和元年東日本台風**」と気象庁により命名されました．

（3）地形・気候と豪雨災害・・・

日本は，全国土の約 7 割を山地・丘陵地が占め，河川は急勾配であり，降った雨は山から海へと一気に流下することから，洪水の危険性が高いです．

日本の都市部の河川は，歴史的に古くから手を加え続けられているため，多くの河川で，周辺の土地よりも河床が高い，いわゆる「**天井川**」となっています．

さらに，日本は洪水時の河川水位より低い約 1 割の土地に，全人口の約 2 分の 1，総資産の約 4 分の 3 が集中しており，高潮や洪水の影響を受けやすい状況です．

また日本は，土石流，地すべり，がけ崩れといった土砂災害の危険度も高いうえに，新たな宅地開発が進むにつれて，土砂災害の発生するおそれのある危険な箇所も増加しています．このような国土の脆弱性などを背景として，毎年平均で 1,000 件程度の土砂災害が発生しており，30 年前に比べて発生件数が 2 割増加する傾向にあります．

加えて，気候変動の影響や都市化などで，豪雨の回数も増えています．1 時間の降水量が 50 mm 以上の豪雨の年間発生回数は，10 年刻みで見てみると，2010 年までの 10 年間は，1986 年までの 10 年間の 1.35 倍に増えています．

（4）洪水・・・

① 外水氾濫と内水氾濫

図 5.13　外水氾濫と内水氾濫のイメージ

台風あるいは低気圧，前線などにより豪雨が生じると，洪水が発生します．このとき，河川の水がまちにあふれる場合を「**外水氾濫**」，まちの中の水が河川に排水しきれずにあふれることを「**内水氾濫**」といいます（図 5.13）．被害額でみると，全国平均では内水氾濫と外水氾濫はほぼ同じくらいですが，東京都では内水氾濫の被害額が 80 %となっています[1)]．堤防の整備が比較的進んだ都市部では，内水氾濫対策が新たな課題となっています．

令和元年台風 19 号では，阿武隈川沿いの宮城県丸森町役場周辺が広範囲に水没しましたが（図 5.14），これは堤防が決壊したためではなく，内水氾濫によるものでした．ここは北側の阿武隈川（写真右）と南西から流れ込む支流の新川（写真左下）に囲まれ，背後には山がある三角形のまちです．通常は，まちの排水は，新川に排水のゲートをつくって流しています．しかし，台風 19 号の豪雨で本川の阿武隈川の水位が上

1）1993 ～ 2002 年，国土交通省調べ．

図 5.14　浸水した丸森町役場周辺（©時事，河川名を加筆）

昇し，そのため新川の水位も上がってきたので，排水ゲートを閉めましたが，浸水で排水ポンプが止まり，その結果，まちの水はどこへも排水できなくなり，一帯が浸水しました．この地区の背後には山があるため，そこからの雨水もすべてまち中に入り込み，被害は一層大きくなりました．内水氾濫が起こる土地は周囲よりも低いため排水が難しく，浸水が長く続きます．自分のまちの排水状況を把握しておくことが重要です．

② ゼロメートル地帯

5.2 節（3）でも述べたように，ゼロメートル地帯では排水のためのポンプ場が必要となります．日本の場合，大都市は沖積平野という低地に発達してきたために，非常に低い土地が多くあります．図 5.15 は，大阪市の東西方向の断面図で，O.P. は大阪港の最低潮位を表す基準面です．O.P. 1.3 m で標高ゼロ，朔望平均満潮位は O.P. 2.1 m になります．ちなみに，標高とは東京湾の平均的な潮位をゼロとしたもの，朔望平均満潮位とは，満月と新月のときの満潮の高さの平均値です．これに大阪港の高潮時の設計偏差 3 m を加えると O.P. 5.1 m であり，これ以下の高さのところは高潮

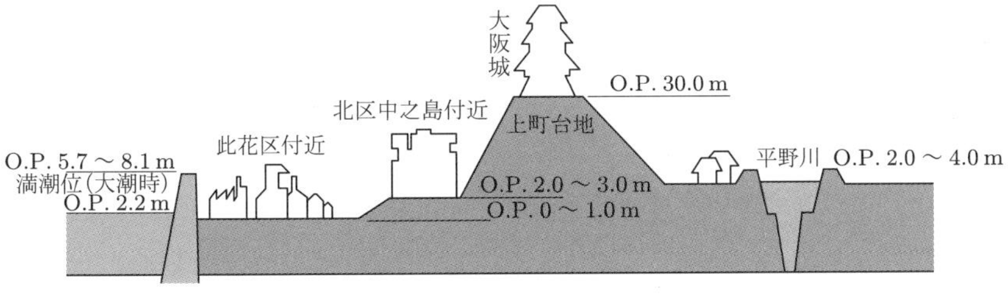

図 5.15　大阪市の地盤高図（大阪市）

時に浸水することになります．すなわち，上町台地以外の場所は，ポンプが機能しなかったり防潮堤が破堤したら，ほとんど浸水します．

③ 集中豪雨の観測と予知

2008 年 7 月に神戸市の都賀川で起こった水難事故では，河川の水かさが 10 分間で 1.3 m 増水し，川遊びをしていた子供ら 5 人の命が奪われました．この災害の原因は，都賀川上流で降った局地的な豪雨です．このとき，上流では 10 分間雨量で 24 mm，降雨強度にすると 144 mm という非常に強い雨が降りました．

このように，ごくかぎられた地域で猛烈に降る豪雨を，一般には「ゲリラ豪雨」とよんでいます．非常にかぎられた地域に突然発生するため，予測はきわめて困難です．都賀川の水難事故も，上流部の「ゲリラ豪雨」によるものと思われます．都賀川では，このゲリラ豪雨に加えて，都市化による急激な集水や，また，河川周辺の地形勾配が急（1/20 以上）で，河川に流入する雨水幹線などを通じて本川に一気に雨水が流入したため，きわめて短時間で水位が上昇したと考えられています．

雨がどのように降っているのか，そして今後どのように降るのかについては，近年では科学の発達により，有益な情報が入手しやすくなっています．気象庁では，全国約 60 か所の気象台・測候所において，気圧，気温，湿度，風向，風速，降水量などを観測しています．さらに，**アメダス**（**AMeDAS**, Automated Meteorological Data Acquisition System）という観測ネットワークを構築し，約 1,300 か所で降雨量などを自動観測しています．

また，**気象レーダー**により，電波（マイクロ波）を発射し，半径数百 km の広範囲内に存在する雨や雪を観測することができます．**気象ドップラーレーダー**は，雨や雪の強さに加え，戻ってきた電波の周波数のずれ（ドップラー効果）を利用して，雨や雪の動きを観測するもので，現在国土の全域をカバーするように配置されています．

また近年，天気予報のなかで，数値予報の占める割合が増加してきています．現在では，「**降水短時間予報**」が 30 分間隔で発表され，6 時間先までの各 1 時間降水量を予報しています．また，「**降水ナウキャスト**」は，より迅速な情報としてさらに短い 5 分間隔で発表され，1 時間先までの 5 分ごとの降水の強さを予報しています．

国土交通省では，**X バンド MP レーダー**という高精度の降雨レーダーの試験運用を「川の防災情報」のホームページ内の「XRAIN」で公開しています．これは，落下する雨粒が大きいほど扁平になる性質を利用して，高精度に降雨強度を観測するもので，ほぼリアルタイムの豪雨情報を得ることができます．また，河川モニタリングカメラを設置して，その映像を公開している場合があります．豪雨の際に，河川の様子を見に行って流れに巻きこまれて亡くなる事故が多発しています．これらの情報を活用すれば，河川の状況を判断できます．くれぐれも，危険な場所に近づかないようにしましょう．

河川を楽しく利用するためにも，豪雨への知識や，現地での情報提供の仕組みなどを十分理解しておくことが重要です．とくに，川遊びをする場合には，つぎのことに注意しましょう．

- 川の水は徐々に増えるだけではなく，急に一気に増えることがある．
- 山に黒くて分厚い雲がかかったり雷が聞こえてきたりしたら，川から出る．
- 雨が降り始めたらすぐに川から出て，河原にとどまらずに安全な場所に移動する．決して橋の下で雨宿りしない．

④ 河川ハザードマップ

河川が氾濫した場合にどのような被害が起こるのかを事前に予測しておくことは，災害への対応にとってきわめて重要です．その予測を地図化したものが，**河川ハザードマップ**です．河川ハザードマップは 2015 年の水防法の改正により，「想定最大規模の水害」について記載することとされました．「想定最大規模」とは，千年に一度以上の豪雨が発生したと想定して計算されたものです．従来は，河川の計画を設定し，その計画規模の豪雨での浸水域などが示されていました．現在，順次，最大規模のものに変更されていっています．

2015 年 9 月の「関東・東北豪雨」で鬼怒川の堤防が決壊し，決壊場所から 10 km 南にある常総市役所が，13 時間後に浸水しました．氾濫した水が，標高が低いほうに流れていったためです．このように，ハザードマップに示された浸水想定区域が同時に浸水するのではなく，時間差があることもよく理解しておくことが重要です．

⑤ 豪雨災害から命・財産を守る

地震災害と異なり，豪雨災害は，最近の天気予報技術の進展により，かなり事前にわかるようになってきました．しかし，発生時刻や，豪雨の起こり方によっては，なかなか避難が難しいケースも多くあります．たとえば，平成 30 年西日本豪雨の際の倉敷市真備町での水害では，小田川の小さな支流の堤防が決壊したのは，夜中の 0 時頃以降でした．このとき，高梁川上流の高梁では 19 時頃から 20 mm 以上の強い雨が降ってきましたが，倉敷では 21 時までは 10 mm 以下の降雨しかありませんでした．住民は，21 時以降になってやっと避難を始めた人もいましたが，深夜の避難はきわめて危険が伴います．2009 年 8 月の佐用町の豪雨では，夜 20 時に避難をした家族が，暗闇での避難途中に豪雨で増水した用水路がわからずにはまってしまい，流されて亡くなるという悲しい事例もありました．

このようなことを避けるために，リアルタイムで情報をしっかり把握するとともに，その場所で考えられるハザードや災害への脆弱性，いざというときに避難すべき安全な場所などを事前に確認しておき，避難しようとする場所が自宅から離れている場合には，なるべく早く避難するように行動することが重要です．

令和元年台風 19 号の際，長野市穂安では，千曲川の堤防が決壊したため新幹線の車両基地が浸水し，車両基地に駐機していた 10 編成 120 両がすべて廃車となりました（図 5.16）．この車両基地は，千曲川沿いの低地にあり，長野市の洪水ハザードマップでも 10 m 程度の浸水が予想されていた場所でした．一方，車両基地のすぐそばにある老人施設はそのときの豪雨で浸水しましたが，早く出された予報をもとに，2 日前から入居者を避難させ大事には至りませんでした．この老人施設の管理者は，早めの避難の理由を「このあたりが過去にも何回も浸水していたことを知っていた」と述懐しました．同じような場所にありながら，両者の対応ははっきりと異なっていました．新幹線車両基地の横には高架の引きこみ線があり，そこは浸水していないことが写真でもわかります．また，すぐそばに過去に何度も起こった水害の水位を示す木標もありましたが，残念ながら気象予報やハザードマップ，木標などによる警鐘も届かず，車両を低い場所から近くの高い場所に移動させることもせず，結果として大きな被害となりました（この災害の経験から，JR 各社では新幹線の早期避難計画が新たに導入されました）．

これらのことから考えると，自分の地域のリスクを災害がくる前にしっかりと把握しておき，いざというときに行動できるような準備が何よりも重要です．

図 5.16　浸水した車両．すぐそばの高架線路は浸水していない（©時事）

（5）土砂災害・・・

豪雨があると，浸水だけでなく土砂災害が発生します．斜面や急傾斜地などでの土砂災害では，「地すべり」「がけ崩れ」「土石流」が発生します．

雨が降ると，植栽がない土壌は簡単に流出します．植栽があっても，地中に雨が浸透していき，斜面内に浸透した地下水の水位が上昇するにつれて土の中の水圧が増加し，土の結合力を弱めます．さらに，水分が増えることで斜面全体の重さが増え，斜面をすべらせる力が大きくなります．そのため，斜面の安定度はさらに失われ，崩壊にいたります．斜面の崩壊はこのような仕組みですので，植栽だけでは防ぐことができません．植栽を中心としながらも，土木的な対策が不可欠です．

流れ盤といわれる地形では，地層が一定方向に傾いています．このような地盤では雨が地中に浸透し，不透水層の上に水を多く含んだ層ができる場合があります．このような場合，層間の摩擦力が小さくなり，地すべりを起こします．

① 土砂災害の種類

地すべりは，比較的緩やかな斜面において，地中の粘土層などのすべりやすい面上の大きな土の塊（地すべり土塊）が，雨水や地下水の影響などでゆっくりと動き出す現象です（図 5.17）．一度に広い範囲が動くため，ひとたび発生すると大きな被害になります．地すべりを起こしやすい地域は，多くの場合繰り返し発生しているので，警戒区域として公表されています．

がけ崩れは，地震や集中豪雨，長雨などによって地盤が緩み，斜面が一瞬にして崩れ落ちる現象です（図 5.18）．規模としては小さいものが多いですが，発生頻度はわが国でもっとも多い災害です．

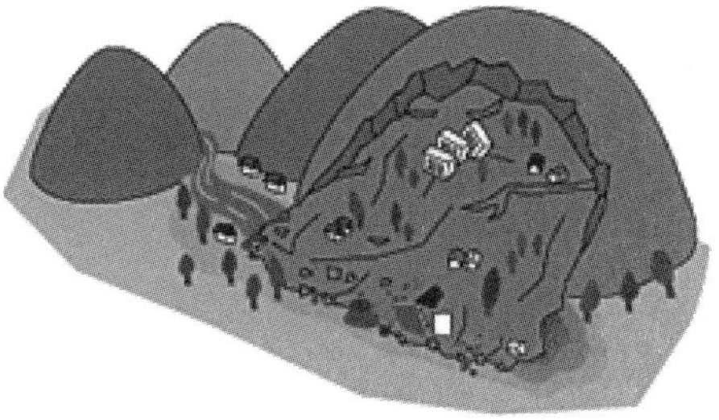

図 5.17　地すべりのイメージ（国土交通省）

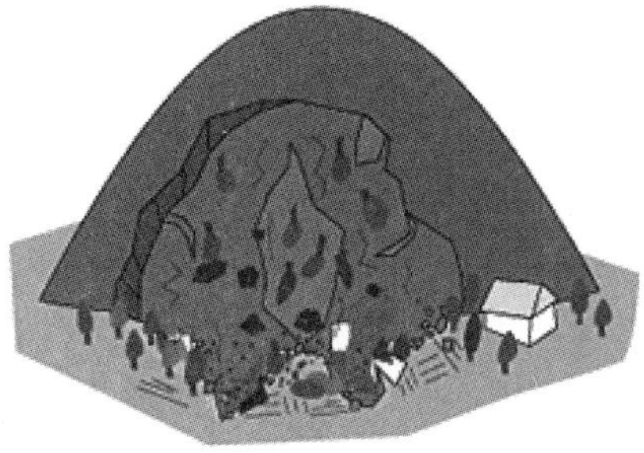

図 5.18　がけ崩れのイメージ（国土交通省）

土石流は，がけ崩れで谷や斜面に溜まった土・石・砂や流木などが，豪雨により水と一緒になって一気に流れ出す現象です（図 5.19）．非常に破壊力が強いことから，古来から「山津波」「蛇抜《じゃぬけ》」「鉄砲水」などともよばれて恐れられてきました．土石流は，流れるときに大きな石が浮き上がります．そして，頂部の流れは底面よりも摩擦が小さいので，流速が速くなります．その結果，巨石が流れの先頭に集まるため，破壊力が大きく，また速度も速いので，大きな被害をもたらします．そして，ある程度

図 5.19　土石流のイメージ（国土交通省）

図 5.20　阪神大水害で巨石が堆積した斜面
（神戸市文書館 提供）

勾配が緩くなって流速が小さくなると巨石はその場に堆積し，下流には土砂と水が流れていきます．

図 5.20 は，阪神大水害での都賀川阪急電鉄北の状況ですが，途方もない量の巨石が運ばれて堆積しています．巨石はこの付近でとどまり，下流には水と土砂が流れていきました．

土石流は，発生する渓流の水が流れ出る方向に流れ出しますので，住宅地が渓流の出口の下流域にある場合は，最大の注意が必要です．

② 土砂災害の可能性のある危険な場所

土砂災害による被害のおそれがある箇所（土砂災害危険箇所）は，全国で約 52 万か所あるといわれています．割合として，約 9 割もの市町村が危険箇所を抱えています．

土砂災害の可能性のある危険な場所は，土石流のおそれがある「**土石流危険渓流**」である**谷の出口**，そして，背後に**急傾斜地**があり，がけ崩れのおそれのある「**急傾斜地崩壊危険場所**」，そして，地盤的に地すべりの危険がある「**地すべり危険箇所**」です．

これらの地域には，**砂防堰堤**，床固工，流木対策，地下水対策など，さまざまな地すべり対策，がけ崩れ対策，土石流対策が行われています．

5.3 節（2）で説明した広島土砂災害と阪神大水害には，共通点が多いとされています．その共通点は，

- **急な斜面**の山裾の**扇状地**にあるまちが被害にあったこと
- 山を構成する岩石が**花崗岩**であること

です．扇状地というのは，もともと豪雨のたびに山から出てきた土砂が扇形に堆積した場所で，この地形は，過去に土砂災害が繰り返されてきたことの証でもあります．また，花崗岩はきわめて風化しやすい岩石であることから，豪雨により土砂災害が起こりやすいといえます．

③ ソフト対策のための「土砂災害防止法」

土砂災害を未然に防ぐため，さまざまな対策工などの施設整備（ハード対策）を中心とした「防災」の考え方は重要であり，今後もこの方向の努力を継続していく必要があります．しかし，このような施設整備にはかなりの時間と費用を要するため，土砂災害危険箇所の整備状況は，平成 21 年度末で 20 数％にとどまっています．また，今後も財政状況が引き続き厳しいと見込まれることから，短期間にすべての危険箇所に対して施設整備を行うことは，現実的にはきわめて困難であるといえます．

一方で，近年の気候変動などに起因して，いわゆる「**ゲリラ豪雨**」や，これまでの記録を塗り替えるような豪雨など，想定を上回る事象による災害が発生しており，ハード対策のみに頼るだけでは限界があることも明らかです．土砂災害から「人命を守る」ためには，警戒避難体制を整備したり，土地利用を適正にしていくなどの「ソフト対策」を実施しながら，「ハード対策」による施策を着実に推進していく必要があるといえます．

このような背景から，「土砂災害警戒区域等における土砂災害防止対策の推進に関する法律」（通称「**土砂災害防止法**」）が 2000 年に制定されました．この法律のきっかけとなったのは，1999 年に起こった「広島 6 月豪雨水害」でした．2014 年の広島土砂災害の 15 年前にもよく似た災害が発生していたのです．このとき，「危険と考えられる斜面やそのすぐ下に住宅地が開発されている現状」「このままでは，いくらハード施設をつくっても安全を確保できない」という反省から，人命を守る（減災）うえで，斜面災害への対策を工事だけにかぎらず，災害が起こる前に避難を促すなど，ソフト面への対応に言及したことが，この法律の画期的なところです．ハード対策を補う手段として，警戒避難体制の整備，**ハザードマップ**の整備などのソフト対策があわせて進められています．

また，この法律では，土砂災害から住民の生命を守るため，土砂災害のおそれのある区域を明らかにし，危険の周知，警戒避難体制の整備，住宅などの新規立地の抑制，既存住宅の移転促進などのソフト対策を推進することを目的にしています．

具体的には，災害の危険のある区域を

- **土砂災害警戒区域**（**イエローゾーン**）：土砂災害のおそれのある区域
- **土砂災害特別警戒区域**（**レッドゾーン**）：土砂災害警戒区域のうち，建築物に崩壊が生じ，住民に著しい危害が生じるおそれがある区域

の二つの区域に分けて対策がとられています．

レッドゾーンでは，つぎのような規制が行われます．

- 特定の**開発行為**に対する許可制
  住宅宅地分譲や災害弱者関連施設の建築のための開発行為は原則禁止．ただし，基準に従ったものについては許可される．（都道府県）
- 建築物の構造規制
  住居を有する建築物は，作用すると想定される衝撃に対して建築物の構造が安全であるかどうか**建築確認**を命じられる．（建築主事を置く地方公共団体）
- 建築物の移転
  著しい損壊が生じるおそれのある建築物の所有者などに対し，移転などの勧告が図られる．（都道府県）

イエローゾーンでは，土砂災害から命を守るため，災害情報の伝達や避難が早くできるように警戒避難体制の整備などが図られます．

急傾斜地，**地すべり地**，**土石流危険地**におけるイエローゾーンとレッドゾーンのイメージを図示すると，それぞれ図 5.21 ～ 5.23 のようになります．

これらの情報については，調査に基づいて公表されます．都道府県や市区町村のウェブページなどでも知ることができますが，国土交通省がウェブ上で公開している「**重ねるハザードマップ**」[1] では，土砂災害だけでなくさまざまな災害情報を地図上で確認できま

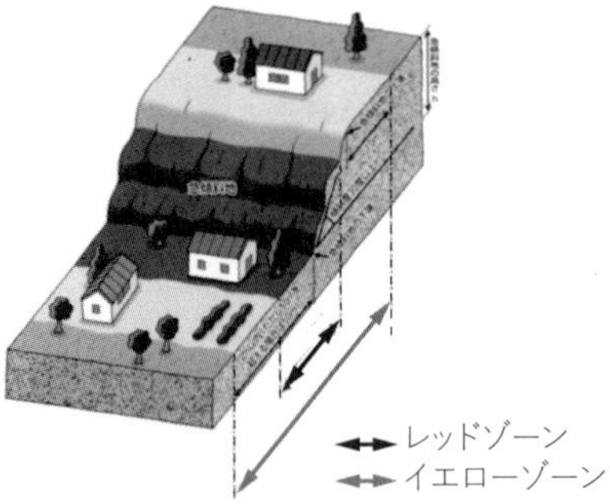

図 5.21　急傾斜地の危険区域（国土交通省「土砂災害防止法の概要」）

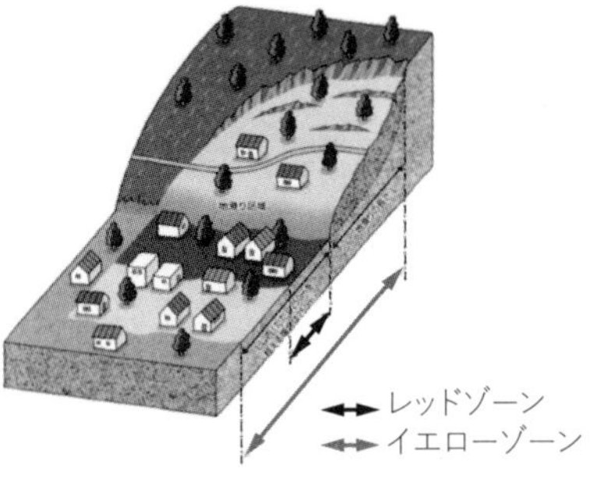

図 5.22　地すべりの危険のある区域（同）

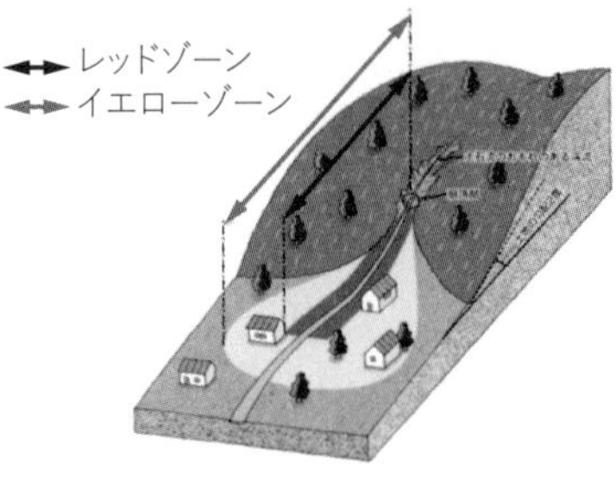

図 5.23　土石流の危険がある区域（同）

1）https://disaportal.gsi.go.jp/maps/

す．自分の家の周辺のハザードについて確認してみましょう．

土砂災害は，単にその瞬間の雨量だけでなく，**総降水量**にも大きくかかわってきます．これらの情報を総合的に考慮し，都道府県と気象庁が共同で「土砂災害警戒情報」を発表しています．これは，市町村長が避難情報を発令する際の判断や住民の自主避難の参考となるよう発表される防災情報で，数時間先の降雨予測から土砂災害発生危険基準線（クリティカルライン）に到達することが予測された場合を発表基準としています．

2014 年の広島土砂災害の後，このような情報が有効に活用されたのか，避難の誘導や対応は適切であったのか，また，土砂災害防止法が有効に機能したのかなどの検証がなされました．そして，これを受けて**土砂災害防止法の改正**が行われました．改正のポイントは，土砂災害の危険性のある区域の明示，円滑な避難情報の発令，避難体制の充実強化のために，それぞれ

- 警戒区域の指定のもととなる基礎調査情報の公表義務付け
- 土砂災害情報を知事が市町村に提供し，市民にも周知することの義務付け
- 避難場所や避難経路を地域防災計画に明記するとともに，社会福祉施設，学校，病院などへの情報伝達方法を明記する

などです．

斜面災害や土砂災害が起こりやすい地域では，さまざまな情報を早めに入手し，避難できる段階での早めの行動が重要です．そして，避難が遅れたり夜間で避難することが危険な場合は，命を守るために，斜面側と反対の 2 階の部屋に移るなどの対応が大切です．

以上のように，土砂災害を防ぐためには，災害が起こりにくくするためのハードの整備が重要ですが，それだけに頼るのではなく，法律や情報提供などのソフトの仕組み，そして，何よりもそれを活用する自助，共助の仕組みという「ハードウェア」「ソフトウェア」「ヒューマンウェア」の連携ある取組みが重要です．

Chapter 6　火　災

この章では…

重大災害の一つである火災の原理，種類・性質，住宅火災対策の現状や火災時の対応，コンビナート火災とスロッシング，津波火災，通電火災などについて学びます．

6.1　火災とは

世の中の怖いものとして，古来順番に「**地震，雷，火事，おやじ**」といわれていました．最近では「**地震，かーちゃん，火事，津波**」に変わっていますが，火事はいずれもその3番目となっています．火は，人間が地球上において生物の頂点に立つことができた，もっとも重要な道具の一つです．これが制御できなくなり人間にとって災いとなった状況を，文字どおり「火災」といいます．

火災は，日常的に発生し，財産を焼失してしまう災害です．また，その他の大きな災害，たとえば地震，津波，噴火，強風などと複合して発生し，より被害を拡大するものでもあります．

6.2　火災と消防

市町村の職員の総数はそのまちの人口の約100分の1，そのうち消防職員の数はその10分の1，そして消防車の数は，さらに消防職員の10分の1になるといわれています．実際に調べてみると表6.1のようになり，上記の比率がほぼ正しいことがわかります．

すなわち，私たちは，住民千人に1人の消防職員，1万人に1台の消防車に頼っていることになります（上記のほか，各地域の住民で構成される消防団組織もあります）．

表6.1　自治体の人口と消防比率

市	人口	市職員数（人口の1/100）	消防職員数（市職員の1/10）	消防車数（消防職員の1/10）
神戸市	約154万人	約15,000人	約1,400人	約150台
明石市	約29万人	約2,900人	約240人	約30台
京都市	約150万人	約14,000人	約1,800人	約140台

これは，常時では問題のない数字ですが，大規模災害が発生したときにはきわめて心もとないものとなります．阪神・淡路大震災時には，地震後の 15 分間に，神戸市内で火災が約 60 件発生しました．年間の全火災件数の約 10 分の 1 の火災が同時多発的に発生し，これに対して出動できたポンプ車は約 40 台でした．このときは，被災地域が阪神・淡路にほぼかぎられていましたので，直後に近隣自治体からの素早い応援もあり，比較的早く鎮火することができました．しかし，広域かつ大規模な災害時においては，現実的に早期鎮火はお手上げとなります．近い将来に発生が予想されている南海トラフ巨大地震時（第 11 章を参照）には，近隣も深刻な事態に陥っている可能性が高く，相互応援は期待できません．

巨大地震が発生した場合，その季節，時期，時間などにより状況は異なりますが，結局は住民一人ひとりが火災をできるだけ発生させないように準備しておくこと（**自助**），仮に発生したとしても住民の力で消し止めること（**共助**）が重要となります．

火災も地震や津波などと同様，「**正しく恐れ**」，準備を怠らないことが必要です．

6.3 過去の大火—火事とケンカは江戸の華

「火事とケンカは江戸の華」は，江戸は大火事が多く火消しのはたらきぶりが華々しかったことと，江戸っ子は気が早いため派手な喧嘩が多かったことを表した言葉です．

江戸が「火災都市」と呼称されるほど大火が頻繁に発生し（表 6.2），都市の広大

表 6.2 主要な江戸の大火

発生年	大火名称	死者数
1657 年	明暦の大火*（振袖火事）	最大で 107,000 人
1682 年	天和の大火（八百屋 お七の火事[1]）	830 ～ 3,500 人
1698 年	勅額《ちょがく》火事	3,000 人
1745 年	六道火事	1,323 人
1772 年	明和の大火*	死者 14,700 人，行方不明者 4,060 人
1806 年	文化の大火*	1,200 人
1829 年	文政の大火	2,800 人
1834 年	甲午《こうご》火事	4,000 人

*江戸三大大火

1）現代においても浄瑠璃や歌舞伎で演じられる題目で，16 歳の八百屋の娘のお七が，火事をきっかけに恋に落ちた寺の小姓と再会するために放火したことにより発生した大火で，お七は火あぶりの刑で処刑されたと伝承されています．現在でも**放火は重罪**です（刑法 108 条【現住建造物等放火】：死刑，または無期，もしくは五年以上の懲役）．

な市街地を繰り返し焼き払ったことは，世界でも類がありません．

表 6.3 に示すように，1976 年の酒井市大火のあと，国内では 40 年間近く火災単独を原因とする大火[1] は発生していませんでした．これは，防火対策（消防組織，機材，耐火材使用など）の整備，街並みの整備，消防教育・防火意識の向上などが要因として考えられ，今後ともこれらを継続していく必要があります．

表 6.3 現代の大火（東京都防災ホームページ 資料編（都総務局）より抜粋）

年	月日	名称	被害状況
1956 年	3 月 2 日	能代市大火（秋田県）	負傷者：19，焼損棟数：1,475
	8 月 18 日	大館市大火（秋田県）	負傷者：16，焼損棟数：1,344
	9 月 1 日	魚津市大火（富山県）	**死傷者**：175，焼損棟数：1,677
1958 年	12 月 27 日	瀬戸内町大火（鹿児島県）	負傷者：48，焼損棟数：1,628
1961 年	5 月 29 日	三陸大火（岩手県新里村）	**死傷者**：102，焼損棟数：1,062
	5 月 29 日	白銀町大火（青森県八戸市）	焼損棟数：720
	10 月 23 日	北海道森町大火	負傷者：80，焼損棟数：554
1962 年	9 月 26 日	福江市大火（現長崎県五島市）	負傷者：28，焼損棟数：486
1965 年	1 月 11 日	東京都大島町大火	焼損棟数：585
1966 年	1 月 11 日	三沢市大火（青森県）	負傷者：13，焼損棟数：450
1968 年	10 月 12 日	大館市大火（秋田県）	負傷者：1，焼損棟数：281
1969 年	5 月 18 日	加賀市大火（石川県）	負傷者：16，焼損棟数：68
1976 年	10 月 29 日	酒田市大火（山形県）	**死傷者**：1,004，焼損棟数：1,774
2016 年	12 月 22 日	糸魚川駅北大火（新潟県）	負傷者：17，焼損棟数：147

6.4 火災（燃焼）の原理

「火が燃える」現象を，燃焼といいます．

燃焼の 3 原則：1）**燃えるもの**（可燃物）があること
2）**酸素**が供給されること
3）**火種**があること
＊ほとんどの場合，上記の三つが同時にそろわないと燃焼しない．すなわち，上記のいずれかがなければ燃焼は起こらず，火災にはならない．

火災とは，燃えるものが大量に存在し，同時に空気も大量に連続して供給される状況において，燃焼が制御できなくなり，人間に災いを及ぼすものをいいます．なお，瞬時に大量に燃焼する状態を「**爆発**」といいます．人の意図に反して発生，もしくは拡大した爆発現象も，上記の 2)および 3)に該当しなくても「火災」と定義されています．

1）大火の定義：建物の焼損面積が 33,000 m^2（1 万坪）以上の火災．

6.5 火災の種類

(1) 消防法による火災の分類・・・

消防法により，火災の種類は表 6.4 のように分類されています．このうち，A 火災，B 火災，C 火災の 3 種類は，消火器の適用区分などに用いられています．

表 6.4　火災の種類（消防法）

名称	説明
A 火災（普通火災）	木材，紙などの一般可燃物で，普通住宅やビルなどの内部火災
B 火災（油火災）	ガソリンなどの石油類，食用油，可燃性液体，樹脂類などの火災
C 火災（電気火災）	漏電，電気室や発電機からの出火で，感電の危険性がある火災
D 火災（金属火災）	金属マグネシウム，金属カリウム，金属ナトリウムなどで引き起こされる火災
ガス火災	都市ガス，プロパンガス，メタンガスなどの可燃性ガスによる火災

(2) 被災物による火災の分類と比率・・・

日本における被災物別の火災件数は，表 6.5 のように，建物火災が 54.7 %と半分以上を占めており，圧倒的に多いことがわかります．古い木造建物が多く，また密集していることもその原因です．

表 6.5　被災物別の火災件数（平成 30 年中）

火災種類	例	件数	比率
建物火災	大火など	20,764	54.7 %
車両火災	トンネル火災など	3,660	9.6 %
林野火災	森林火災など	1,363	3.6 %
船舶火災	客船火災事故	69	0.2 %
航空機火災	火災事故など	1	0.0 %
その他の火災	道路，空地の枯草などの火災	12,124	31.9 %
		合計 37,981	

6.6 危険物と可燃物の種類

消防法により定められている危険物と指定可燃物には，表 6.6 のようなものがあります．その危険度合いと保管・貯蔵する量により，消火設備の設置や保管場所の制約などが厳格に規定されています．

表 6.6　消防法で定める危険物と指定可燃物（消防法）

類別	種類	代表的な品名	指定数量
第 1 類	酸化性固体	塩素酸ナトリウムなど	50 kg
第 2 類	可燃性固体	赤リン，硫黄など	100 kg
		マグネシウム粉，アルミニウム粉など	100 kg
		鉄粉	500 kg
第 3 類	自然発火性物質	カリウム，ナトリウムなど	10 kg
第 4 類	アルコール類	エタノール	400 L
	第一石油類	ガソリン	200 L
	第二石油類	灯油，軽油	1,000 L
	第三石油類	重油	2,000 L
	第四石油類	ギヤー油	6,000 L
	動植物油	オリーブ油	10,000 L
第 5 類	自己反応性物質	ニトログリセリン	10 kg
第 6 類	酸化性液体	過酸化水素	300 kg
指定可燃物	可燃物	紙くず	1,000 kg
		石炭	10,000 kg
		木くず	10 m^3
		発泡スチロール	20 m^3

表からわかるように，危険物や指定可燃物として規定されているものは結構身近にあるものが多く，これらを商店や工場のみならず，家庭においても大量に保管したり取り扱う場合は，法律に定められた処置が必要となります．

6.7　日本における主な火災原因

日本での主な火災原因は，**たばこ，たき火，こんろ，放火**です．平成 30 年中の総出火件数は 37,981 件であり，死者は 1,184 名，損害額は 846 億円にのぼります．このうち，**失火（過失から発生した火災）**は 27,793 件（全体の 73.2 %）であり，また，失火の多くは火気の取扱いの不注意や不始末から発生しています．

失火の主要なものはつぎの 4 種類であり，この 4 種類で失火件数の約 60 %を占めています（図 6.1）．

1）たばこ＋マッチ・ライター ＝ 4,055 件
2）こんろ＋ストーブ ＝ 4,049 件
3）たき火＋火遊び ＝ 3,555 件
4）配線＋電気機器＋配線器具 ＝ 4,344 件

合計 16,003 件

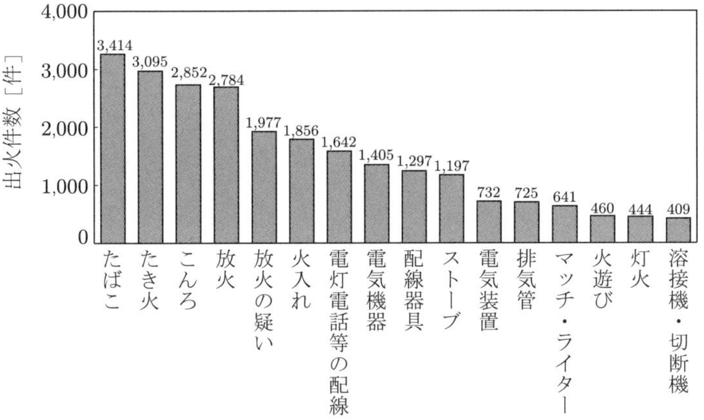

図 6.1　主な出火原因別の出火件数（平成 30 年中，令和元年版消防白書）

6.8 住宅火災と防火対策

（1）住宅火災の現状・・・

表 6.5 でも示したように，火災全体の中で「**建物火災**」が 54.7 %（平成 30 年）を占めています．そのうち，図 6.2 からわかるように，「**住宅火災**」はそのまた 53.1 % と，もっとも多い比率となっています．

また，図 6.3 からわかるように，住宅火災件数はこの 10 年間で約 34 %減少していますが，住宅火災を原因とする死者は減少しておらず，とくに 65 歳以上の高齢者の被害が増加する傾向にあります．これは，高齢者の増加，および高齢者が比較的古い木造住宅に居住していること，体力的に消火活動が困難であることや逃げ遅れたりすることが多いため，などです．いま，これらの火災対策が課題となっています．

（2）木造住宅密集地域の防火対策・・・

国内の大都市においては，広範囲な木造住宅密集（木密と略します）地域が数多く存在しています．このため，関東大震災や阪神・淡路大震災と同様，将来，首都圏直

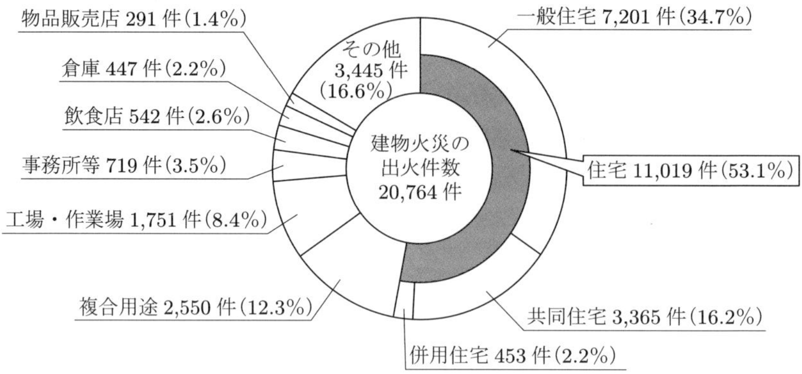

図 6.2　建物火災の種類別出火件数（平成 30 年中，令和元年版消防白書）

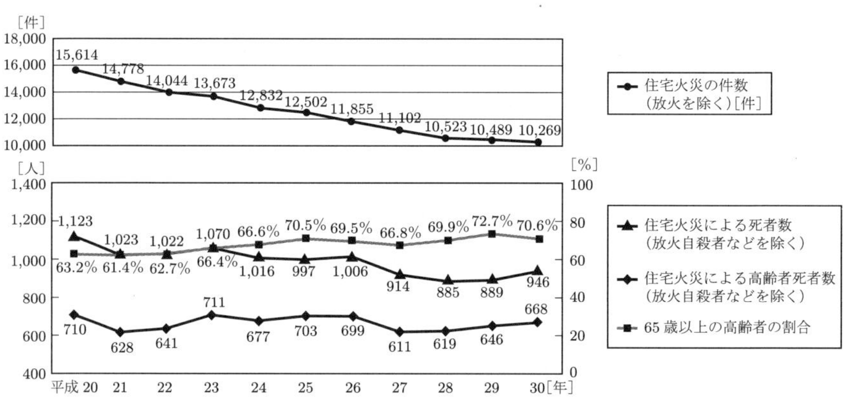

図 6.3　年度別住宅火災件数と死亡者数（平成 30 年中，令和元年版消防白書）

下型地震や南海トラフ地震が起こった場合，このような地域では延焼によって大規模火災が発生することが懸念されています．

実際に，「**不燃領域率**」[1)]（耐火造建物や空地面積などの比率で算出された，火災の起こりにくさの指標）でみた場合，「**延焼を一定以上抑えるには 40 %以上が必要**」との国の基準があり，これを満足できていない，すなわち「**著しく危険な密集市街地**」として国が認定した市街地が，平成 28 年度末時点で 16 都府県にいまだ約 4,000 ha あります．主だった都府県とその面積は，表 6.7 のとおりです．

表からわかるように，この 4 年間で東京都や神奈川県においては改善が進みつつあ

1）不燃領域率（Ft, %）= 空地率 +（1 − 空地率/100）× 不燃化率
　ここで，空地率 = 空地面積/地区面積
　　　　　不燃化率 = 耐火造等建物建築面積/全建築面積

表 6.7　主要都府県の未解消な「著しく危険な密集市街地」

（国土交通省「ピンポイント対策による密集市街地整備の促進」より抜粋）

都府県	H25 年［ha］	H29 年［ha］	改善率［%］
東京都	1,683	824	51.0
神奈川県	690	57	91.7
京都府	362	362	0.0
大阪府	2,248	2,248	0.0
兵庫県	225	199	11.6

りますが，関西 3 都市はいずれもあまり改善されていません．このような都市・地域に居住したり，職場があったりした場合は，自助と共助を強化し，常に不測の事態に備えることが重要です．

（3）木密地域不燃化 10 年プロジェクト・・・

東京都においては，首都直下地震に備え，2020 年度までに不燃領域率 70 %以上を目標に，木密地域不燃化プロジェクトを推進しています（もちろん，ほかの都市でも同様な対応が進められています）．

これは，とくに甚大な火災被害が想定される整備地域を対象に，重点的・集中的に不燃化を行うもので，下記の対策をベースとしています．

① 市街地の耐火，準耐火建築物への建替えおよび耐震化の促進（不燃化 + 耐震化）
② 延焼遮断帯としての主要都市計画道路の整備（延焼防止）

具体的には，図 6.4 のように，市街地を不燃建物で囲い（コア化），道路拡張や公園増設により延焼遮断帯を設け，火災を閉じ込めると同時に，延焼による大規模火災を防止することを目的としています．

なお，東京都内 20 区の 53 の不燃化特区において，

1）市街地の不燃化により延焼による**焼失ゼロ（不燃領域率 70 %）を実現**
2）**延焼遮断帯となる主要な都市計画道路を 100 %整備**

を 2020 年度の目標と定めていますが，次年度以降も推進していくものと予想されます．

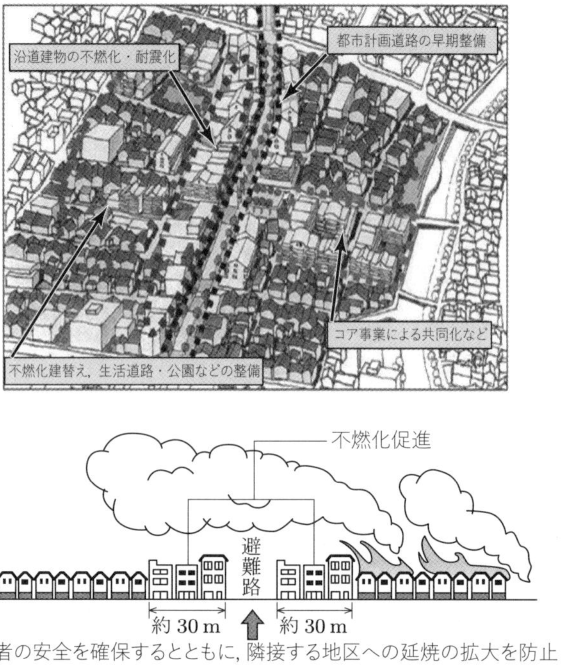

図 6.4　東京都の木密地域不燃化 10 年プロジェクト（東京都ホームページ）

6.9　火災への備え

（1）火災予防対策・・・

火災予防は，まず第一に炎の発生を防止することが大事です．そのためには，6.4 節で述べた「**燃焼の 3 原則（燃えるもの，酸素，火種）**」のいずれか，もしくはすべてを遠ざけることです．また，万が一出火した場合，できるだけ早期に人が出火を認知することが重要です．

すなわち，下記の点にとくに注意することが肝心です．

① 燃えるものを火の側に置かないよう，常に整理整頓をする
② 危険物や可燃物の取扱いには十分に注意する
③ 漏電など電気火災に対しては，電気設備や電線の点検・清掃を怠らない
④ 管理された火の用い方をし，使用手順を遵守する
⑤ 火災報知器を設置する

図 6.5　火災報知器

新築住宅では2006年，既存住宅では2008年以降，寝室と階段室，および台所への火災報知器（図6.5）の設置が義務付けられました．なお，設置場所は，各市町村の条例で定められているので確認が必要です．また，設置しなかった場合でも罰則はありませんが，自分や家族を守るためにも設置しましょう．2019年6月1日時点で，設置済み世帯は全国で82％程度とまだ十分ではありません．

⑥ 建材やインテリア材などに不燃材，難燃材をできるだけ使用する

国内市販の防炎カーテンやじゅうたんには，図6.6(a)，(b)のような防炎ラベル（物品ラベル：日本防炎協会認定品）が貼り付けられており，高層ビル，地下街，公共建築物で用いる物品や工事用シートにはこれらの認定品を使用するように消防法で義務付けられています．

(a)　　(b)　　(c)

図6.6 防炎ラベル

一般住宅用としても，図(c)のラベルが付いた防炎機能をもったカーテン，じゅうたん，寝具などを選択することが望ましいでしょう．

⑦ 防火意識を高め，火災予防訓練を実施する

⑧ 避難経路や非常口を確保する

また，初期消火が可能となるよう，つぎの準備もしておくことが肝心です．

⑨ 消火器や消火バケツ（水，砂）を適切な場所に用意する

⑩ 消火訓練により，誰でも適切・的確に消火できるようにする

（2）火災発生時の対策・・・

火災が発生した場合，身の安全を確認・確保したうえで，できる範囲内でつぎのことを行います．

① 初期消火を試みる（天井に燃え移るまでが限度）

表6.8を参照．初期消火には，衣類，座布団や毛布をかぶせるなどの方法もあります．

② 大声で「火事だぁー」と叫び，周りの人に知らせる

声が出ないときは音を出す（鍋やフライパンを叩くなど）．

表 6.8　初期消火用消火器の種類と特徴（一般家庭用）

種類	火災分類 A	火災分類 B	火災分類 C	特徴
粉末消火器	○	○	○	消火能力が高い． 噴射時に粉末が充満し，消火中の視界が悪くなる． 消火後の掃除が大変．
強化液消火器	○	○	○	粉末に比べ，やや消火能力が劣る． 噴射後の清掃が容易．
エアゾール消火器	○	○	△	電気火災に適合しないものがある． 消火能力が弱く，噴射時間が短い． 価格が安く簡便．

＊投てき式消火具というものもあります．火災分類については，表 6.4 を参照．

③ 119 番に電話する．できるだけ，つぎの 3 点を伝える

（i）火災が発生していること，（ii）住所・目印，（iii）燃えているもの

④ 天井に火が燃え移ったらすぐ逃げる

（3）避難・・・

① 一般の場合

避難を開始する場合は，火元の部屋のドアや窓はできるだけ閉めて，空気を遮断して煙の流出を防止します．火災では，炎より煙のほうが危険であり，有毒な一酸化炭素などを含んだ煙により人命が失われることが多くあります．これを防ぐためには，ハンカチや服の袖口で口と鼻を覆いながら，避難口（誘導灯（図 6.7）を目標に）の方向に，**姿勢を低くして**（図 6.8）**壁伝いに水平方向か下方向へ逃げる**ことが肝心です．その理由は，以下のとおりです．

- 煙の上昇速度は人間の動きに比べてきわめて速い（3 ～ 6 m/s）
- 水平方向へは動きが遅く（上昇速度の 1/10 程度），下方向には流れない

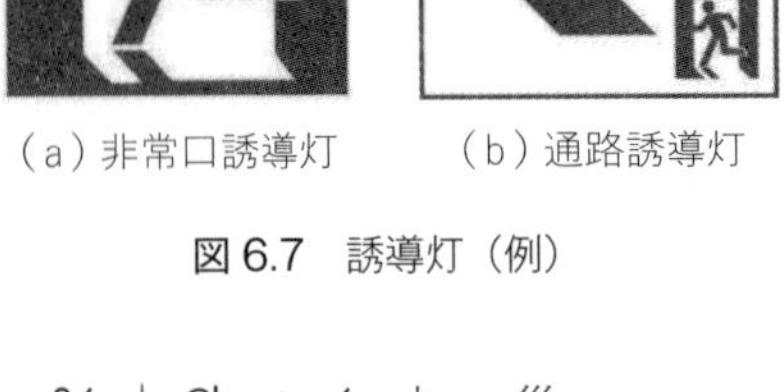

（a）非常口誘導灯　（b）通路誘導灯

図 6.7　誘導灯（例）

図 6.8　建物内で煙を吸わない逃げ方

- 床付近には新鮮な空気が残っている
- 上階に逃げても，火と煙も上がるため，安全な避難場所は少ない

また，事前に避難口や通路を確認し，迷わずその方向に退避できるように常に心掛け，訓練しておくことが肝要です．

外に避難したら消防隊の救助を待つことになりますが，大事なものがあっても**決して火災建物に戻ってはいけません**．また，火災建物は倒壊の危険があるため，できるだけ離れて待ちます．

② 公共建物やビルなどの場合

事務所，ビルや集合住宅など，大きな建築物にはつぎのような設備があり，火災時にはそれぞれ留意が必要です．

- シャッター式防火戸

  火災が発生すると自動的に閉止されるが，必ずその横に避難用扉があるので（図6.9），そこから落ち着いて避難すること．

図 6.9　シャッター式防火戸の例

- エレベーター

  地震のときと同様，使用してはならない．非常口から避難階段・外階段に出て，迅速に避難すること．

- 地下施設

  地下街や地下鉄は人が集まり，煙も地上施設に比べてたまりやすいために，パニックや将棋倒しが起こりやすくなる．従業員・係員の指示に従って，冷静に避難すること．

  また，下記の点にもしっかりと対処してください．

  （ｉ）「落ち着いて逃げれば助かる」ことを周囲の人々と共有する
  （ii）煙がくる方向と反対方向の広場に，誘導灯の指示に従って逃げる
  （iii）シャッター式防火戸が閉まっていれば避難用扉から逃げるが，避難用扉を開けっ放しにしない
  （iv）階段を昇るときもハンカチなどで口をふさぎ，姿勢を低くする

6.10 火災に係る法律（国内）

火災を未然に防いだり，低減させるために，国内では各分野で法律や規制が施行されています．たとえば，下記の消防法，建築基準法，高圧ガス保安法，石油コンビナー

ト等災害防止法などがあります．

- 消防法

  火災を予防，警戒し，国民の生命や財産を火災から保護するとともに，火災や災害による被害を軽減し，災害などによる負傷者の搬送を適切に行い，社会公共の福祉の増進をはかることを目的とする法律

- 建築基準法

  建築物の安全・衛生・防火を考え，建築物の敷地，構造，防火，居室の採光，換気などを規定した法律

- 高圧ガス保安法

  高圧ガスによる災害を防止するため，高圧ガスの製造，貯蔵，販売，輸入，移動，消費，廃棄などを規制するとともに，公共の安全を確保することを目的とする法律

- 石油コンビナート等災害防止法

  石油コンビナート等特別防災区域での災害の発生防止，または災害が発生したときの対処法やさまざまな手続きなどを基準的に法令化した法律

ほかにも，道路運送車両法，船舶安全法，航空法など，輸送・交通機材の防火運用要領などを規定した法律があります．

6.11 コンビナート火災

コンビナート（kombinat，ロシア語で「結合」の意味）とは，生産性向上のために生産に関連する工場を一定の地域に集合させた，工場の集合体です．日本では，主に**石油化学コンビナート**のことを指し，大量の石油や高圧ガスを取り扱う地域は，33 都道府県，84 地域に上ります（主要地区は図 6.10 参照）．

コンビナートは，**石油コンビナート等災害防止法**により，下記の取扱量により「特定事業所」として規制されています．

- 第 1 種事業所（国内 344 事業所，平成 30 年 4 月 1 日現在）

  石油 10,000 kL 以上，高圧ガス 200 万 m^3 以上

- 第 2 種事業所（国内 328 事業所，平成 30 年 4 月 1 日現在）

  石油 1,000 kL 以上，高圧ガス 20 万 m^3 以上

図 6.11，6.12 からわかるとおり，年々コンビナート事故が増加しています（死傷者数はここ数年平定しているものの，いまだ少ない数字ではありません）．その原因は，図 6.13 に示すように，操作ミスなどの人的要因も多いのですが，設備・装置・機器の腐食や破損，整備不良などの**経年劣化**による事故も多くなってきています．日本国

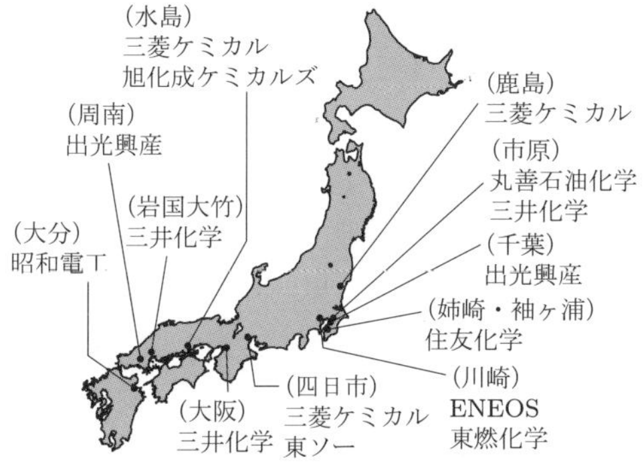

図 6.10　日本の主要なコンビナート

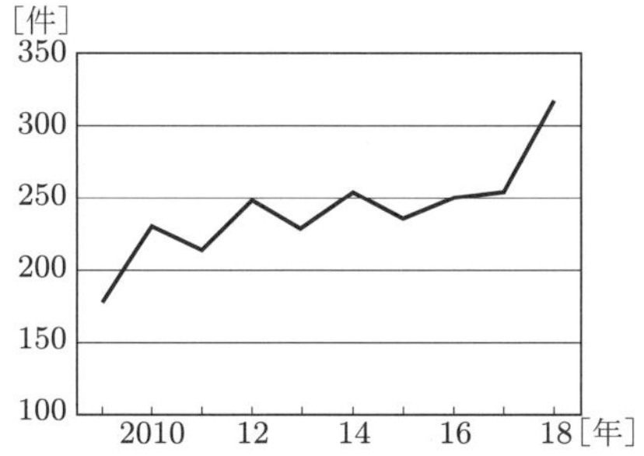

図 6.11　コンビナート事故の増加傾向
(消防庁「石油コンビナート等特別防災区域の特定事業所における事故概要」)

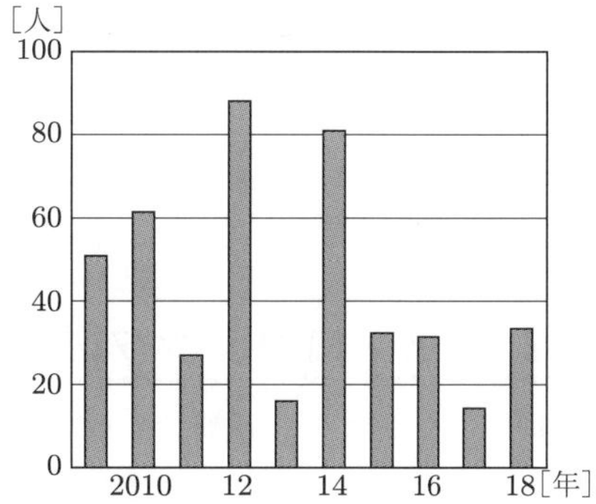

図 6.12　コンビナート事故の死傷者数
(消防庁，同)

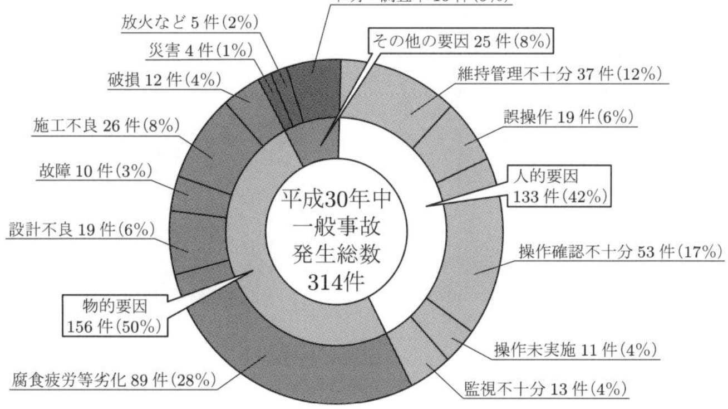

図 6.13　コンビナート事故の原因 (消防庁，同)

内においては，コンビナートは戦後の高度成長期に急速に拡大されてきましたが，建設後 50 年を経過した設備もあり，老朽化が進むとともに，このところ続いた不況による保全費用や人員削減，熟練技術者の退職による経験不足が進行し，事故の増加傾向が解消されずにいます．

なお，機械・設備などの経年劣化を説明するため，一般に図 6.14 のような「バスタブ曲線」が用いられます．産業界でよく用いられる図なので，覚えておくとよいでしょう．

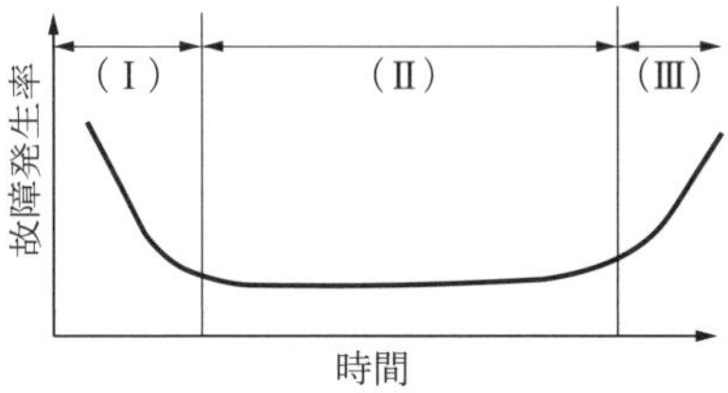

（Ⅰ）初期故障期：一般に 1 ～ 3 年間
＝保証期間でカバー
（Ⅱ）安定期：5 ～ 15 年間
（Ⅲ）更新期：運転開始後 15 ～ 30 年以上経過
保守・補修費用と設備更新を検討

図 6.14　設備経年数と故障発生率の関係（バスタブ曲線）

6.12 スロッシングによる火災

スロッシングとは，容器中の液体が水平方向の**長周期振動**と同期[1] した場合に，液面の大きな揺動が発生する現象をいいます（図 6.15）．揮発性の高い油タンクでスロッシングが発生した場合，液面揺動により，固定屋根式では屋根がもち上がって破損し，浮き屋根式では屋根が傾いてもち上がるなどして，油が外部に大量に漏洩し，これに金属衝突によるスパークなどで点火することによって，大規模な火災が発生することになります．2003 年の十勝沖地震により出光石油苫小牧製油所で発生したス

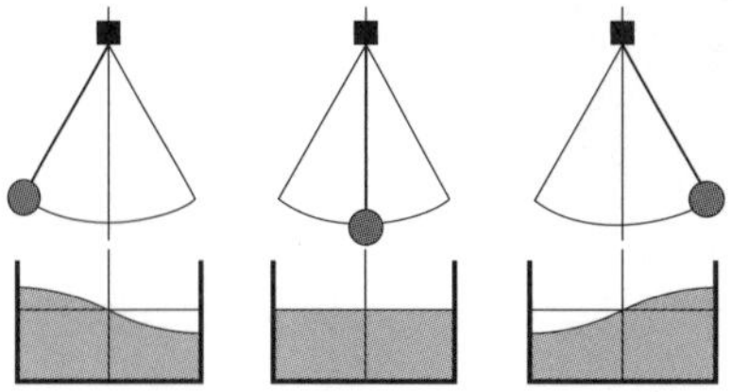

図 6.15　スロッシングの原理

図 6.16　スロッシングによるタンク火災
（消防庁）

1) スロッシングの固有周期　T（秒）= $1.05\sqrt{D}$，D：タンクの直径（m）
たとえば，10 m 径タンクの場合，T = 3.3（秒）

ロッシングによるタンク火災（図 6.16）によりその危険性がいっそう注目され，屋根の強度を上げたり，タンク内部の揺動を抑える対策などが検討されています．日本には，大都市周辺にこのような大型タンクを有する石油化学コンビナートが多く存在します．トラフ型地震における津波と複合し，次節で述べる津波火災となって大都市を襲う危険性が高いことが指摘されています．

6.13 津波火災

東日本大震災時に，気仙沼市をはじめ，沿岸部の津波被災地で多数の火災が発生しました（図 6.17）．

図 6.17　気仙沼市の津波火災（河北新報社）

本来，水（津波）と火（火災）という相反する要因が結びつく災害であることから，想定しにくい新たな災害リスクとなっています．せっかく津波に対して高い建物などに避難できたにもかかわらず，後から押しかけた火のついた瓦礫に囲まれ，孤立して焼死する場合もありました．その後の調査や分析の結果，この津波火災の出火要因は下記のものであることが判明しています．

（i）港湾施設にある危険物タンクなどを津波が破壊し，重油などが家屋などの瓦礫とともに浮遊して着火した
（ii）地震により家屋から出火または延焼し，それが津波によって火のついたまま移動した
（iii）流された自動車が，ほかの漂流物や家屋などとの衝突により破損してガソリンが漏れ，これに電気系統の漏電や衝撃スパークによって点火した
（iv）LPG ボンベが配管から引きちぎられて浮遊し，漏れ出たガスに引火した

今後想定される南海トラフ地震（第 11 章を参照）に対しても，各地のコンビナート港湾における地震・津波に加え，市街地での自動車などの車両や家庭用 LPG ボンベなどを原因とする津波火災が想定され，これらに対する下記のような対策が緊急の技術課題となっています．

（i）石油タンク類，石油ドラム缶などの浮遊流出防止対策
（ii）車両の燃料タンクからの燃料流出防止技術

（iii）車両の電気系統からのスパーク防止技術

（iv）LPG ボンベの自動ガス遮断技術

国のガイドラインの要件を満たす大型津波避難ビルにおいても，その周辺で発生する津波火災が新たなリスクとなり得ることは，東日本大震災が提起した最重要課題の一つであり，**津波火災を想定した二次避難場所と避難手段の確保**などは，南海トラフ地震への防災・減災対策として取り組むべき重要な課題であるといえます．

[津波火災被害の実例]

石巻市立門脇小学校では，避難者が乗ってきた自動車など約 100 台が津波で炎上し，校舎に引火・延焼しました（図 6.18）．津波から本校舎に避難していた 50 人ほどの住民や先生は，周囲が水没しており逃げ場を失いましたが，幸いにも校舎 2 階から背後に近接した裏山に教壇を架け，渡り廊下にして安全な場所に再避難することができました．

図 6.18　石巻市立門脇小学校の津波火災被災状況（河北新報社）

6.14　通電火災

巨大地震発生時，建物や電柱の倒壊などにより，大規模な停電が発生します．しかし，電気は社会生活に不可欠なものであるため，電力会社は最大限の努力により最短時間で復旧するよう努力します（8.2 節（3）を参照）．このため，電気が復旧して再通電したとき，思わぬところから出火し，住宅が火災で焼けてしまうことがあります．これを「**通電火災**」といいます．実際に，阪神・淡路大震災では，出火の 30 %が電気による発熱体を原因とするものでした．通電火災は，家屋の全壊や半壊で住民が避難した後に電気が復旧した際，倒れた電気器具や壊れたコンセント，引きちぎられた電気配線など，さまざまな原因により生じます．また，通電火災は，地震後の電力供給の復旧に伴って，数日間にわたって発生するという特性もあります（図 6.19，6.20）．

この通電火災を防止するためには，下記のような対策が必要です．

- 避難するときに主ブレーカーを落とす（緊急時には，ほぼ不可能）
- **感震ブレーカー付き分電盤**（図 6.21）に交換する（交換工事に数万円必要．コンセント型もある）

最近の新築住宅では，このタイプの分電盤を設置することが推奨されています．

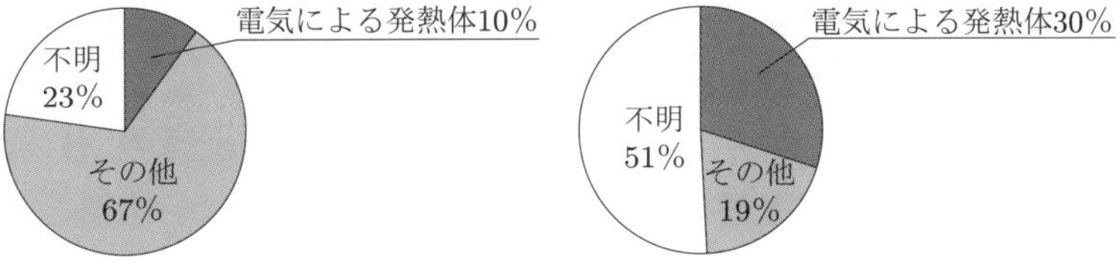

（a）1995 年
平常時の火災出火原因

（b）阪神・淡路大震災（1995 年 1 月）
における出火原因

図 6.19　電気火災の発生比率（総務省ホームページ）

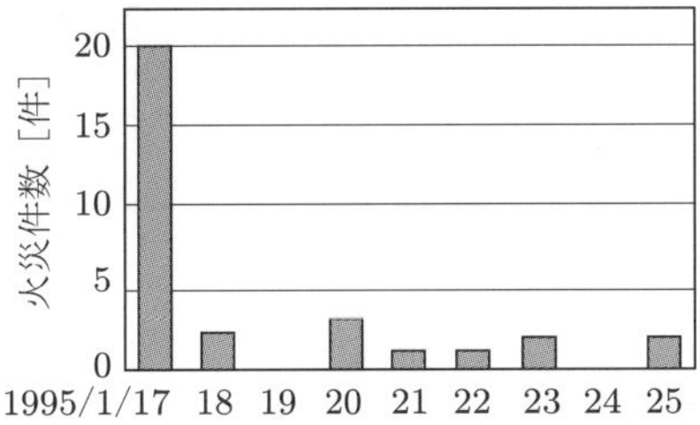

図 6.20　通電火災の発生時系列（阪神・淡路大震災）

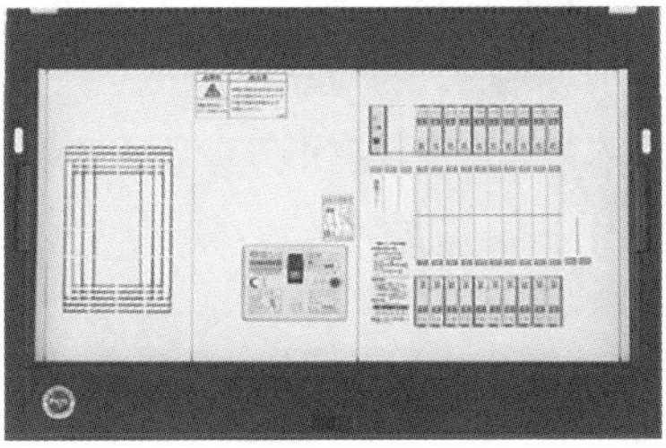

図 6.21　感震ブレーカー付き分電盤
（例）（河村電器産業（株）提供）

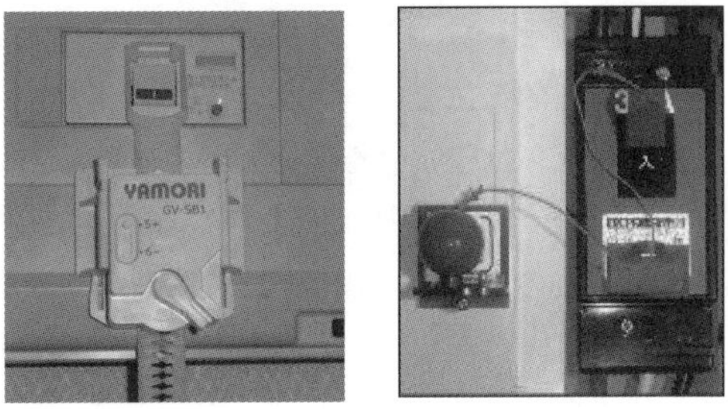

（a）　（b）

図 6.22　簡易型感震ブレーカー（例）
（（b）（株）エヌ・アイ・ピー 提供）

• 安価な（数千円）簡易型感震ブレーカー（図 6.22）を取り付ける

ただし，感震ブレーカーが作動した場合は，夜間の初動避難行動に支障があるので，手元に懐中電灯などの照明器具を用意しておく必要があります．また，住宅密集地ではとくに，延焼を防ぐために 1 軒だけではなく，すべての住宅に感震ブレーカーを取り付けることが望ましいことは，いうまでもありません．既存の家屋に対して，国，県や市などの公共団体による啓蒙普及対策が早期に行われる必要があります．

Chapter 7　災害と住宅

この章では…

生活をするためのもっとも基本的な場である住まいを，被災したあと，どのように確保し，復興していくのか，また，地震に強い安全な住まいとはどのようなものかについて学びます．

7.1　被災者の住まいの確保

（1）被災後の住まいの移り変わり・・・

人間にとって，住まいは，生きていくためのもっとも基本的な要素の一つです．震災や津波などの自然災害で住宅に住めなくなった場合，まずは**避難所**に避難しますが，**応急仮設住宅**（災害救助法では正式にはこのようによびますが，以下では省略して仮設住宅と表記します）が建設されて住めるようになると，そこに移り生活するようになります．そしてつぎに，**災害復興公営住宅**などが建設されると，仮設住宅から出て行き，恒久的な住まいへと移っていきます．このように，災害後の時間とともに，被災した人たちは住まいを変えていきます．阪神・淡路大震災後の神戸市でのグラフ（図7.1）は，そのことをよく表しています．

震災直後の神戸市では23万人以上が避難所で暮らしていましたが，仮設住宅が整備されると，だんだんそちらに移っていきました．ほぼ1年後をピークに，仮設住宅からは人が減っていきます．この頃から，恒久的な住宅に移っていくためです．

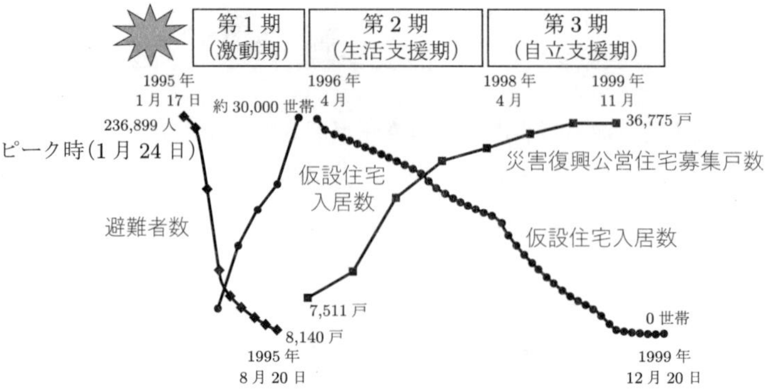

図7.1　阪神・淡路大震災後の住まいの移り変わり（神戸市「阪神・淡路大震災の概要及び復興」）

恒久的な住まいを自力で再建できない人のために，公営の災害復興住宅が建設され，その募集戸数の累計が増えていくのと反比例して仮設住宅の入居者は減少し，神戸の場合は3年で半分に，約5年でゼロになりました（災害救助法での仮設住宅の入居期限は，一応2年間と定められていますが，現実にはそれを超えて入居していました）．なお，図7.1を見るときに注意しなければいけないことがあります．避難所には多くの被災者が集まりますが，すべて避難所に行ったわけではなく，親戚や友人の家など，さまざまな手段がとられました．仮設住宅に入った人も一部です．そして，公営の災害復興住宅に入った人も一部で，多くの被災者は自力で住むところを確保しました．この図は，シンボルとなる事象を可視化したもので，すべてを表したものではありません．

（2）仮設住宅の供給における困難・・・

このように仮設住宅は，場合によっては2，3年，長くても5年の仮住まいとなります．この仮設住宅を供給する側である県や市町村は，短時間で大量の住宅を整備しなければならないために，多くの困難があります．もっとも大きな問題は，仮設住宅を建てる用地の問題です．阪神・淡路大震災では，阪神間の場合は，都市部が被害の中心であったために，3万戸もの仮設住宅を建設する用地をすべてその近くで確保することが困難でした．

東北でも，余震による津波のおそれのない場所に仮設住宅用地を確保することは，多くの被災地で大変困難でした．このような事例からすると，大きな災害が発生する前から，仮設住宅の用地を計画しておくことが必要であるといえます．

一つの案として，学校に仮設住宅を建てるということが考えられます．実際に，芦屋市などでは学校の校庭に仮設住宅を建てましたし，東北でも一部で学校用地に仮設住宅が建っています．しかし，学校は子供たちにとって大切な場所であり，ここに建設することには慎重な検討が必要です．

図7.2　明石高専生が製作した仮設住宅のウッドデッキ（太田撮影）

非常に性急な建設のために，実際に使ってみるといろいろと不備が出てきます．阪神・淡路大震災の後の仮設住宅団地においても，夏場のあまりの暑さに

1）神戸市「阪神・淡路大震災の概要及び復興」．

対応するためのエアコンの設置，排水不良の改善，台風時期の防風対策，仮設団地の人が集えるコーナーの設置など，さまざまなことを後追いで行わざるを得ませんでした．東日本大震災でも同様に，実際に使ってみると問題が明らかになってきました．そのようなことに対する支援の一例として，気仙沼の本吉という地域にある小泉仮設住宅団地において屋上緑化，断熱材による居住環境の改善，涼しい屋外での交流の場としてウッドデッキ（図 7.2）の設置などの学生活動も行われました．

（3）仮設住宅の生活・・・

仮設住宅の標準的な部屋の広さは 29.7 m^2 で，部屋の構成は 2 部屋とキッチン（2 K タイプ）です．災害救助法では，建設費は 1 戸あたり約 200 万円と決められていましたが，実際にかかった経費は，阪神・淡路大震災の場合は，48,300 戸の建設から撤去までで 1,689 億円が支出され，1 戸あたりの費用とすると 350 万円になります．東日本大震災では，建設費の基準は若干上がって約 240 万円とされましたが，実際の建設費はさらに上がり，およそ 600 万円くらいになっています．これに解体時の撤去費が必要ですので，1 戸あたりの経費は 700 万円は必要となるでしょう．

仮設住宅は，用地を見つけて建設すればそれで終わりというわけではありません．そこで人々が仮の暮らしをしていくためのいろいろな配慮が必要です．入居に際して，震災後に避難所にいた膨大な数の人々に少しでも早く仮設住宅に入居してもらうために，どのような方法をとるのかという問題があります．まず，避難所の過酷な状況に耐えられない高齢者を優先的に，という意見が出てきます．また，地域ごとにまとまって入居してもらおうとしても，公平性という観点からは問題があるという指摘が出ます．阪神・淡路大震災では，公平性という観点から，抽選での入居が原則となり，また，単身の高齢者の優先的な入居も方針として決められたため，まちの人たちがバラバラになって入居するという結果になりました．また，単身の高齢者が 2 K タイプに入り，数人の家族世帯が 1 K タイプに入居するなどのミスマッチも多く発生しました．

さて，仮設住宅の団地ができ上がると，まずは，住みなれたまちを離れて住む人たちどうしの新しいコミュニティづくりを考える必要があります．そのために，住民の自治組織の結成の促進や，行政や支援団体の「**見守り活動**」や市民のボランティア活動などが行われました．

しかし，このような努力を行っていても，お年寄りが人知れず亡くなってしまうというようなことが頻繁に起こり，マスコミは「**孤独死**」という言葉を使って報道しました．これらの高齢者は新しいコミュニティになじめず，孤立した生活をしていたと考えられますが，とくに，「壮年」「男性」「アルコール依存」の層に「孤独死」のリスクが高いという指摘がなされています．このような状況を受けて，見守り活動や給食サービスなど，さまざまなきめ細かい支援策が実施されました．

2008 年 5 月に中国で起こった「四川大地震」では 60 万戸以上の仮設住宅が建設されましたが，ここではトイレやシャワーは部屋にはなく共同で，炊事も共同で行っていました．日本と比べて水準が低いと考えられる面もありましたが，それがかえって住民の孤立を防ぐよい手立てとなっていたという評価もあります．また，アメリカでは，仮設住宅はトレーラーハウス（mobile home）という方式です．2005 年のハリケーン・カトリーナの後では，ルイジアナ州とミシシッピー州で実に 8 万 5 千戸のトレーラーハウスが供給されました．仮設住宅は，このように国によっても違います．

阪神・淡路大震災と東日本大震災での仮設住宅の世帯を比較すると，高齢者の比率は阪神 41.8 %，東日本 43.3 %で，あまり違いません．ただし，世帯の人数でみてみると，1 人世帯は，阪神では 43.9 %，東日本では 16.3 %，そして，5 人以上世帯は，阪神では 3.1 %，東日本で 15.5 %となっており，家族構成がかなり異なっていることが見てとれます．このように，被災後の家族での住まい方も地域により異なった特徴があることがわかります．

（4）みなし仮設住宅・・・

東日本大震災での新たな特徴として，「**みなし仮設住宅**」という制度の活用があります．これは，民間の賃貸住宅を「仮設住宅」とみなして，都道府県が家賃を負担するものです．入りたい人が探してきた賃貸住宅も認めるという柔軟な方針が出されたため，人気が高まり，震災から 2 年後（2013 年 4 月）の時点で，仮設住宅の 48,000 戸に対して，民間のみなし仮設住宅が 59,000 戸と，仮設住宅よりも多い戸数が利用されていました．

大量に建設した仮設住宅をどのように処分するのかという議論も出てきます．仮設住宅は，建設から撤去までで，東日本大震災の例では約 700 万円の費用が必要となり，それが 2 ～ 5 年しか使われないため，資源という点では無駄があるためです．一方で，みなし仮設住宅という手法は，既存の民間住宅の空き家を使うので，資源の有効利用という点では非常に優れた施策であるといえます．

この施策は，これまでの政府の災害救助の基本方針である仮設住宅への「**現物主義**」および「**現地主義**」を変更したものとして注目されています．「現物主義」とは，災害時はものが不足するので，お金ではなく現物を支給するという原則，そして「現地主義」とは，救済は被災した現地で行うというものです．みなし仮設住宅は，家賃を支給しているという点で現物主義でなく，被災した場所でなくてもそれを支給するという点で，現地主義からも逸脱しているからです．

このように画期的な今回のみなし仮設住宅の制度ですが，一方で，被災者がバラバラに住んでしまうので，被災者相互のコミュニケーションがとりにくく，支援のための見守り活動も難しくなり，被災者の孤立化や復興に向けた合意形成などが難しいなどのマイナスの面もあることが指摘されています．みなし仮設では，バラバラに住んでいる被災者の連携をどのように図るのかが課題となっています．

(5) 恒久的な住宅へ・・・

このように仮の住まいをしている人々も，いつまでもそこに住めるわけではありません．あくまでも仮設住宅は短期の代用住宅であり，法律的にも期限が定められていますし，実際のつくりも，快適性や安全性などは十分ではありません．しかし，仮設住宅から恒久的な住まいへの移転に対する国などからの支援という点では，難しい問題があります．日本は，私有財産への公的な資金の投入という点ではきわめて厳格な運用を行っている国であり，個人の住宅に対する公的支援策はあまり多くはありません．そこで，住宅問題だけでなく，通常の公共的施策で対応が難しい施策の実施のために，「**復興基金**」という制度が新たに導入されました．これは，国や県，市などで基金を出資し，その資金を政策金利で運用し，その運用益でさまざまな事業を行うという手法です．阪神・淡路大震災の場合は，この基金により3,500億円のさまざまな支援事業が行われました．復興基金での住宅再建関係の事業は約1,100億円でした．東日本大震災からの復興においても「復興基金」は2011年10月に創設されましたが，現在は極端な低金利の状態のため，政策金利の運用益を使うという手法ではなく，「**取崩し型復興基金**」というもので，約2,000億円程度が用意されました．

このように，住宅をなくした被災者にとって，再建のための資金の有無はきわめて深刻な課題です．1998年に**被災者生活再建支援法**が成立し，全壊世帯に対して最大100万円の支給がされるようになり，その後，この制度の支給額の増加と運用の緩和が図られ，現在は最大で300万円が支給されるようになっています．しかし，自力再建にはこの額では不足するため，支援金ですべてをまかなうということは難しいのが現状です．

一方，アメリカでは，2005年のハリケーン・カトリーナからの復興において，被災して住宅をなくした人に現金で15万ドル（ただし，実際に個人が得られる金額は保険金やFEMA（連邦緊急事態管理庁）の別の支援金などを差し引いた額）を支給するという画期的な制度（ロードホームプログラム）を打ち出して注目されました．

個人資産への公費投入に対する考えが似たようなアメリカでなぜロードホームプログラムのような支援制度がなされたのかについては，はっきりした理由は明らかではありませんが，ニューオーリンズの堤防の管理を国の工兵隊が行っていて，その堤防が壊れたり，排水機能が停止したための災害であり，補償的な要素があることが指摘されています．また，ロードホームプログラムのような個人への資金供与という手法は，現地再建だけでなく，売却してほかで再建するという選択肢もあることなどから，まちの復興との関係性において課題も多いという意見が出されています[1]．

大きな災害において，住宅の復興は非常に重要な課題であり，これに対してどのような施策を実施すべきかについては，公的な資金の投入のあり方や，まちの復興など多様な面から検討し，評価されるべきものであると考えます．

（6）災害復興公営住宅・・・

自力再建できない人たちのなかには，きわめて年収が低い層に含まれる人も多くいます．その人たちが住んでいた家の家賃は，賃貸住宅の価格相場からかなりかけ離れていたことを考えると，このような状況では，とても自力での再建は難しいと考えられます．そこで，阪神・淡路大震災の後には，県や市で低家賃の公営住宅を大量に建設する必要があるとして，**災害復興公営住宅**を県内で 38,600 戸もの大量供給をするという方針が，復興施策の重要な内容として出されました（供給実績 42,137 戸）．

災害復興公営住宅の供給においては，いくつかの問題点が指摘されています．一つは，仮設住宅と同様，大量の建設用地の場所の確保を短時間で行わなければならないという問題です．さらに，被災者のうち自力再建できない層には高齢者が多く，その人たちを優先的に入居させた結果，災害復興公営住宅の高齢化率がきわめて高くなり，高齢者ばかりの団地ができてしまったという問題もあります．そして，いったんこのように高齢者ばかりの団地ができてしまうと，災害から年月が経過したときには，団地のコミュニティの維持に大きな問題が発生してきます．阪神・淡路大震災から 25 年が経過した 2020 年の時点では，災害復興公営住宅の高齢化は加速度的に進んでおり（高齢化率約 54 %），あわせて，高齢者だけの単身世帯も増加しており，震災が残した課題への対応が必要となっています．

東日本大震災後の住宅復興においても，自力再建が難しい人向けに，現在は災害復興公営住宅の建設が進められてい

図 7.3　宮城県東松島市の災害公営住宅
（室崎益輝氏 撮影，2015 年 5 月）

1）近藤民代「米国の巨大水害と住宅復興」（日本経済評論社）．

ます．岩手県，宮城県，福島県での災害復興公営住宅は約 29,000 戸が計画されていて，2018 年度中にほぼ完成しています．この東北の災害復興公営住宅の建設で特徴的なことは，低層の家の志向がきわめて高いということです．図 7.3 は，宮城県東松島市の災害復興公営住宅です．2 階建ての木造で，阪神・淡路大震災後にできた高層の災害復興公営住宅とは様子がまったく異なります．

このように，大災害で被災した人は，**避難所 → 仮の住宅 → 恒久的な住宅**へと移っていきます．阪神・淡路大震災では，避難所から仮設住宅への移行は 3 分の 1 程度でした．そして，ほぼ 5 年で仮設住宅がなくなりました．一方，東日本大震災では，およそ 9 割が仮設住宅やみなし仮設住宅に移り住みました．そして，5 年後でもまだ約半数が，仮設住宅やみなし仮設住宅での生活を続けていました．東日本大震災では，住んでいたまち全体に被害が及んでいて，まち全体を再構築する必要があったことや，住宅地のストック数がこの時点では不足していたことから，恒久的な住宅へ移ることがまだ難しかったということがこの数字に表れています．

7.2 地震に強い住宅とは

（1）どのような住宅が壊れたのか・・・

阪神・淡路大震災では，家が壊れて多くの人たちの命が奪われました（図 7.4 ～ 7.6）．

図 7.5 の家は，2 階は何ともないのに 1 階が完全につぶれています．このように，特定の階が破壊される現象を「**層破壊**」といいます．木造住宅では，2 階建ての 1 階部分が層破壊したものが多くみられました．

木造住宅だけでなく，マンションも壊れました．図 7.7 の写真は，東灘区のマンションです．上はほとんど被害がないように見えますが，1 階部分が圧壊しました．

図 7.4　完全に破壊された木造住宅
（堀江 啓氏 提供）

図 7.5　1 階が層破壊した木造住宅
（堀江 啓氏 提供）

図 7.6　基礎が完全に破壊した木造住宅．一見，被害がないように見えるが全壊である．
（堀江 啓氏 提供）

図 7.7　1 階部分が層破壊したマンション
（神戸市）

（2）罹災証明の被害のランク・・・

災害で被害を受けた場合，さまざまな公的な支援を受けるためには，市町村が発行する「**罹《り》災《さい》証明**」を受ける必要があります．被災した建物は，「**全壊**」「**大規模半壊**」「**半壊**」「**一部損壊**」のいずれかの判定を受けることになります．

内閣府の基準によると，「半壊」は，損壊部分が延床面積の 20 %以上 70 %未満のもの，損害割合（経済的被害）が 20 %以上 50 %未満のものとなっており，そのうち「大規模半壊」とされるのは，損壊部分が延床面積の 50 %以上 70 %未満，損害割合（経済的被害）が 40 %以上 50 %未満としています．そして，この判定のランクにより，被災者が受ける支援は大きく異なってきます．その判定を巡っては，大抵の場合，多くの苦情や不服申立てが出されます．そのような場合は，再調査が行われることになります．大規模な災害が起こると，市町村は自らの力で被災度の判断をしないといけませんが，専門家でもない職員が行わざるを得ないケースがほとんどで，大量の被災度を判定し，証明書を発行することはきわめて困難を伴います．

（3）被災した建物の特徴・・・

図 7.8 は，阪神・淡路大震災における木造家屋等の建築年次別の被害のグラフです．縦軸は滅失した率なので，少ないほど残存率が高い（被害が小さい）ことになります．図をみると，新しい建物の多くは全壊から免れていることがわかります．昭和 39 ～ 44 年あたりで，木造系の線が大きく変化しています．ちょうどこのあたりは，阪神・淡路大震災時に築後 30 年前後で，それより新しいものは 85 %以上が全壊から免れています．そして，いわゆる「新耐震基準」という新しい基準ができた昭和 56 年以降の家では，おおむね 95 %の建物が全壊を免れています．これらのデータからいえ

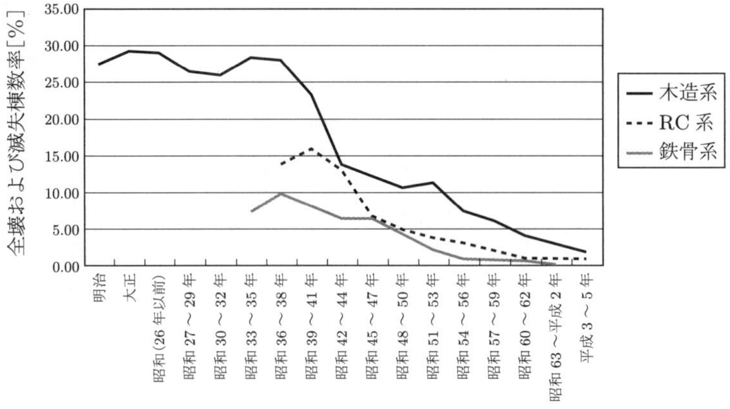

図 7.8　全壊および滅失の率と建物の建築年次

ることは，古い住宅や建築基準からみて強度が十分でない住宅が多く倒壊したということです．

1978年（昭和53年）に起こった宮城県沖地震は，最大震度は5でしたが，建築物の全半壊被害が7,000戸以上あり，大きな問題となりました．これを受けて，1981年（昭和56年）に建築基準法が大きく改正されました．この基準を「**新耐震基準**」といいます．上で述べたように，この基準でつくられた建築物は，阪神・淡路大震災においてもおおむね有効であったことがわかっています．新耐震基準以前の耐震基準は，中程度の震度5程度の地震に対して考慮されていましたが，それよりも大きな地震は考慮されていませんでした．新耐震基準では，中程度の地震では損傷がなく使い続けることができ，まれに起こりうる震度6強以上でも倒れない強度が要求されています．その後も基準は改正されていますが，耐震性の弱い建物かどうかは，この新耐震基準の以前か以後かということが判断の重要な決め手となっています．その後，耐震基準は平成12年にも大きな改正が行われました．このときの改正では，接合部への金物使用の規定や耐震壁の配置バランスの検討などが定められ，「新・新耐震基準」あるいは「**2000年基準**」と称されることもあります．2016年の熊本地震では，震度7が2回も起こり，8,600棟以上の建物が全壊する大きな被害がありましたが，その揺れに対しても，2000年基準の木造建築の被害が非常に少なく，地震に対して有効であることが認められました．

（4）耐震性の高い住宅の必要性・・・

壊れない家をつくることは，命を守る基本です．家が壊れなければその下敷きになることもありませんし，また，倒壊した家に電気が再通電されることが原因で起こる火災の原因にもなりません．図 7.9 は，倒壊した家屋の下敷きになっている人を，近所の人が救出しようとしている写真です．しかし，家で道路がふさがれ，救出もままならない状況であることもわかります．このような状況を防ぐことは，まちの救出活動にも貢献することにもなります．

図 7.9　倒壊した家屋が道路をふさいでいる
（神戸市住宅都市局）

（5）木造住宅における地震被害と耐震のポイント・・・

地震でどのような被害を受けるのかを，木造住宅の要素別に見てみましょう．

① 基礎の弱さ

家を支える地盤が軟弱であったり，亀裂が入ったりした場合，また，そもそも基礎そのものに十分な支持力がない場合，家は壊れます．

② 壁量の不足

十分な壁量がない場合やバランスが悪い場合，倒壊します．

③ 結合部の不良

結合部が適切な方法で施工されていない場合，倒壊します．

以上の被害の要素から，上記の① ～ ③それぞれについて耐震化のポイントを指摘することができます．

① しっかりした地盤にしっかりした基礎を構築すること

いくら家が丈夫でも，基礎が悪ければどんな家でも倒壊します．そのためにはまず，自分の家の地盤をよく知ることが重要です．地盤に不安がある場合は，適切な地盤改良を行う必要があります．ただし，液状化や斜面地など，自分の家の下だけでは解決できない問題もあります．家の真下だけでなく，広い視野をもつことが重要です．

② 適切な壁量やバランスのよい家

壁量を適切に確保することは非常に重要です．また，1 方向のみにまったく壁がないような家は被害を受けやすいとされています．無理な増築で柱を抜くなどということは論外です．

③ 結合部が確実に施工されていること

結合部の処理は非常に重要です．せっかく筋《すじ》交《か》いがあっても，結合が不良では効果が発揮されません．

（6）耐震診断と耐震改修・・・

これらの要素について，自分の家がどの程度安全なのかの診断を受けることができます．これを**耐震診断**といいます．多くの自治体では耐震診断に補助が出ていますので，費用面での負担は小さくなっています．そして，その診断に基づいて，耐震力が不足をしていれば**耐震補強**をします．補強についても，先ほどのポイントが有効です．すなわち，壁量が不足をしている場合は，耐力壁を増設します．あるいは，それに代わる梁や筋交いなどを増設します．また，結合部は必要な補強などを行います．老朽化した住宅は，たとえ新耐震基準でつくられていても，メンテナンスが不十分であれば耐震性は低下します．また，不用意な増改築で耐震性が極端に低下した事例もあります．築年齢が長くなった住宅は，メンテナンスの際に耐震診断をしてもらい，家の改修とあわせて耐震補強をするように心がけましょう．昭和 56 年の新耐震基準でつくられた家もかなり時間が経過しているので，新しい耐震基準に照らした耐震診断を行うことが重要です．

（7）家具の転倒防止・・・

命を守るためには，建物が壊れないだけでは万全ではありません．家具で押しつぶされないようにもしなければなりません．実物振動台「E-ディフェンス」での実験の映像（兵庫県提供）が公開されています．E-ディフェンスとは，阪神・淡路大震災後の平成 17 年 3 月にできた，実物の住宅など大きなものに振動を加えることができる防災科学技術研究所の実験装置で，三木市の総合防災公園内にあります．たとえば，2009 年 2 月 6 日に兵庫県と共同で行われた実験として，南海地震の神戸市での地震波を想定し，30 階の高層部での揺れを実物大で再現したものがあります[1)]．

このような実験を見れば，しっかりした対策が命を守るカギであることがわかります．家具の固定については自分でもできますが，できない場合は専門家にやってもらうことも可能です．自治体で費用を助成してくれる制度がある場合もあります．住んでいるまちの耐震診断や耐震補強，家具固定などへの助成制度については，一度調べておくとよいでしょう．

1）公開映像：https://www.bosai.go.jp/hyogo/research/movie/movie.html

（８）建物の基礎地盤の安定性：大規模盛土・・・

建物の基礎の地盤の安定性は，その建物の真下だけを見ていたのではわかりません．宅地被害がどのような場所で起こっているかというと，一般的には，「**盛土**」といわれる，地面に土を盛り上げたところの被害が多かったことが報告されています．緩やかな斜面を形成している扇状地などでは地面が傾斜していますが，住宅の床は水平でなければなりません．そのため，どうしても，地面を水平に仕上げることが必要になりますが，そのためには前に擁壁をつくって土を盛り上げる必要があります．地震による宅地被害は，ほとんどが盛土区間および盛土と切り土の境界で発生していました．

その地盤のイメージとして，つぎの図 7.10 のような谷を埋めた盛土での事例が考えられます．この図のような地盤が地震で揺れた場合，盛った土の塊全体が固い地山の境界に沿って斜め前にすべり落ちるような力を受けるため，宅地全体が変形してしまい，その上にある住宅に被害を及ぼすことになります．

図 7.10　大規模盛土部の宅地被害のイメージ

阪神・淡路大震災では，多くの住宅地の地盤被害が発生しました．西宮市仁川百合野町では，幅 100 m，長さ 100 m にわたり大規模な地すべりが発生し，13 戸の家屋が巻き込まれて 34 名が亡くなるという悲しい出来事が起こりました．この場所は古い盛土造成地でした．また，多くのところで宅地が変形し，地盤がずれたり，擁壁が傾いたりして住宅に影響を与えました．この大震災で生じた宅地被害は兵庫県下で 4,800 か所でした．

東日本大震災では，仙台市では，津波被害のない内陸部で盛土をした宅地が被害を受けました．これらの地区の多くは，実は，1978 年の宮城県沖地震の際も宅地に被害を受けていました．2016 年 4 月の熊本地震でも，宅地そのものが被害を受けて，建物が損壊した事例が多く発生しています．

被害からの復旧の際にも，宅地ならではの難しさがあります．一つは，宅地を安全に戻すためには，1 軒だけの対策では無理で，広い範囲で安全を確保する対策が必要となる場合が多くある点です．そのため，大きな盛土構造全体が動くような場合には何軒もの対応が必要になります．もう一つの難しさは，宅地が「個人の資産」であるということです．少しずつ支援の制度が整ってきてはいますが，上物である住宅と同様，土地という個人の資産に対しては，公費での復旧支援は非常に難しいものがあります．

盛土での被害を未然に防ぐために，国は大規模な盛土については情報を公開するように指導しています．その結果，多くの地方自治体で公表が進み，大規模な盛土については場所がわかるようになっています．自分の住んでいる場所について，このような情報をもとに安全性を確かめておきましょう．

Column：地震の揺れと建物の関係

1．キラーパルス

阪神・淡路大震災では多くの木造住宅が倒壊しましたが，それは，その地震波の特性が関係しているといわれています．3.3 節（4）でも述べたように，一般的な木造住宅の固有周期は，周期 1 秒程度とされていますが，兵庫県南部地震の地震波は，図 7.11 に示すように，その付近の要素が非常に大きかったといわれています．一方，東北地方太平洋沖地震では，周期 1 秒付近の波は相対的に弱く，そのため，地震の揺れによる被害が小さかったのです．阪神・淡路大震災での木造住宅へ破壊的な影響を与えた地震波を，「キラーパルス」とよんでいます．

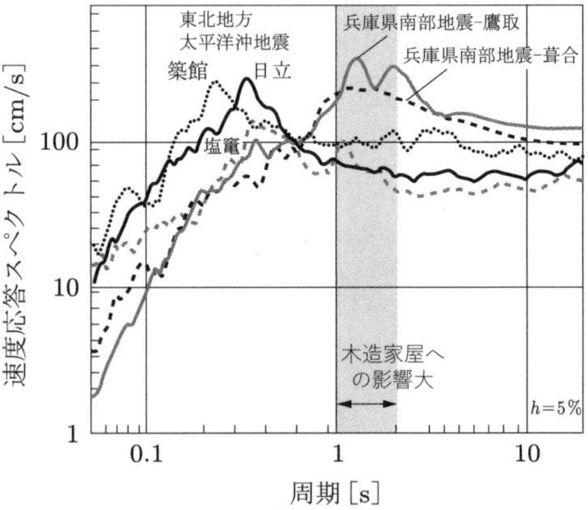

図 7.11　東北地方太平洋沖地震と兵庫県南部地震の速度応答スペクトルの比較
（東京大学地震研究所　古村孝志氏　提供）

2．長周期地震動と共振

一般に，建物は特定の周期に対して大きく揺れる特性があります．その特定の周期を固有周期といい，地震の揺れと固有周期が一致したときに「共振」という現象が発生します．3.4 節（4）で述べたように，プレート境界の地震は，沖合の遠くからやってくるので，短周期の成分は少なくなり，長周期の成分が多くなります（成分が多くなることを「卓越」といいます）．一方，高い建物では，その固有周期は長くなります．そのため，プレート境界型の地震は，直下型よりも，高層の建物に大きな被害を及ぼすのではないかと懸念されています．実際，東日本大震災では，震源から 600 km 以上離れた大阪港の旧ワールドトレードセンタービル（55 階建て）が大きく揺れ，エレベータなどに被害が出ました．震度が小さくても（大阪では震度 3 でした），共振という現象には注意が必要です．

Chapter 8　ライフライン

この章では…

ライフラインは生活に密接にかかわっており，欠かすことができないものです．震災によるライフラインの被害や，その後の災害への備えについて学びます．

8.1　ライフラインとは

人間が快適に生きていくために必要な基本的な「もの」があります．「住宅」はもちろんですが，それ以外にも，「水」や「電気」「ガス」「電話」などは快適な生活をするために欠かせません．そしてそれらは，多くがライン状に結ばれています．たとえば水は，もともとは井戸水を各戸で所有していましたが，いまではほとんどが水道管で供給されています．電気は，供給され始めた当初から電線で結ばれています．電話は，もともと電話線で結ばれたものが主流でした（最近は，電話線ではなく電波によるものが急激に増えています）．ガスは，地方ではまだプロパンガスのボンベによる利用ですが，都市部では，都市ガスが配管を通じて供給されています．下水管は，各住宅から，下水処理場まで下水管でつながっています．このように，人間生活にとって重要なものはラインでつながっており，これらを「**ライフライン**」とよんでいます．

ライフラインの定義はまちまちで，鉄道や道路を入れるときもあります．ここでは，概要を知るために，ライフラインを広くとらえて，道路や鉄道も含めて学びます．

8.2　大震災でのライフラインの被害

（1）道路・・・

阪神・淡路大震災では，震度７の激震地「震災の帯」の地域を中心に，道路は各所で寸断されました．とくに，高架構造や橋梁は，大きな被害を受けました．すでに紹介した第１章の図 1.2 は，阪神・淡路大震災の被害の象徴にもなった阪神高速道路の倒壊現場です．ここだけでなく，高架道路や橋梁が数多く被害を受けました．落橋のほかにも，橋脚基礎の座屈や損壊，橋げたの損傷などの甚大な被害が出ました．一般道路も，電柱が倒れたり，陥没したり，倒壊した家屋が道をふさいだりして通れなくなりました．また，被災地に通じる道路では大渋滞が発生しました．

災害のときには，まず道路を通れるようにしなくてはなりません．これを「**道路啓《けい》**

開《かい》」といいます．復旧を始めるには，まず，物理的に道路をふさいでいるがれきなどを撤去し，また，緊急性がない車の通行を制限し，支援や復旧のための活動に優先して使えるように交通を管理しなければなりません．

阪神地区の中心部にアクセスするほとんどの高速道路網はストップしましたが，阪神地区の北側背後を通過する中国縦貫自動車道は機能が確保されたため，ここを経由する手段により，広域交通が何とか機能しました．この中国縦貫自動車道などからの交通を処理するためには，背後の東西縦貫道と海岸沿いを結ぶ南北の接続が重要です．この南北のアクセス路として，神戸市道路公社の3本のトンネル「新神戸トンネル」「六甲トンネル（六甲有料道路）」「山麓バイパス」と「六甲北有料道路」が重要な役割を果たしました．これらは有料道路でしたがすぐに無料措置が取られ（2月末まで），市外からの広域交通の確保に貢献しました．図8.1は，阪神・淡路大震災当時の神戸市を中心とした広域幹線道路のネットワーク図です．当時はまだ開通していなかった道路も多く，背後からのバックアップ機能は不十分でしたが，いまはほとんどが完成しています．これによって，道路ネットワークの**リダンダンシー**（冗長性，p.116を参照）がおおいに向上しました．

東日本大震災では，被害がきわめて広域にわたりました．そのため，大震災の翌日

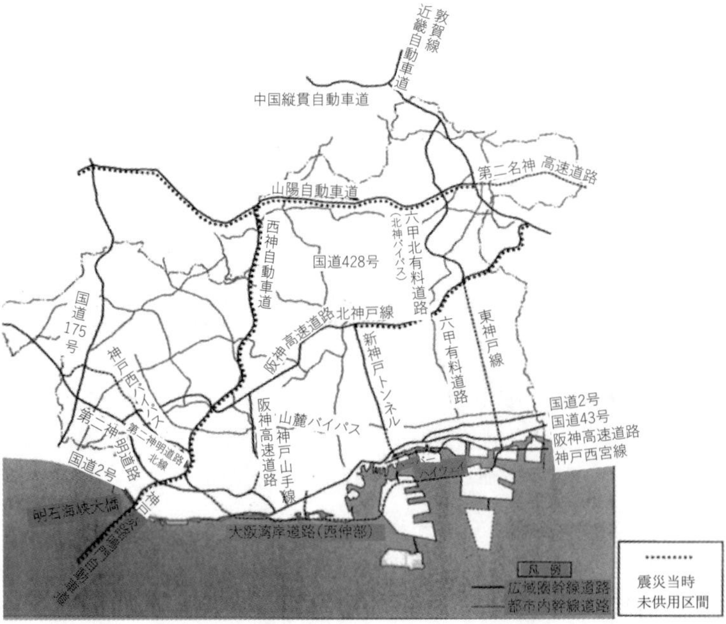

図8.1　神戸市の主要道路網（「伝承　阪神・淡路大震災」神戸防災技術者の会）

の3月12日から，東北自動車道などの高速道路が「**緊急交通路**」に指定されました．この措置によって，緊急車両が高速道路をすみやかに利用できるようになりました．また，海岸沿いの道路が寸断されたため，まず，背後の幹線道路を仮復旧し，そこから海岸の被災地まで櫛の歯のように復旧していく手法がとられました．これを国土交通省では「**櫛の歯作戦**」とよびました．

東日本大震災の経験から，警視庁は，東京での大震災への備えとして，震度6弱以上の大きな地震が発生した直後から東京都の中心部に入る道路を**自動的に「緊急交通路」として指定する制度を導入**しました．これにより，大きな地震が起こると，東京の中心部には緊急車両以外の一般車両の通行が禁止されることになります．

さらに，2019年5月には，今後予想される南海トラフ地震発生時の交通規制計画を公表し，139路線が緊急交通路になることが示されました．大災害が起こったら，交通が規制されることを知っておきましょう．

（2）鉄道・・・

阪神・淡路大震災では，「震災の帯」といわれた地域を中心に，阪神間の鉄道すべてが大きな被害を受け，不通になりました．

とくに，神戸 ～ 大阪を結ぶ鉄道は，1日45万人，ラッシュ時の時間最大は12万人という大量の利用者がある区間であり，一刻も早く復旧する必要がありました．鉄道各社は復旧に全力を挙げ，臨時バス路線を開設するなどで市民の足を確保するとともに，復旧工事を行い，JR神戸線が4月1日に全線開通するなど，わずか7か月という短期間ですべての交通が機能を取り戻しました．

一方で，東日本大震災では東北太平洋岸の鉄道は津波で大きな被害を受けました．震災直後は，青森県から茨城県までの全線がいったん不通になりました．図8.2は，仙石線東名《とうな》駅の被害状況です．

図8.2　津波で破壊された仙石線東名駅
（「よみがえれ！みちのくの鉄道」（平成24年9月），東北の鉄道震災復興誌編集委員会）

その後，4月21日には東北新幹線が全線再開し，4月29日には三陸鉄道北リアス線の一部が運転を再開しました．

このように比較的早期に復旧したところがある一方，長い時間がかかった路線もあります．それは，津波で被災したまちを復旧する手法に大きく関係しています．たとえば，仙台と石巻を結ぶ仙石線の東名駅と野蒜《のびる》駅の部分は，まちを高台に移転する計画があり，それにあわせて鉄道と駅も移転することになっています．このような場合，少なくとも移転先の高台の造成ができないかぎり，鉄道の復旧はできません．このように，東北では，まちの復興と鉄道の復旧が密接にからんでいるので，簡単に進められない部分があるのです（東名駅，野蒜駅も含めた区間は，2015 年 5 月 30 日に開通しました）．

東北の鉄道の復旧の遅れをカバーするために，一部の区間では BRT（Bus Rapid Transit，バス高速輸送システム）という方式で，もとの鉄道敷を専用路線としてバスが走るシステムを導入しているところがあります．BRT のメリットは，安い復旧費用で早期に営業を回復でき，また，ランニングコストも安いという点にありますが，一方で鉄道部との乗り換えが発生し，利便性に劣るという問題があります．BRT による復旧を気仙沼市や大船渡市では受け入れ，その形式で復旧しましたが，JR 山田線沿線の市町は鉄道による復旧を希望し，復旧後は三陸鉄道として経営することで合意し，2019 年 3 月 23 日に全線復旧しました．

以上のように，東北での鉄道経営の難しさが，復旧が遅れる原因の一つになっていることにも理解が必要です．

（3）電気・電話・都市ガス・水道・下水道の復旧に要する期間・・・

阪神・淡路大震災（平成 7 年 1 月 17 日）では，市民生活に密接にかかわりのある電気，電話，都市ガス，水道などすべてに大きな被害が出ました．これらの施設は，激震の地域のすべてで機能が一時的に停止しました．その後の復旧までにかかった時間をまとめたのが表 8.1 です．

表からわかるように，電気と電話は非常に早く復旧しています．電気では 6 日間，電話では約 2 週間です．一方で，ガス，水道，下水道は復旧までに 3 か月程度かかっています．それはなぜでしょうか？

表 8.1　阪神・淡路大震災でのライフラインの被害と復旧時期
（「阪神・淡路大震災の被災状況」（兵庫県））

	主な被害状況	復旧年月日
電気	約 260 万戸が停電（大阪府北部含む）	H7.1.23　倒壊家屋などを除き復旧
ガス	約 84 万 5 千戸が供給停止	H7.4.11　倒壊家屋などを除き復旧
水道	約 127 万戸が断水	H7.2.28　仮復旧完了 H7.4.17　全戸通水完了
下水道	被災施設：22 処理場，50 ポンプ場	H7.4.20　仮復旧完了
電話	交換機系：約 28 万 5 千回線が不通 加入者系：約 19 万 3 千回線が不通	H7.1.18　交換設備復旧完了 H7.1.31　倒壊家屋などを除き復旧

ライフラインの施設は，基本的に道路上，または道路の地下にあります．電気と電話は，主に架空線でつながっています．これらは，電柱を立て直し，架空線を張り直すことでラインとしては復旧しますので，電源や交換機などが復旧していれば，機能を回復することができます．

一方，ガス，水道，下水道は道路の地下に管が埋設されています．それらは，地面のかなり近いところに埋められていますので，一度に掘って，いっせいに復旧すればよいのではないかと思われるかもしれませんが，復旧には，施設ごとに順序があります．ガスは，ブロックに分けられた部分ごとに復旧する必要があります．水道は，水を供給する配水池というところから順に水を送っていかなければなりません．下水は，自然流下が原則なので，下流から順に，流れを確保しながらやっていくのが基本です．しかも，全部をいっせいに行うと，すべて終わるまでは道路が機能しなくなります．そのため，施設ごとに掘削し，仮復旧，埋め戻し，仮舗装をするということを繰り返さざるを得ません．そのため，地下に埋設されたライフラインの復旧は遅くなります．

このような問題を解決し，また，架空線による景観を改善するため，**「共同溝」**や少し簡易な**「電線共同溝」**を道路沿いの地下に設置することを普及させようとしていますが，建設費用が高いため，なかなか普及が進まないのが実情です．

（4）電気

電気は，現代社会において社会活動のほとんどすべての基礎となっているエネルギーです．そのため，大災害によって停電した場合，何よりも早期の復旧が望まれます．阪神・淡路大震災では，電力会社は，総力を挙げて1週間でほぼ復旧させました．東日本大震災でも広域の停電が発生しましたが，1週間でほぼ95 %が復旧しました．

2018年9月6日の北海道胆振東部地震（最大震度7）では，北海道の全電力が一斉に停電してしまう**ブラックアウト**という日本の電力業界での初めての事態になりました．阪神・淡路大震災や東日本大震災のときも，ブラックアウトは起こっていません．それは，大震災で発電所や変電所が被災したときには，地域をブロックに分けて管理し，そのブロックでの電力をいったん止めることで，需給のバランスを保つ処理をしているからです（p.179 同時同量性を参照）．ところが，このときは，北海道の電力の大半をまかなっていた苫東厚真火力発電所が地震で停止し，それがきっかけとなって，ほかの風力発電所や水力発電所などもつぎつぎに停止し，影響をブロック内でとどめることができずに，わずか17分で北海道の全電力が失われ，295万戸が停電（ブラックアウト）することになりました．いったんブラックアウトした場合の復旧はきわめて難しいといわれていましたが，なんとか2日間で95 %の停電が解消しました．

2019年の9月に東京湾から千葉県に上陸した令和元年台風15号（房総半島台風）では，強風による送電施設の破損や電柱の倒壊などで千葉県を中心に停電が広域で発生し，電力の完全な復旧までに16日間もかかりました．この長期の停電で，市民は，照明だけでなく，電話も使えず，風呂にも入れないという状況が続きました．

これらの災害から，現代社会では電力の欠如があらゆるところに影響するため，バランスが取れた発電所の配置や非常時のバッテリーの確保など，電力におけるリダンダンシー向上が重要であることを学ばなければなりません．

（5）電話・・・

阪神・淡路大震災が起こった1995年当時はまだ携帯電話はほとんど普及していませんでした．しかし，2003年には携帯電話の契約数が固定電話を抜き，2011年の東日本大震災のときには，連絡手段の主流が携帯電話やスマートフォンになりました．このような変化のなかで，災害での被害や対応にも変化が表れています．

阪神・淡路大震災のすぐ後，NTTは，大震災の反省から，①分散化，②地下化，③光化という方針を打ち出しました．分散化とは，固定電話における中継交換機を設置した重要通信センターを分散させることであり，すぐに東京だけにあったセンターを神戸にも建設しました．地下化とは，幹線ルートを地震に強い地下に入れることの促進であり，そして光化とは通信における容量拡大のための光通信の促進です．しかし，光通信が普及したことで新たな課題が浮かび上がっています．実は，光回線にする前は電話線の中には弱電の線を一緒に入れていたのですが，光回線になってからは，電気の線を電話線と一緒に送らなくなりました．そのため，停電すると電話線がつながっていても固定電話が使えなくなりました．また，モバイル機器は停電すると充電できません．このように，電話においても電気の重要性が増したわけです．

携帯電話などモバイル通信の増加により，東日本大震災では，中継基地局が機能しなくなったりするなどの新たな課題も浮かび上がりました．一方，東日本大震災の際には，携帯電話でもトラヒックが急増して通信規制が必要になったりしたものの，メールなどのパケット通信はあまり輻輳はなく（混み合わず），また，少し遅れても送信された事例があるなど，多様な通信手段をもっているということは，災害時のリダンダンシーという点では優れた面もあります．

近頃数が少なくなっている**公衆電話**ですが，実は，公衆電話は，災害時に非常に役に立ちます．公衆電話には，電気の線も一緒に送られているので，停電しても使えるようになっています．固定電話は一般的には災害時には通信が輻輳するため，一般家庭での優先度を下げてつながりにくくなるように設定されているのですが，公衆電話は「優先回線」としているため，家庭の電話よりも災害時にはつながりやすいのです．

しかも，阪神・淡路大震災で公衆電話が硬貨で満杯になり使えなくなった経験から，災害時には無料で使えるようにも設定されています．いざというときのために公衆電話の場所を知っておくことが大切です．

（6）都市ガス・・・

都市ガスは，都市部を中心にガス管により運ばれてくるライフラインです．阪神・淡路大震災においては，阪神間の 85 万戸で供給されなくなりました．ガスが止まると，食事をつくったり，風呂に入ったりできなくなります．

ガスは製造所から図 8.3 のように家庭まで運ばれています．もっとも根元の重要な管は「高圧幹線」，そして次第に枝分かれをして，「中圧導管」そして「低圧導管」とクラスが下がっていきます．このように，ネットワーク化されたものは多くは階層性をもっていて，口径の大きさや設計上の重要度などでランク分けされています．

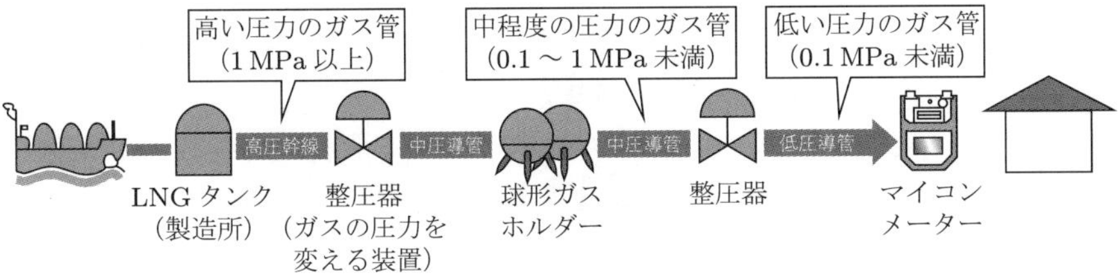

図 8.3　ガスが家まで運ばれるルート

被害が大きかったのは低圧導管という部分で，管路網が枝分かれしてもっとも細かく広がった部分です．前述のようにガス管は，水道管や下水道管と同様に地下に埋設されているため，復旧には非常に時間がかかりました．管の被害状況を調べてみると，当時徐々に導入されつつあった「**ポリエチレン管**」は管自体が柔軟性をもっていることと，管の接続が熱による融着で外れにくいことから，ほとんど被害がありませんでした．阪神・淡路大震災の後，家庭向けのガス管は，この種類に置き換えられています．

図の末端，個人の家の直前に**マイコンメーター**というものがあります．これは，各家庭のガス使用量を測るメーターですが，同時に，地震を感知したり，多量の使用量（すなわち漏れているおそれ）を感知したりしたときには，ガスを自動的に止める仕組みになっています．阪神・淡路大震災の当時は普及途上で，まだ全戸には設置されてはいませんでした（普及率 75 %）が，現在はほぼ 100 %の普及率となっています．マイコンメーターは，異常を感知すると自動遮断するというきわめて安全性の高いものですが，もし自動作動して遮断した場合は自分で復帰を行う必要があるので，その方法を事前に調べて確認しておくことが重要です．

なお，電気においても，地震を感知したら自動的に電気を遮断する**「感震ブレーカー」**（6.14 節を参照）が開発されてきており，家庭用としても徐々に普及しつつあります．

令和元年台風 15 号（房総半島台風）では，長期間停電が続きましたが，その際に，ガスで沸かしている風呂に入れないという問題が発生しました．最近の家庭用のお風呂は，コンピュータ制御のため，ガスがつながっていても停電すると沸かせないためです．ここでも電気の役割が増大しています．このような事態を想定して，停電時のガス設備の利用についても工夫が求められています．

（７）水道・・・

ライフラインのなかでも，人間生活にとって欠かすことができないものは「水」です．災害のときに断水しても，人間にはどうしても水が必要です．その量は，いったいどれくらいと考えればよいでしょうか？ トイレ，風呂，洗濯などの水はあきらめるとしても，体に必要な水はとらないと生きていけません．最低限必要な水の量は，1 人あたり**１日３リットル**とされています．

この水の量はなくてはならないものですので，断水に備え，常時，家に水が保存されていることが望ましいです．たとえば 4 人家族であれば 1 日に 12 リットル，2 リットルペットボトルが 6 本必要になります．2，3 日すれば応急給水がくるとしても，常に 12 本くらいを保存していることが望ましいということになります．しかし，なかなかこれだけの水の量を常時保存しているというのは難しいので，結局，応急給水のある場所に行って水をもらうことになります．

図 8.4 は，阪神・淡路大震災の際に給水を受ける市民の様子です．このようなタンク車からの給水ではどうしても給水口が少ないので，仮設のパイプを配管して供給した例もあります．

図 8.4　学校の校庭に来た応急給水車に列をつくる人たち（神戸市水道局）

断水が続くと，水道が使えない市民のいら立ちがつのってきます．1 か月以上も続くと，その我慢が限界に近づいてきます．阪神・淡路大震災では，水道の復旧に 3 か月近くかかりましたが，この時間の長さは，その限界を超えたものとなり，時間とともに多くの苦情が市民から届くようになりました．

東日本大震災でも，水道の復旧に長い時間がかかりました．おおむねの復旧ができたのが約１か月後，しかし，それ以降も復旧はなかなか進まず，長いところでは６か月近くも復旧しませんでした．また，４月７日に大きな余震があり，これでさらに被害が拡大しました．陸前高田市や南三陸町など七つの市町では，水源井戸が津波で浸って「**塩水化**」したために，原水の水質復旧に長い時間がかかりました．

なお，水道管についても，ライフラインのネットワークがもつ特性の一つである階層性を理解しておくことが重要です．水道の管路は，つぎのように階層化されています．水道水をつくる「浄水池」から「配水池」まで送る管を「送水管」，「配水池」から各家庭の前の道路まで送る管を「配水管」，家の前の道路から各家庭につなげる管を「給水管」といい，この順に口径も小さくなります．阪神・淡路大震災では，給水管での被害がもっとも多くみられました．

（８）下水道・・・

下水道の被害には，大きく分けて２種類あります．一つは，管路の被害です．下水管（汚水管）は，各家庭のトイレや風呂，流しなどの生活用水を受けて道路上の汚水マンホールに集まります．そしてその汚水は，いくつかのマンホールと汚水幹線を通じて下水処理場に集められます．この間の被害が管路の被害です．地震により，管路が折れたり，外れたり，あるいはマンホールが液状化により浮き上がったりして破損し，流れなくなります．

下水管は基本的に「自然流下」で，かつ，あまり大きな圧力がない状態で流れています．水道管は，出口での水圧を確保するため，上流の位置を高くすることなどによりかなり圧力がかかっていますので，破損したところがあると水が噴き出すため，復旧が必要な個所を比較的見つけやすいのですが，下水の場合はじわっと漏れ出すので，非常に探しにくいという問題があります．また，汚水管がどこかで破損して詰まってしまうと，そこから先は流れていかないので，トイレも風呂も使えなくなります．ただし，震災のときにトイレが使えなかったのは，詰まったことよりも，多くの場合は水が出なくて流せないのが原因でした．

下水道施設の被害のもう一つは，下水処理場の被害です．阪神・淡路大震災のときは，神戸市の東灘にある下水処理場が非常に大きな被害を受けて機能を停止しました．たまたま，その前に運河があったため，やむなくその運河を仮の沈殿池として利用して，その間に本体の処理場の復旧を行いましたが，仮設のため，悪臭の発生などで周辺地域への影響が出ました．また，東日本大震災でも仙台市の南蒲生浄化センターが津波で壊滅的被害を受けるなど，沿岸の処理場に被害が発生しました．

8.3 災害に強いライフラインを構築する

災害に強いライフラインを構築するにはどのように考えればよいでしょうか？ ここでは，そのポイントとなる方向性を学びましょう．

(1) リダンダンシー・・・

ライフラインは，網の目のようになって機能を発揮しています．このような仕組みをもったシステムの場合，「**リダンダンシー**」(redundancy) という概念がきわめて重要です．リダンダンシーとは余分なものとか重複性という意味で，ライフラインの世界では「**冗長性**《じょうちょうせい》」ともいいます．

図8.5のような概念図を考えましょう．地点Aと地点Bを結ぶルートが実線だけなら，そのルートが何らかの理由で機能マヒすれば，その機能全体が停止します．一方，それに点線のルートがあれば，AからBまでを複数ルートでつなぐことができます．さらに二重線の格子状のルートが増えることで，その余裕がおおいに高まります．これがリダンダンシーの概念です．

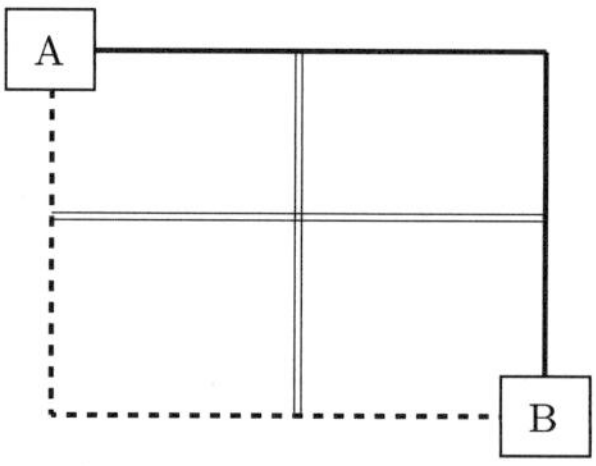

図8.5 リダンダンシー概念図

道路でも，このリダンダンシーの概念は活かされています．8.2節(1)で紹介した神戸近辺の広域道路ネットワーク図（図8.1）では，まだかなりの部分が震災当時は供用されていませんでしたが，現在ではそのほとんどが開通し，格子状の道路ネットワークとなっています．これによって，一つの路線が使えなくてもほかへの代替性が確保され，リダンダンシーの高い道路ネットワークが構築されています．

また，神戸市が阪神・淡路大震災の後に進めてきた「**下水道ネットワークシステム**」は，各処理場を地下深くでネットワークで結ぶことで，市内の下水処理場のどこかの機能が停止しても，壊れていない処理場が代替の機能を果たせるようにするものです．このような処理場のネットワーク化は全国初の取組みで，2011年6月に，五つの処理場を結ぶネットワークが完成しました．

下水処理場を単独で運用するのでなくネットワーク化することによって，災害時の代替機能だけでなく，処理場の改築更新工事での相互補完機能や，下水処理の時間的あるいは地域的なピークを緩和できるなどの日常的な効果も期待されています．

このように，ネットワークのリダンダンシーを確保することは，災害に強いライフラインにとって非常に重要です．

Question

図 8.5 のように十字のルートが加わることで，地点 A から地点 B に行くことができるルートは全部で何通りになったでしょうか？ ルールとして，同じルートは 2 度通らないということで考えてください．

（2）耐震性の強化・・・

地震に強いライフラインのための対策として，もっとも直接的で重要なことは，地震に対してライフラインそのものの強度を上げることです．その方策として，以下の手法が考えられます．

① 管路の材質を地震に強いものにする

水道管では，ダクタイル鋳鉄のものは被害が小さかったことから，古いねずみ鋳鉄という材質から，ダクタイル鋳鉄のものに替えていっています．ガス管も，低圧管については，柔軟で強いポリエチレン製のものに替えています．

② 管路の結合部を耐震性の強いものにする

水道管では，耐震継手という地震に強い継手をもつ方式に替えていっています．ガス管でも，ねじ継手からポリエチレン管の融着による方法に替えています．

③ 埋戻し材を液状化に強い土質のものに変更する

埋戻し材に均等な砂を使っていたりして液状化しやすい状況にある場合，管の被害が大きくなります．このような場合は，液状化に強い適切なものに変更する必要があります．

このような方法を組み合わせて耐震性能を強化させています．ライフラインネットワークを耐震化することで，初期の段階で被害のエリアが減少し，そのことで，全体の復旧期間を早めることができます．

このような耐震化を進めるときに重要なことは，ネットワークの階層性や重要度を考えて計画的に効率よく進めていくことです．まず，重要な幹線は優先的に進める必要があります．また，病院や避難所となる学校などへのルートも優先的に耐震化していくことなどによって，実際の効果を高めていく計画を策定することが重要です．たとえば，神戸市ですでに何か所か設置されている「いつでもじゃぐち」は，配水池から避難所となる学校までの全ルートが耐震化されているようなところに災害時に使える蛇口を簡単に設置できるようにすることで，地震で断水が発生しても，ここに来れば給水できる施設となっています．

(3) ライフスポット ―自立した生活圏を形成する・・・

ライフラインを強くして災害時でも機能を保てるようにすることは重要ですが，それでも，ライフラインの機能が停止してしまうことも考えておく必要があります．そのために，「ライン」が途絶えても「**スポット**」として機能する生活圏を確立しておくことが重要です．

たとえば，「**備蓄**」です．これは，自治体に任せるだけでは限界があります．各自が可能な備蓄をしておくことが重要です．また，トイレの水を確保するには，雨水の利用や井戸水，風呂やプールの水を抜かずにおいておく，というようなこともいざというときの役に立ちます．このように，いざというときにはライフラインが途絶えても人々が生活できるようにしておくための試みが，阪神・淡路大震災以降，いろいろな形で行われています．その例をいくつか紹介しましょう．

① 耐震性緊急貯水槽

耐震性緊急貯水槽（耐震貯水槽，震災対策用緊急貯水槽など，設置する市町村でよび方は異なります）は，配水管の一部を大きな口径に膨らませて，地震のときは，端部を遮断して水を貯めておこくとができるものです．図 8.6 の耐震貯水槽は，容量は 500 m^3，1 人 1 日 3 リットルを 7 日間利用するとして，2.4 万人分に相当します．図の大きなタンクは，水道の配水管の一部を膨らませたものと考えてください．この管の中を配水池から運んできたフレッシュな水道水が常に通っています．そして，地震を感知すると，両端のバルブが自動的に締まり，上流からきた水道水はこの太い管を通らずにバイパスのルートを通り，この太い管の中には水が貯まったままで保存されます．その中の水を利用できる給水栓が取り付けられていますので，水道が止まっても，しばらくはそこにある水を利用することができるようになっています．

図 8.6　耐震性緊急貯水槽（神戸市水道局）

② 大容量送水管

耐震性緊急貯水槽は配水管の途中につくるもので，利用者はある程度地域が限定されます．一方，送水管を利用した非常に大規模なシステムである**大容量送水管**は，より広域のライフスポットとして考えられました．神戸の水道は，大部分を淀川水系から調達しています．震災前までは 2 本の送水管という口径の大きなパイプが六甲山の麓を通って神戸の配水場まで水を運んでいました．しかし，同じような場所に送水管が集中していると，活断層での地震で全部が被害を受けるおそれもあります．そこで，3本目の送水管を神戸の市街地の地下に「大容量送水管」として整備することになりました．この送水管は，市街地の地下では起終点よりもかなり低くなっており，また，口径も大きく（断面積が倍）してあります．そのため，万一トラブルがあった場合も，この管の中に大量の水を貯めておくことができます．そして，数か所に設置した「給水拠点」(図8.7)において，応急給水を行ったり，給水タンク車や消防車に給水したりできます．大震災の翌年度から工事が開始され，2015年度に東灘区から奥平野浄水場までの延長12.8 kmが2.4 mという大口径の管で結ばれました．実に，完成まで20年かかる事業でした．計画送水能力は，1日最大40万 m^3 であり，この水を災害時も都心で使えるようになるとともに，もし，送水がストップしても59,000 m^3 が管の中に貯留されていて使えるようになります．

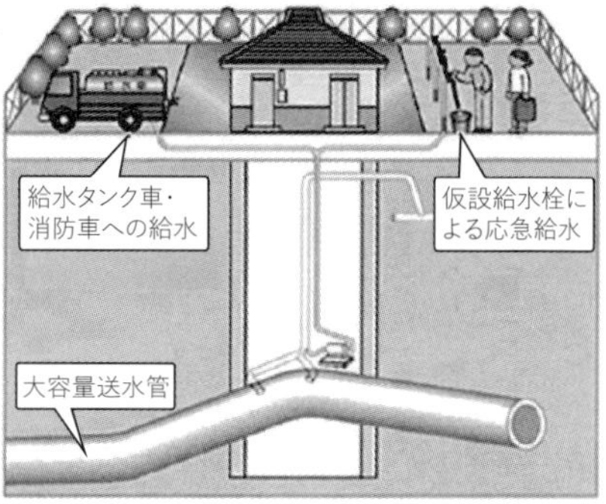

図8.7　大容量送水管上の応急給水拠点のイメージ（神戸市水道局）

③ 仮設トイレ

避難生活でもっとも困ったことの一つが，トイレ問題です．避難所では，水が出ないためすぐにトイレが使えなくなってしまいました．一般家庭でも同様です．トイレが使えないということの問題は，女性に対してより大きな負担となります．トイレに行くのを減らそうと，水を飲まなくなります．そのことが原因で病気になったりします．そこで，**仮設トイレ**の要請が高まります．阪神・淡路大震災では，神戸市で3,000基の仮設トイレが設置されました．

現在では，学校の校庭や公園などにマンホール上に簡易に設置できる仮設トイレを備蓄しているところがあります．公共下水道のマンホールの上に仮設トイレを設置できるようにしたものや，マンホールをつなぐ下水管をプールにつないでおくことによって，いざというときには，プールの水を使って汚物を流すことができるよ

図8.8　神戸市の学校に備蓄されている仮設トイレ（神戸市建設局）

うにしてあるものなどがあります．図 8.8 は神戸市の学校に備蓄されている仮設トイレです．

神戸市の「みなとのもり公園（神戸震災復興記念公園）」には，全部で 62 基の仮設トイレ（ここへの避難者を 2,000 人と想定）が設置できるように，地下の下水管の上に直接マンホールを立ち上げています．また，近くの公園管理倉庫には，その上に立ち上げる仮設トイレが保存されています．また，この公園内では 200 m^3 の地下水を貯留しており，常時は管理に使い，災害時にはトイレや生活用水に使えるようになっています．なお，この公園の計画は，このような災害への備えや，日ごろの使われ方などが市民参加のワークショップにより決められました．また，日ごろの管理についても，利用者が協働して取り組んでいます．

④ 雨水貯留システム

雨水を貯めておけばいざというときに役に立ちます．たとえば，学校の屋根やグラウンドに降った雨を貯留しておく雨水貯留システムが全国的に整備されています．このように，いざというときに自立性を高めるさまざまな取組みが重要です．

Chapter 9　災害情報

この章では…

災害時に役立つ災害情報の種類とその目的，および災害情報の利用方法や流言，風評被害について学びます．

9.1　災害情報とは

「先んずれば人を制す」（史記項羽本記）ということわざがありますが，災害時の情報入手も同様に，正確な情報を素早く入手して活用すれば，その災害からの被害を予防したり最小限に留めることができます．「有用な情報」は，防災・減災を達成するためには必要不可欠です．ここで「有用な情報」と表現したのは，情報のなかには不確かで無益な情報も多くあり，有用で正しい情報を選別するための基礎知識，「リテラシー」が必要となるためです．また災害情報は，そのニーズが時間の経過とともに変化していくことにも特徴があります．

一口に災害情報といっても，表 9.1 のような種類があり，災害情報の分野は非常に幅が広いことが理解できます．

表 9.1　災害情報

カテゴリー	種類	
①災害（ハザード）に関する情報	・気象に関する情報：台風，豪雨，雷，竜巻，突風など ・自然災害に関する情報：地震，津波，火山噴火，洪水，土砂災害など ・感染症（パンデミック）に関する情報：鳥インフルエンザ，エボラ出血熱，新型コロナウィルスなど ・戦争，紛争，テロに関する情報：同時多発テロなど	
②災害前 ～ 直前 ～ 直後 ～ 復興	・一般的なリスク情報や備えの情報：避難場所，防災倉庫，ハザードマップなど ・災害の緊急警報，注意報：緊急速報，特別警報，警報，注意報など ・避難情報：避難勧告，避難指示など ・安否情報：安否確認など ・生活再建支援情報	
③情報を伝える媒体	・テレビやラジオ ・インターネット（パソコンやタブレット） ・スマートフォン，携帯電話 ・同報通信 ・無線通信 ・壁新聞，貼り紙	・新聞 ・サイレン ・屋外スピーカーによる音声情報 ・標識(津波浸水区域，避難所などの表示) ・口コミ

表 9.1 (続き)

カテゴリー	種類
④情報を出す主体	・気象庁などの専門機関　・政府 ・地方自治体，自治会　・放送局，新聞などのメディア ・企業　・個人 ・ソーシャルネットワーキングサービス (SNS)：LINE，Facebook，Twitter など
⑤情報の受け手	・地方自治体　・企業 ・近隣組織や自主防災組織　・個人

9.2 災害情報の種類

(1) 気象庁の防災気象情報・・・

① 風水害等の注意報，警報，特別警報

災害の直前の情報にはさまざまなものがありますが，もっとも入手しやすく信頼性が高いものは気象庁の情報です．日々の天気予報はもちろん有用な情報ですが，災害にいたるおそれのあるような異常気象時において出される気象庁の警報は非常に重要です．

気象庁が発表する防災気象情報としては，**早期注意情報**(**警報級**の可能性)，**注意報**，**警報**，**特別警報**があり，その順に危険度と緊急度が増していきます (表 9.2)．

表 9.2　防災気象情報の種類 (気象庁ホームページ)

特別警報	大雨 (土砂災害，浸水害)，暴風，暴風雪，大雪，波浪，高潮
警報	大雨 (土砂災害，浸水害)，洪水，暴風，暴風雪，大雪，波浪，高潮
注意報	大雨，洪水，強風，風雪，大雪，波浪，高潮，雷，融雪，濃霧，乾燥，なだれ，低温，霜，着氷，着雪
早期注意情報 (警報級の可能性)	大雨，暴風 (暴風雪)，大雪，波浪

とくに近年多発している大雨と高潮関連の警報に対しては，表 9.3 で示すように，同時に 5 段階の「**警戒レベル**」を加えてより強い警戒を促すようにしています (「警戒レベル」の詳細は p. 131 参照)．

また，気象変動の影響でこれまでの常識を超える危険な異常気象が多発するようになったことから，2013 年 8 月 30 日から非常に大きな災害のおそれがある場合に，気象庁から「特別警報」が出されることになりました．特別警報の種類とその発表基準を表 9.4 に示します．

特別警報とほぼ同時に市町村より警戒レベル 5 または 4 が発令されますが，この

表 9.3　大雨・高潮関連警報と警戒レベル（気象庁ホームページ）

情報	とるべき行動	警戒レベル
大雨特別警報	自治体が警戒レベル 5「緊急安全確保」を発令する判断材料となる情報．災害が発生・切迫している．何らかの災害がすでに発生している可能性がきわめて高い．命の危険が迫っているため，ただちに身の安全を確保する．	5 相当
土砂災害警戒情報 高潮特別警報 高潮警報	自治体が警戒レベル 4「避難指示」を発令する目安となる情報．危険な場所からの避難が必要とされる．自治体からの避難指示の発令に留意するとともに，避難指示が発令されていなくても危険度分布等を参考に自ら避難の判断をする．	4 相当
大雨警報（土砂災害） 洪水警報 高潮注意報（警報に切り替える可能性が高い旨に言及されているもの）	自治体が警戒レベル 3「高齢者等避難」を発令する目安となる情報．高齢者等は危険な場所からの避難が必要とされる．自治体からの高齢者等避難の発令に留意するとともに，高齢者以外の方も危険度分布等を用いて避難の準備をしたり自ら避難の判断をする．	3 相当
大雨注意報 洪水注意報 高潮注意報（警報に切り替える可能性に言及されていないもの）	避難行動の確認が必要とされる．ハザードマップ等により，災害が想定されている区域や避難先，避難経路を確認する．	2
早期注意情報（警報級の可能性） 注：大雨に関して，[高] または [中] が予想されている場合	災害への心構えを高める必要があることを示す．最新の防災気象情報等に留意するなど，災害への心構えを高める．	1

表 9.4　特別警報と発表基準（気象庁ホームページ）

<table>
<tr><th>特別警報の種類</th><th colspan="2">発表基準</th></tr>
<tr><td>大雨</td><td colspan="2">台風や集中豪雨により，数十年に一度の降雨量となる大雨が予想され，もしくは，数十年に一度の強度の台風や同程度の温帯低気圧により大雨になると予想される場合</td></tr>
<tr><td>暴風</td><td rowspan="3">数十年に一度の強度の台風や同程度の温帯低気圧により，</td><td>暴風が吹くと予想される場合</td></tr>
<tr><td>高潮</td><td>高潮になると予想される場合</td></tr>
<tr><td>波浪</td><td>高波になると予想される場合</td></tr>
<tr><td>暴風雪</td><td colspan="2">数十年に一度の強度の台風と同程度の温帯低気圧により，雪を伴う暴風が吹くと予想される場合</td></tr>
<tr><td>大雪</td><td colspan="2">数十年に一度の降雪量となる大雪が予想される場合</td></tr>
</table>

場合にもっとも重要なことは，該当地域にいる住民は，警戒レベル 4 では危険な場所から「**全員避難**」，警戒レベル 5 では命の危険が迫っている状況なので「**ただちに安全確保**」をすることが求められている点です．

このように始まった特別警報ですが，発令が決まってからわずか半月後の 9 月 16 日の午前 5 時過ぎに，運用開始以来の第 1 号が京都府，滋賀県，福井県に発令されました．台風 18 号が猛烈な豪雨をもたらし，京都府の由良川や桂川などのいくつかの川が氾濫しました（図 9.1）．

発令に関する気象庁の基準は，**大雨では（ⅰ）48 時間の雨量，（ⅱ）3 時間の雨量のどちらかが，その地方での 50 年に一度の値を超えるなどした場合**となっていて，

図 9.1　平成 25 年 9 月台風 18 号水害写真（京都）（災害報告：国土交通省水管理・国土保全局）

この場合は(i)に該当しました．京都府南丹市では，9 月の平年雨量の 2.3 倍もの雨が降るなど猛烈な雨となり，近畿を中心に，24 時間雨量は 35 か所，48 時間雨量は 25 か所の観測点で観測史上最高記録を更新しました．

また，近年は異常気象による大雨が頻発し，大きな土砂災害が発生していることにより，大雨警報と関連し，下記のような気象情報が発表されるようになっています．

- **記録的短時間大雨情報**

  数年に一度程度しか発生しないような短時間の大雨を観測したり予測したときに，都道府県気象情報の一種として発表されます．この情報は，大雨警報発表時に，現在の降雨がその地域にとって災害の発生につながるような，まれにしか観測しない雨量であることを知らせるために発表するもので，その場所と雨量を発表して，災害に対してさらに強い警戒をよびかける警告的な情報です．

- **記録的な大雨に関する情報**

  おおむね 50 年に一度程度の大雨を観測したときに，いっそうの警戒をよびかけるもので，2012 年 6 月 27 日から情報提供を開始しました．**「これまでに経験したことがないような大雨」**という表現が用いられます．

- **顕著な大雨に関する情報（線状降水帯）**

  大雨による災害発生が急激に高まっているなかで，**線状降水帯**により非常に激しい雨が同じ場所で降り続いている状況を注意喚起するもので，警戒レベル 4 以上の状況で発表されます．近年，線状降水帯による発生頻度が多くなり，これによる甚大な被害が多発するようになったため，警戒レベル発令の目安として 2021 年 6 月 17 日より発表が開始されるようになりました．

② 津波・噴火・地震の警報（特別警報に相当する警報）

津波，噴火，地震の特別警報に該当する警報は，それぞれ表 9.5 のような基準で発表されます．これらは，特別警報とはよばないので注意が必要です．たとえば，大津波警報が発表されたときは，それが津波に関する特別警報が発表されたという意味になります．

③ 地震情報

地震の情報には，主として緊急警報を目的とした「緊急地震速報」と，地震の内容

表 9.5　津波・火山噴火・地震の特別警報とその発表基準（気象庁ホームページ）

警報の種類	発表基準（特別警報に相当）
津波	高いところで 3 メートルを超える津波が予想される場合 （大津波警報を特別警報に位置づける）
火山噴火	居住地域に重大な被害を及ぼす噴火が予想される場合 （噴火警報（居住地域）を特別警報に位置づける）
地震 （地震動）	震度 6 弱以上の大きさの地震動が予想される場合 （緊急地震速報（震度 6 弱以上）を特別警報に位置づける）

を通報する「震度速報」の二つがあります．

[緊急地震速報（予報，警報）]

緊急地震速報には，図 9.2 のように「予報」と「警報」の 2 種類があります．

緊急地震速報（予報）は，主として公益事業者を対象に警報の迅速性を優先して発表されるもので，第 1 報は，1 点の観測点で M3.5 以上，または最大予測震度 3 以上の場合に発令されます．2 点以上の観測がない場合には，この予報はキャンセルされます．

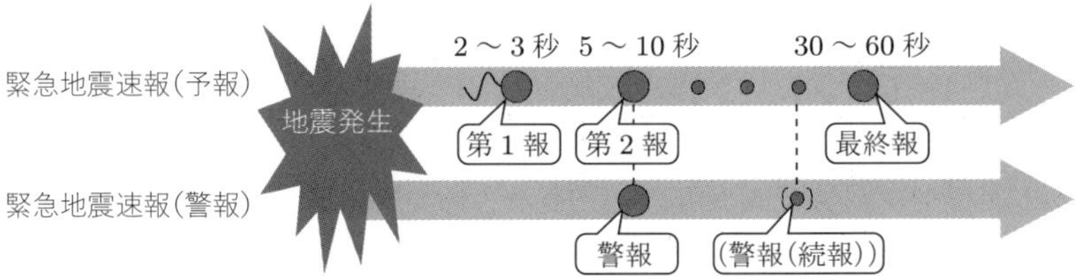

図 9.2　緊急地震速報

緊急地震速報（警報）は，2 点以上の観測点で観測され，最大震度が 5 弱以上と予想された場合，震度 4 以上が予想される地域（全国を 200 地区に分割してある）に対して発令されます．

この「緊急地震速報」システムは，世界でも類のない，日本が誇る優れた地震警報システムです．この原理は，図 9.3 のように，地中で伝播速度の速い P 波（約 7 km/s）を観測し，ほとんど瞬時に警報を出すものであり，これにより，遅れてくる S 波（約 4 km/s）の大きな揺れに備えることが可能となります（3.3 節（2）を参照）．その情報を得ることによって新幹線を止めたり，エレベータを緊急停止したり，あるいは安全な場所に避難したり安全な姿勢をとるなど，命を救うための貴重な情報として役に立っています．

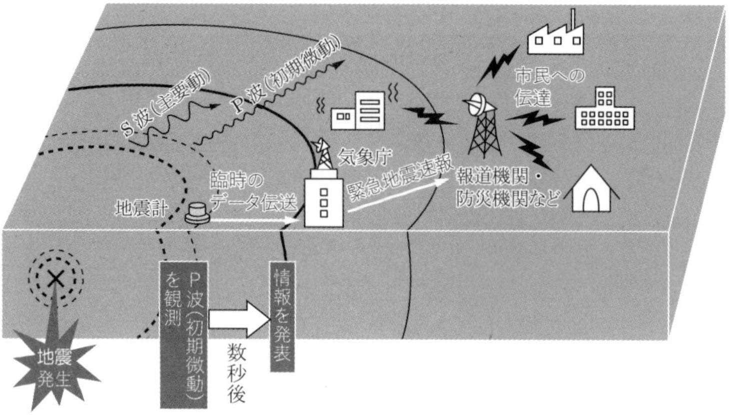

図 9.3　緊急地震速報の仕組み（明石市「事業者等の緊急地震速報の利活用の手引き」を加工）

しかし，先行するＰ波を観測して警報を出すため，精度を上げることが難しく，場所によってはきわめてわずかな時間差しかないため，予報としての限界もあります．また，このシステムの特性から，たとえば，揺れが小さいが震源が地震計に近い場合や，地震動以外のノイズにも反応することもあるので，予報が外れることもあります．ちなみに，緊急地震速報の的中率は，2016 年度で 77 %，2017 年度では 94 %と，年々向上しています．ほとんどの地震による大きな揺れは，速報後 1 分以内に襲ってくるので，速報が出たら少なくとも **1 分間は自分の安全を確保する**ように行動しましょう．

ときには，計器の誤作動などによる誤報もありますが，このような場合でも抜かりなく，（ i ）ドアを開けて逃げ道を確保する，（ ii ）身の安全を守る体勢をとる，などの行動を速やかにとりましょう．誤報に油断することなく，抜き打ちの地震訓練ができたとして，常に前向きにとらえましょう．また，このような場合に，ほかの人がとった避難行動が過剰なものと見えたとしても，これを嘲笑するなどは絶対に止めましょう．

○ テレビ・ラジオによる緊急地震速報

最大震度が 5 弱以上と推定された場合，チャイム音とともに，**地震が起こった場所と震度 4 以上が予想される地域**を放送します．ただし，つぎの点に注意が必要です．

- 到達時間や震度は放送されない．
- 地震波を 2 点以上の観測点で観測してから発表されるので，地震によっては発表までに時間を要し，揺れの後に速報が出る場合がある．

○ 防災行政無線などでの緊急地震速報

当該地域で最大震度が 5 弱以上と予想される場合に，屋外スピーカーや学校などの館内放送により，報知音（チャリン・チャリン）＋音声（地震です）と速報が流れます．ただし，つぎの点に注意が必要です．

- 到達時間や震度は放送されない．
- 地震波を１点で観測して発表するので，まれに誤報がある．
- 「S 波までの猶予時間」が防災行政無線の自動起動に要する時間（7 秒）以下の場合，放送されない．

[震度速報]

震度速報は，緊急地震速報に引き続き，**震度３以上の揺れ**を地震計が感知した場合，その地域名と震度，発現時刻が 1 分 30 秒以内に発表されます．その内容は，津波情報とともに，

- 震源に関する情報
- 震源，震度に関する情報
- 各地の震度に関する情報
- その他の情報

などです．これらは，テレビなどのマスコミを通じても報道されます．また，その後刻々と入ってくる震度情報も，ほとんどリアルタイムで更新されます．

震度の正式な確定は，これらの震度計の自動計算による「**計測震度**」で決定されます．また気象庁は，震度観測網（図 9.4）の整備を進めています．気象庁の約 670 点の震度計のほかに，**防災科学技術研究所**や地方自治体の計測データなどの全国約 3,700 点以上の震度計がネットワークで結ばれ，確度の高い警報発令に活用されています．

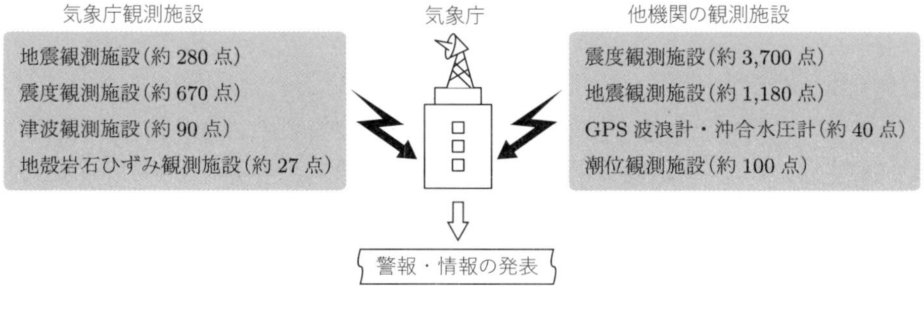

図 9.4　震度観測網と運用システム

④ 津波警報

震度 3 以上で発表される「震度速報」に合わせ，津波による災害のおそれがあると予想される場合，気象庁は「津波警報」「津波注意報」を発表します．

津波警報は，地震が発生してから 3 分以内（最速 2 分以内）を目標に発表されます．最初の段階では，「巨大」とか「高い」とかの表現で，数値については発表されません．その後，数値での発表が行われます．そのときは表 9.6 のように，**「1 m」「3 m」「5 m」「10 m」「10 m 超」の 5 段階**で表現されます．

表 9.6　津波警報ととるべき行動（気象庁リーフレット「津波警報が変わりました」より抜粋）

	予想される津波の高さ		とるべき行動	想定される被害
	数値での発表（発表基準）	巨大地震の場合の表現		
大津波警報	10 m 超（10 m < 高さ）	巨大	沿岸部や川沿いにいる人は，ただちに高台や避難ビルなど安全な場所へ避難する．津波は繰り返し襲ってくるので，津波警報が解除されるまで安全な場所から離れない．	木造家屋が全壊・消失し，人は津波による流れに巻き込まれる．
	10 m（5 m < 高さ ≦ 10 m）			
	5 m（3 m < 高さ ≦ 5 m）			
津波警報	3 m（1 m < 高さ ≦ 3 m）	高い		標高の低いところでは津波が襲い，浸水被害が発生する．人は津波による流れに巻き込まれる．
津波注意報	1 m（20 cm < 高さ ≦ 1 m）	（表記しない）	海の中にいる人は，ただちに上がって，海岸から離れる．津波注意報が解除されるまで海に入ったり海岸に近づかない．	海の中では人は速い流れに巻き込まれる．養殖いかだが流失し，小型船舶が転覆する．

地震と異なり，津波は揺れを感じてから到達までにしばらく時間があるので，警報が効果的です．津波警報が出た場合，とにかく率先して，より高い場所をめざして避難することが重要です．

また，高い確率で発生すると予想されている南海トラフ地震に対して，海底で地震・津波を早期に検知する DONET（地震・津波観測監視システム）（海洋研究開発機構）が構築され，運用されています（図 9.5）[1]．この DONET は東南海地震の震源域に敷設した海底ケーブルネットワーク型地震・津波監視システムであり，トラフ型地震発生時に，陸上より最大 10 数秒早く検知可能で，気象庁の緊急地震速報に用いられています．同時に，水圧計による津波の予測も期待されています．

また，防災科学技術研究所により，北海道沖の千島海溝，東北から千葉沖にかけての

1）DONET は，DONET2 の完成をもって 2016 年 4 月に国立研究開発法人防災科学技術研究所へ移管し，現在運用されている．

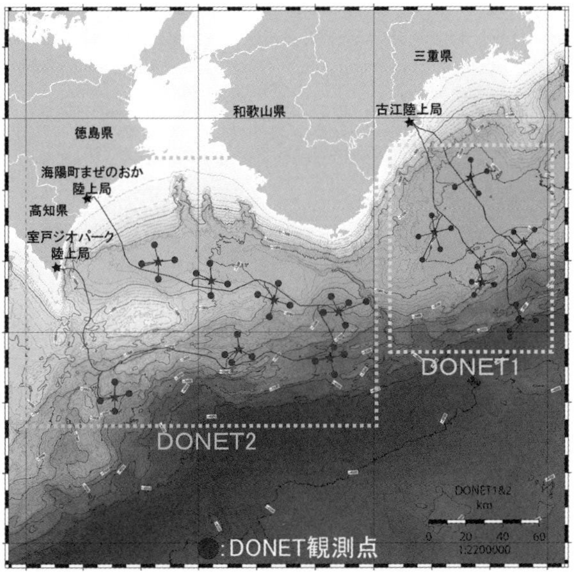

図 9.5　DONET システムと観測網（提供 海洋研究開発機構）

日本海溝においても，**S-net**（日本海溝海底地震津波観測網）が整備され，2020 年 3 月より完全運用されています．

⑤ 噴火警報

噴火警報は，表 9.7 のように 5 段階が設定されており，居住地域に重大な被害が予想されるレベル 4，5 が噴火の特別警報となります．

現在，日本の領土内には **111 の活火山**があり，そのうち，**50 山が常時観測火山**として気象庁により監視されています（図 9.6）．

火山付近に出向くときは，気象庁の情報を事前に確認し，滞在中も注意を払っておくことが重要です．

（2）全国瞬時警報システム（J-ALERT/J-アラート）・・・

J-ALERT は，緊急地震速報，津波情報，弾道ミサイル情報など，対処に時間的余裕のない事態に関する情報を，人工衛星を用いて国から消防庁を経由して送信し，市区町村の同報系防災行政無線などを自動起動させ，テレビやラジオなどとも連携し，国から住民に瞬時に伝達するシステムです（図 9.7）．全国の市区町村で整備が進んでおり，2014 年 3 月にてすべての地方公共団体にて整備が完了し，運用が開始されています．

表 9.7　噴火警報ととるべき行動（気象庁ホームページ「噴火警戒レベルの説明」より抜粋）

種別	名称	対象範囲	レベルとキーワード	説明		
				火山活動の状況	住民などの行動	登山者・入山者への対応
特別警報	噴火警報（居住地域）または噴火警報	居住地域およびそれより火口側	レベル 5 避難	居住地域に重大な被害を及ぼす噴火が発生，あるいは切迫している状態にある．	危険な居住地域からの避難などが必要（状況に応じて対象地域や方法などを判断）．	
			レベル 4 避難準備	居住地域に重大な被害を及ぼす噴火が発生すると予想される（可能性が高まってきている）．	警戒が必要な居住地域での避難の準備，災害時要援護者の避難などが必要（状況に応じて対象地域を判断）．	
警報	噴火警報（火口周辺）または火口周辺警報	火口から居住地域近くまで	レベル 3 入山規制	居住地域の近くまで重大な影響を及ぼす（この範囲に入った場合には生命に危険が及ぶ）噴火が発生，あるいは発生すると予想される．	通常の生活（今後の火山活動の推移に注意．入山規制）．状況に応じて災害時要援護者の避難準備など．	登山禁止・入山規制など，危険な地域への立入規制など（状況に応じて規制範囲を判断）．
		火口周辺	レベル 2 火口周辺規制	火口周辺に影響を及ぼす（この範囲に入った場合には生命に危険が及ぶ）噴火が発生，あるいは発生すると予想される．	通常の生活．	火口周辺への立入規制など（状況に応じて火口周辺の規制範囲を判断）．
予報	噴火予報	火口内など	レベル 1 活火山であることに留意[1]	火山活動は静穏． 火山活動の状況によって，火口内で火山灰の噴出などが見られる（この範囲に入った場合には生命に危険が及ぶ）．		特になし（状況に応じて火口内への立入規制など）．

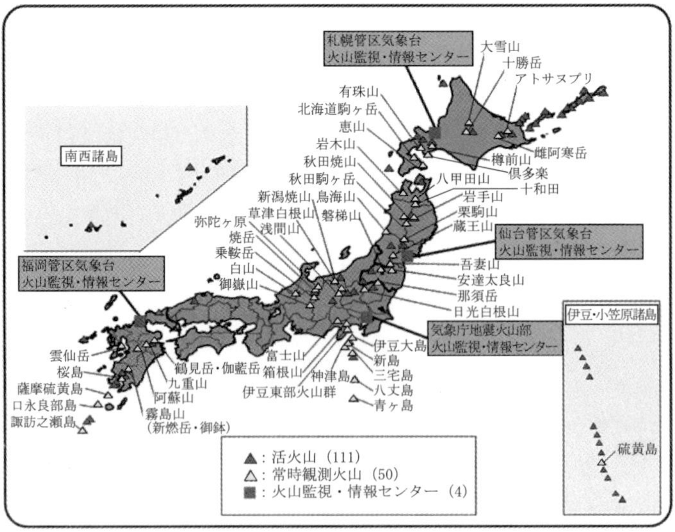

図 9.6　日本の活火山の位置図（気象庁ホームページ「火山の監視」）

1）平成 26 年の御嶽山の噴火以前は「平常」との表現でした．

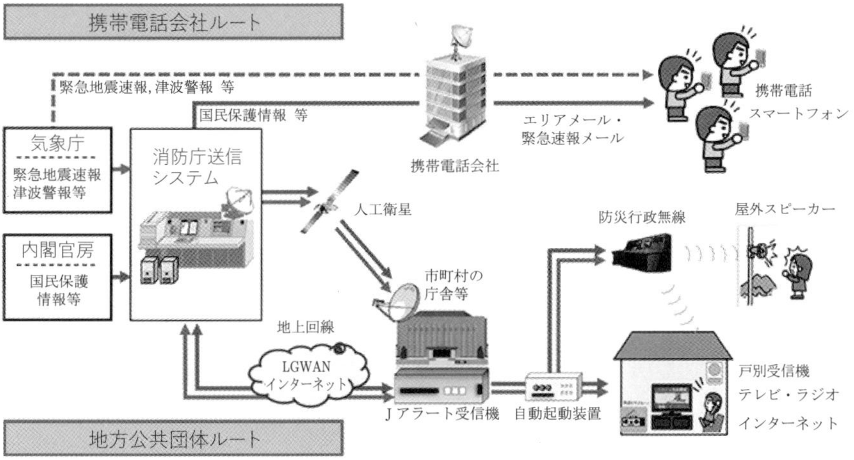

図 9.7　J-ALERT システムの概要と警報の種類（消防庁ホームページ「J-アラートの概要」）

東日本大震災時に，岩手県洋野町，宮城県東松島市などにおいて，J-ALERT により大津波警報の第 1 報が発令され，住民の避難を図るうえで非常に有効であったとの報告がなされています．一方で，地震により受信装置などの破損や電源喪失により発令できなかった事例もあり，耐震化や警報発令の多重化，多様化を強化する必要があることが判明し，改善が進められています．

（3）避難準備，避難指示と警戒レベル・・・

① 行政の発する避難に関する情報

その地域で大きな災害が発生するおそれがある場合，気象庁などから発せられる防災気象情報をもとに，当該市町村長から「高齢者等避難」「避難指示」「緊急安全確保」が発令されますが，とくにここ近年災害の頻度と規模が大きくなっている大雨・洪水・土砂災害や高潮については，同時に 5 段階の警戒レベルが発令されます（表 9.8 参照）．

なお，「避難指示」も警戒レベルも，すべて強制力や拘束力があるものではなく住民の自主判断で避難を促すもので，強制執行までは行われません．

警戒レベル 1，警戒レベル 2（気象庁が発表）：ほかの地域の気象状況に留意し，自らの居住エリアにどのように波及するかを予想しながら，被害回避のための心構えをする．

警戒レベル 3：市町村から「高齢者等避難」とほぼ同時に発令される．高齢者など避難に時間行動に制約のある人はただちに避難を開始する．一般の人は，今後発令され

表 9.8　市町村が発令する避難情報と警戒レベル（気象庁ホームページ）

警戒レベル （警戒色）	とるべき行動	市町村の発令	気象庁が発表する気象情報
5 （黒）	命の危険が迫っているので，ただちに安全を確保する行動をとる	緊急安全確保	大雨特別警報 氾濫発生情報
4 （紫）	危険な場所から全員避難	避難指示	土砂災害警戒情報 氾濫危険情報 高潮特別警報 高潮警報
3 （赤）	危険な場所から高齢者等は避難	高齢者等避難	大雨警報 洪水警報 氾濫警戒情報
2 （黄）	避難行動の確認		〈警戒レベル 2 の発表〉 氾濫注意情報 大雨注意報 洪水注意報 高潮注意報
1 （白）	災害への心構えを高める		〈警戒レベル 1 の発表〉 早期注意情報 （警報級の可能性）

る避難勧告等を予想し，避難準備をする．なお，避難行動が夜間になりそうな場合は，早めに避難をする．

警戒レベル 4：市町村から「避難指示」とほぼ同時に発令される．ハザードマップにて危険性の高い地域の人は，家族全員でただちに避難を開始する．この段階で全員避難を完了しておくべきである．なお，避難を開始するにあたり，「キキクル」[1] や「川の防災情報」[2] などで，現在の周辺の状況を把握しておく．

警戒レベル 5：市町村から「緊急安全確保」とほぼ同時に発令されるが，重大な災害が身のまわりに発生する危険性がきわめて高いか，もしくはすでに発生している可能性が高いので，その場所・その状況で直ちに自分と家族の命を守る最善の行動をとる．時と場合によっては，屋内の高いところへ垂直避難をするなども選択する．それらの判断をするうえで，「キキクル」や「川の防災情報」などで適宜最新情報を入手する．

1) 気象庁で提供されているキキクル（大雨・洪水警報の危険度分布）は，いままさに発生しつつある大雨による浸水や土砂災害の危険が，どこにどのレベルで迫っているかを地図上でリアルタイムに確認することができる優れた情報です．（https://www.jma.go.jp/bosai/#area_type=japan&area_code=010000&pattern=rain_level）

2) 国土交通省 川の防災情報（https://www.river.go.jp/index）

② 避難情報のタイミング

2009年8月の兵庫県佐用町の豪雨災害では，死者・行方不明者26名の犠牲者がでました．このとき，佐用町が避難準備情報を出したのは19時45分，避難勧告は21時10分（20世帯対象）および，21時20分（全世帯対象）と，夜間でした．しかも，降雨のピークは21時頃でした．その結果，もっとも雨が強く降っている夜間に避難を促すことになり，避難途中で13名が亡くなるという悲惨なことが起こりました．

これを受けて，夜間の場合や外に避難をすることが危険な場合，自宅の高いところへの避難（垂直避難）も考慮されるようになりました．しかし，いろいろな事態を想定し，日頃から自分の住んでいる場所がどのような災害に弱いのか[1]，どこに避難すべきかなどを知り，事前準備をしておくこと，また，災害のおそれがある場合は，少しでも早く情報を入手して，安全な場所に早期避難するという心構えをもつことが命を守るために重要です．

（4）緊急速報の受信・・・

災害発生時において，いかに早く，正確な情報を入手できるかが自分の安全・命を守るために最優先されます．最近では，携帯電話やスマートフォンなど，非常に便利なネットワークやツールが発達しています．ここでは，それらのツールを紹介します．いずれも各自のモバイル端末で受信できるように設定しておく必要があります．

① 携帯電話会社が提供する緊急速報[2]

緊急速報の即時性を考えた場合，個人が常に持ち歩いている携帯電話やスマートフォンがとても便利です．各携帯電話会社ごとに，あらかじめ受信設定をしておく必要があります．

受信できる警報内容はJ-ALERT（前出）が発するものと同じ警報，すなわち「緊急地震速報」「津波警報」「災害・避難情報」（大雨・暴風警報，噴火警報，弾道ミサイル攻撃，テロ情報など）で，それらを即時に無料で受信できますので，自分の身を守るためにも，設定することをお勧めします．なお，緊急速報は被災のおそれがあるエリアに配信されるので，居住地以外に旅行中でもそのエリアの警報が受信できます．

1）洪水・土砂災害，津波に関する身のまわりのリスク情報や防災情報を調べるには，国土交通省の「ハザードマップポータルサイト」（https://disaportal.gsi.go.jp/）が非常に便利です．

2）下記3社以外の携帯電話会社にも，それぞれ同様な防災メールがあります．

- NTTドコモ：緊急速報「エリアメール」https://www.nttdocomo.co.jp/service/areamail/
- SoftBank：緊急速報メール https://www.softbank.jp/mobile/service/urgent_news/
- au：緊急速報メール https://www.au.com/mobile/anti-disaster/kinkyu-sokuho/

② 都道府県の防災ネット[1]

多くの都道府県や主要な市では，携帯電話で緊急速報を受信できるシステムを提供しています．上記①の携帯電話会社の警報内容とほぼ同じですが，風水害時の避難勧告や避難指示など，地域により密着した災害情報が配信されますので，携帯電話会社提供の緊急速報メールと併用すれば，より有効です．

③ Yahoo! 防災速報[2]

ヤフーが提供しているシステムであり，各自治体などとの防災協定に基づき防災情報が配信されます．スマートフォンでの利用がもっとも便利で，無料アプリをダウンロードして設定することにより使用できます．設定した全国3地点（たとえば，自宅，実家，学校）とGPSによる現在地の情報が，プッシュ通知で瞬時に配信されます．内容は，上記のものと同様，J-ALERTと同じ警報や地域の避難情報のほかに，熱中症警報などや夏期には電気予報が見られ，特色のある防災速報システムです．

（5）リアルタイム情報の入手・・・

気象庁や行政の情報は重要な情報ですが，それだけでは不十分な場合があります．そのため，災害においては，その状況を自分の目で確かめようとして危険な現場におもむき，命を落とす人が必ずいます．しかし，災害がまさにやってきている現場の状況はきわめて過酷です．その真っただ中にいる場合は，現場におもむくのではなく，安全な場所に避難することが最優先です．どうしても状況を知らなければならない立場である場合，最近では現場を遠隔で見ることができるモニタリングカメラや，リモートセンシング（遠隔計測），レーダー観測などのさまざまな方法が可能ですので，これらを最大限活用しましょう．また，インターネットサイトなどどこでどのような情報が得られるか，事前に調べておくことも重要です．

① 河川モニタリングカメラ

河川の状況をリアルタイムに知る方法として，前出の「川の防災情報」というサイトがあります．そこでは，全国の登録されている河川に設置されている監視カメラの静止画像をパソコンで見ることができます．また，神戸市には独自の「神戸市河川モニタリングカメラシステム」[3]があり，登録地点の河川状況をライブ動画で同様にパソコンで見ることができます．

1）全国の安全・安心メール https://anzen.jp47.net/
（一例） ひょうご防災ネット http://bosai.net/regist/
2）Yahoo! 防災速報 https://emg.yahoo.co.jp/
3）http://www.kobe-city-office.jp/

② レーダーによる豪雨情報

5.3 節(4)で述べたように，気象レーダーや最新技術の X バンド MP レーダー（XRAIN）を使うと，豪雨状況をリアルタイムでパソコンやスマートフォンからビジュアルに見ることができます．パソコンからは，たとえば，気象庁の「今後の雨（降水短時間予報）」[1] や後出の「ナウキャスト（雨雲の動き）」，国土交通省の「川の防災情報」にある「レーダー雨量（XRAN）」で見ることができます．スマートフォンアプリであれば，「気象庁レーダーJMA」や「アメデス」「NHK ニュース・防災」「Yahoo！天気」など見ることができるので，使いやすいアプリを選定すればよいでしょう．

③ 気象庁のレーダー・ナウキャスト[2]

気象庁は，レーダー・降水ナウキャスト，雷ナウキャスト，および竜巻発生確度ナウキャストの提供を開始しています．ナウキャストは，気象レーダーなどを利用して最新の観測データを処理し，数時間先までのきめの細かい予報を発表するものです．このうち，雷と竜巻について紹介します．

[雷ナウキャスト]

雷ナウキャストでは，雷の活動度を表 9.9 のように 4 段階に分類しています．

活動度 2 以上のときは，屋外にいると落雷の危険がありますので，建物や車の中などの安全な場所に避難しましょう．また，近くに安全な場所がない場合は，活動度 1 が現れた時点で，余裕をもって安全な場所に移動しましょう．

表 9.9　雷ナウキャストと竜巻発生確度ナウキャスト

雷ナウキャスト	活動度 4　激しい雷	落雷が多数発生．
	活動度 3　やや激しい雷	落雷がある．
	活動度 2　雷あり	電光が見えたり雷鳴が聞こえる．落雷の可能性が高くなっている．
	活動度 1　雷可能性あり	現在雷は発生していないが，今後落雷の可能性がある．
竜巻発生確度ナウキャスト	発生確度 2	予測の的中率は 5 ～ 10 %程度，捕捉率は 20 ～ 30 %程度．発生確度 2 となっている地方（県など）には竜巻注意情報が発表される．
	発生確度 1	予測の的中率は 1 ～ 5 %程度と発生確度 2 の地域よりは低いが，捕捉率は 60 ～ 70 %程度と見逃しが少ないという特徴がある．

1）https://www.jma.go.jp/bosai/kaikotan/
2）https://www.jma.go.jp/jp/nowc/

[竜巻発生確度ナウキャスト]

竜巻発生確度ナウキャストは，表 9.9 のように 2 段階で発表されます．

竜巻注意情報や竜巻発生確度ナウキャストは，竜巻などの激しい突風から身の安全を確保するための情報です．この情報が発表されているときに，空が急に暗くなるなど積乱雲の近づく兆候を確認したら，頑丈な建物などの安全な場所に避難しましょう．

（6）感染症の情報・・・

感染症には多種多様なものがありますが，近年世界中で問題になった「エボラ出血熱」や，2014 年 8 月に東京の代々木公園を中心として騒動があった「デング熱」など，これまで思ってもみなかった感染症が身近で発現するようになってきています．日本国内における発症状況や感染対応などは，国立感染症研究所感染症疫学センターのホームページ[1] に掲載されていますので，必要に応じて確認しましょう．

パンデミック（感染症の世界的大流行，または感染爆発）として，2019 年末，中国武漢に端を発した新型コロナウィルス（COVID-19）は，3 か月を経たずして瞬く間に世界中に蔓延し，2021 年 6 月末の段階で，感染者数 1 億 8 千万人以上，死者数 400 万人以上に達しました．また，感染防止対策としての人的交流の抑制の結果，世界経済に深刻な打撃を与えています．

日本においては，東京オリンピックを目前に控えた 2021 年 7 月 12 日に，内閣総理大臣により東京都に対して 4 度目となる「**緊急事態宣言**」[2] が発出されました．種々議論があるものの，ワクチン接種の普及と相まって，感染の拡大鎮静化を図ることができるものと期待されています．

（7）戦争・紛争・テロなどの情報・・・

海外に旅行や出張をする場合，出向き先における危険情報を確認しておくことは重要です．日本では，外務省が「**外務省 海外安全ホームページ**」[3] を公開していますので，途中の経路も含めて，事前に確認しておくことが必要です．ただし，状況の変化は速いので，海外旅行中は，常にアンテナをめぐらし，不穏な状況を感じた場合は，早急に回避行動を取りましょう．

1）http://www.niid.go.jp/niid/ja/from-idsc.html

2）緊急事態宣言（国内正式名）: 別名，非常事態宣言ともよばれるもので，自然災害，パンデミック，原子力事故，テロ，戦争などの，きわめて重大な危機が迫っていると判断された場合に，日本では国家レベルでは内閣総理大臣，地方レベルで当該自治体首長が発令するものです．これは本来，国民の人権や自由権を制限する必要性があるものですが，日本では法制により「要請」として，国民の自主性に依存しているのが現状です．

3）https://www.anzen.mofa.go.jp/

出張や旅行などで海外に渡航するにあたり，外務省が提供する登録サービスとして「たびレジ」[1]があります．海外渡航場所，期間などを登録しておけば，旅行先の安全情報をリアルタイムに入手することができ，万が一，海外で事故や事件に巻き込まれたとき，当該在外公館からの支援が受けやすくなります．

以上のように，災害に関する情報はさまざまな形で提供されています．このような情報をしっかりと把握し，有効に活用していくことが，防災能力を高めるうえで非常に有効です．

9.3 安否情報，生活支援情報：災害が起こってからの情報の入手

第2章の表2.1に示したように，大きな災害が起こると，被災地の人々はまず，まったく自分の状態がわからない「失見当期」の状況に陥ります．その後，さまざまな情報手段を通じて，自分や親戚，知人の置かれている状況を把握できるようになります．

(1) 災害時の情報入手手段と有効性・・・

被災時に，まず最初にもっともほしい情報は，災害そのものの情報（中心地はどこか，影響はどの範囲かなど），交通やライフラインの状況，身内や親しい人の安否情報，水や食料を入手できる場所，安全な避難場所などです．岩手県と宮城県で行った調査[2]では，災害発生後の数時間以内で利用できた情報機器は，ラジオ（65%），携帯電話（47%），テレビ（31%），固定電話（10%），スマートフォン（9%），パソコン（6%）となっており，ラジオが圧倒的に多いことが報告されています．

ラジオが多いのは非常に理解しやすいのですが，意外なのは携帯電話とスマートフォンで，合わせると56%という高い数字となっています．ただし，地震や津波で中継アンテナが損傷しまったような地域では電波が届かず，「圏外」となって使えなかったところも多かったようです．

また，この調査で新たに指摘されているのは，携帯電話やスマートフォンのメール機能や，Twitter，Facebookなどのソーシャルネットワーキングサービス（SNS）が非常に役立ったという報告が多かったことです．これらは，パケット通信方式が用いられているので回線の利用効率がよく，少々通信が輻輳しても（混み合っても）使えるシステムであるといわれています．

固定電話や携帯電話の各社は，災害時に「伝言ダイヤル」というシステムを立ち上

1）https://www.ezairyu.mofa.go.jp/tabireg/index.html
2）「3.11 被災地の証言」情報支援プロボノ・プラットフォーム編著，インプレスジャパン．

げていますので，家族・知人の安否確認などは，被災地の通信輻輳を緩和するためにも，これらのシステムを利用しましょう．次項では，携帯電話などでの「災害用伝言ダイヤル（171）」と「災害用伝言板（web171）」の概要を説明します．

また，衛星電話は通信衛星を介して通信する方式で，広域な災害に強いシステムのため，孤立の可能性のある地方自治体や団体で導入が進められています．東日本大震災の例でも，宮城県女川町の離島，出島《いずしま》が津波に襲われて約 350 人が孤立しましたが，島にある数台の衛星電話のうち，被害を受けなかった 1 台により海上保安庁に救出要請を送ることができ，無事救出されました．

無線系の通信としては，消防団がもっていたトランシーバーが非常に役に立ったという事例も報告されています．

また，アマチュア無線が，孤立した集落の救出につながった事例も東日本大震災でいくつか報告されています．そのため，災害時に山間地での孤立集落への対策として，アマチュア無線を活用しようという提案をして活動している団体もあります．電波の届きにくい地域では，無線機とパソコンを組み合わせた簡易な中継局で通信できる方法も提案されています（図 9.8）．

図 9.8　簡易な中継局の例
（徳島大学地域防災無線研究会）

（2）避難先情報の発信の限界と新しいシステムの登場・・・

上記のようにさまざまな情報手段が登場していますが，現実には，たとえば自分がいる避難所の情報をほかの人に知らせたくても，通信の輻輳や制限により電話やメールが繋がらないことが多くあります．しかし，最近では ICT（情報通信技術）の普及に伴い，つぎのようないろいろな安否確認システムが用意されるようになってきています．災害発生時には，通信の混乱を避けるためにも，下記のようなシステムを利用することをお勧めします．

①「災害用伝言ダイヤル(171)」と「災害用伝言板(web171)」（図 9.9）

災害時には，電話機能を用いた「災害用伝言ダイヤル（171）」と，それをウェブ化した「災害用伝言板（web171）」が NTT により提供されます．それほど難しい操作ではありませんので，家族全員が使い方に慣れておきましょう．ただし，これらは

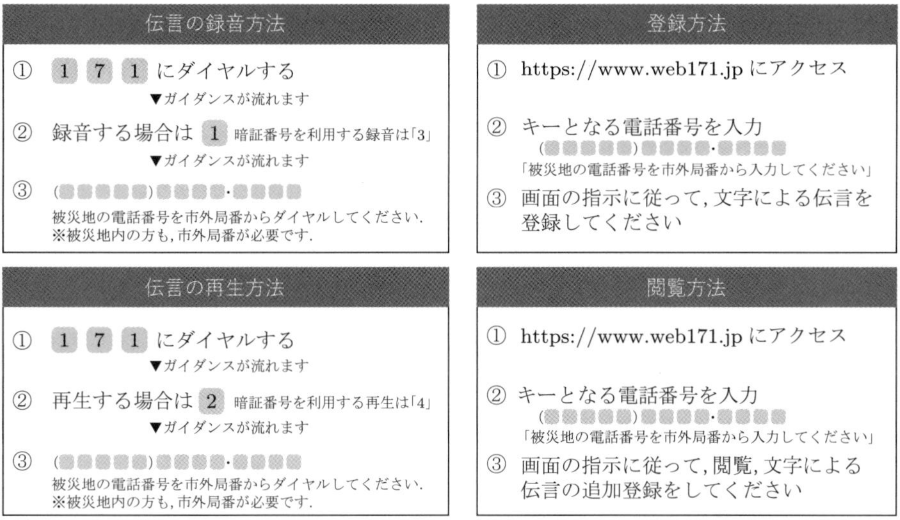

(a) 災害用伝言ダイヤル(171)　　(b) 災害用伝言板(web171)

図 9.9　災害用伝言ダイヤル(171)と災害用伝言板（web171）

災害が発生したときにしかシステムが立ち上がらないので，体験利用期間[1]を利用して家族などで体験しておくと，いざというときに迷わず使うことができます．

② パーソンファインダー[2]

Google では，「パーソンファインダー」というパソコンで検索しやすい安否確認システムを提供しており，多国籍言語による安否確認が可能です．24 時間で記録が消去される体験版のサービスもあります．

③ J-anpi[3]

NTT と NHK などが協力して，「J-anpi」というシステムを提供しており，提携する自治体・団体・企業が広がっています．このサイトでは，携帯会社の災害伝言板や Google のパーソンファインダーなどとも連携をしており，相互に検索することができます．

④ ファミリーリンク・ネットワーク[4]

赤十字は，「ファミリーリンク・ネットワーク」という多国籍言語による国際安否

1) 毎月 1，15 日，正月 3 が日，防災週間：8/30 ～ 9/5，防災とボランティア週間：1/15 ～ 1/21.
2) https://www.google.org/personfinder/japan
3) https://anpi.jp/top
4) https://familylinks.icrc.org/en/Pages/home.aspx

確認システムを提供しています.海外在住者や外国人の安否確認などに利用できます.

これらの安否確認システムで重要なことは，事前に家族間で試用して，災害時に活用できるようにしておくことです．また，電源がなくなればパソコンやスマートフォンは使えなくなりますし，停電で電話回線が遮断されることもあり得ます．したがって，電源の確保や，モバイルを含めた複数の通信手段を確保しておくことが必要です．

また，これらの安否確認システムは，いずれも緊急時や制約ある環境で使用するという条件を考えた場合，まだまだ改良の余地があります．今後，実際の災害時に対して，より使いやすいものに進化していくことが期待されます．

（3）臨時災害放送局・・・

阪神・淡路大震災の後，被災地である神戸市長田区で，韓国・朝鮮人やベトナム人への被災生活支援情報を発信する臨時 FM 放送が市民主体で始まりました．その後，その放送局は，「FM わぃわぃ」[1] として，常設のコミュニティ FM 局になりました．このFM 放送が阪神・淡路大震災直後，在住外国人に対してローカルな災害情報提供に役に立った経験から，東日本大震災では，被災地の地域情報を発信する「臨時災害放送局」として，FM 局 29 局[2] が東北各地で立ち上がりました．

災害時は，このような地域のコミュニティラジオも臨時災害放送局に移行ができ，通常なら上限 20 W の出力を 100 ～ 150 W に増すことができるので，より広域に放送範囲を広げることができます．

（4）行政機関の災害データの入手と発信・・・

大災害が発生した場合，行政機関は，現状の把握，被害実態の把握，支援を必要とする人への対応をすぐさま行う必要がありますが，それを効率的，効果的に行うことはきわめて難しいのが現実です．行政が通常もっている情報提供手段は，広報紙や地域放送，CATV などがありますが，即時性のある情報手段は，防災同報通信システム（J-ALERT）くらいで，避難指示などの重要な災害情報を市民に素早く，的確に伝えることができる手段はいまだ不十分です．屋外スピーカーや戸別受信機の普及と並行して，たとえば兵庫県では，公共放送を担っている放送局と災害時の緊急情報伝達について協力を得る協定を結んでいます．

東日本大震災では，被害の大きさと被災地の広大さのために，それまでに整備され

1）https://tcc117.jp/fmyy/

2）サイマルラジオ https://www.jcbasimul.com/
これらのコミュニティFM 局は，放送圏内であれば，スマートフォンアプリをインストールすることにより聴くことができます．

てきた情報集約の手段がうまく機能しなかったといわれています．それは，データが膨大なこと，さまざまな関係機関ごとに仕様やフォーマットが異なること，地方の行政機関自身がリアルタイムで情報を発信する有効な手段をもっていなかったことなどが原因でした．

そのような課題への一つの解決策として，政府（総務省）や民間団体により，「Lアラート」という仕組みがつくられました．それは図 9.10 のようなもので，ICT を活用して災害時の避難勧告・指示などの地域の安心・安全に関するきめ細かな情報を，簡素化・一括化し，テレビ，ラジオなどのメディアやインターネットや携帯電話などを通じて，地域住民に迅速かつ効率的に提供することをめざしています．

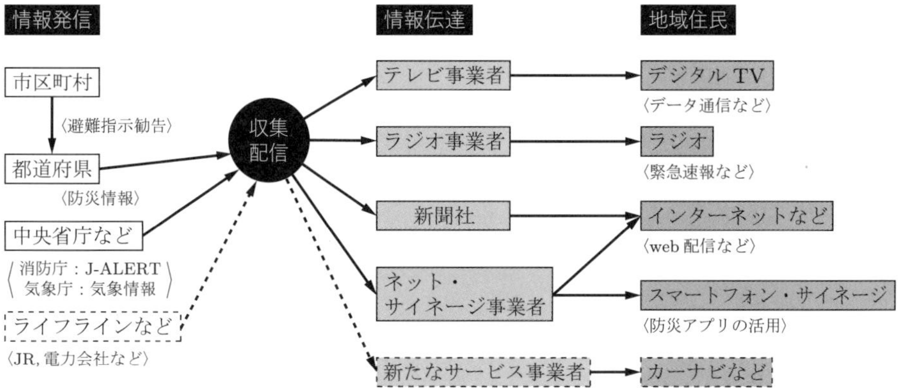

図 9.10 「L アラート」の概要（総務省「災害情報共有システム（L アラート）の概要」をもとに作成）

また，いまやインターネットは情報伝達において重要な役割を担っています．そのなかで，ヤフーや Google は災害時に情報伝達の協力を行う仕組みを導入しています．

ヤフーは，全国で 1,057（2020 年 6 月末）の県や市町と災害協定を結んでいます．ヤフーが災害協定で提供している主な内容は，下記のとおりです（図 9.11 参照）．

- 自治体からの緊急情報の配信：Yahoo! 防災速報アプリを利用し，避難所の開設情報など

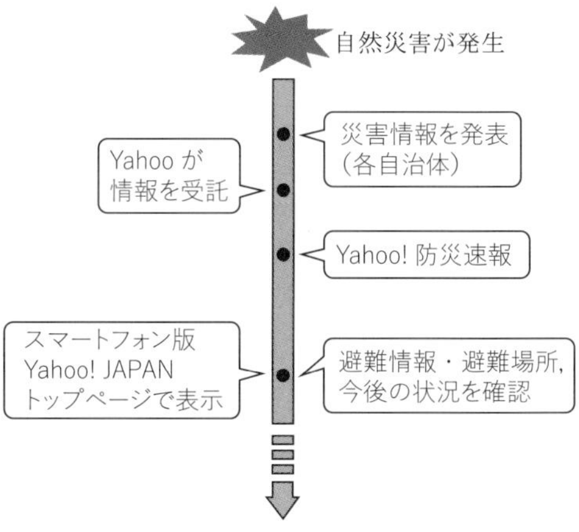

図 9.11 Yahoo！災害協定の流れ

の避難情報，災害時の注意喚起などの緊急情報を自治体から直接配信する．

- キャッシュサイトによる負荷軽減：自治体が運営するウェブサイトのキャッシュサイトを用意することで，ウェブサイトにアクセスが集中して閲覧しづらい状況になった場合に備える．
- 避難場所マップへの掲載：ヤフーのサービス上で避難場所情報を確認できるようになる．また，気象警報類と連携し，災害ごとの避難場所を一覧で表示できる．

同様に，Googleでは大規模な災害発生時にインターネットを通じた円滑な支援を行うことを目的とし，36の地方自治体と協定を締結しています（2015年2月末日時点）．この協定は，地震など大規模災害発生時に各自治体とGoogleが協力し，安否情報や避難所や避難ルート，ハザードマップなどを自治体が提供し，Googleが必要な情報をユーザー（住民）に提供するというものです．その主要なサービスとしては，つぎのものがあります．

- Googleパーソンファインダー（安否確認，9.3節（2））
- 避難所情報・避難ルートおよびハザードマップの地図サービス
- ガス・水道・道路など，各種ライフラインの状況についての地図サービスなど

このようなさまざまな仕組みが全国で整備されつつあり，大災害時に備えて使いこなせるようにしていくことが求められています．

9.4 流言と風評被害

（1）流言・・・

災害の前も後も，情報を正確に入手して自分の行動に役立てるということは，災害から生き抜くために非常に重要ですが，現実にはそれを妨げるさまざまな課題もあります．とくに，インターネットやスマートフォン，携帯電話などが普及した現在において，メールやFacebook，TwitterなどのSNSにより，誤った情報が増幅されるという現象が現れてきています．2016年4月，震度7を記録した熊本地震の直後，

> 「おいふざけんな，地震のせいでうちの近くの動物園からライオンが放たれたんだが　熊本」

という書き込みとともに，市街地を歩くライオンの写真がTwitterに投稿されました．このツイートは1万7千回以上もリツイートされ，熊本市立動物園には100件以上の問合せなどの電話が殺到しました．これにより，職員達が地震後の作業が多忙のなかで対応に忙殺されることになりました．ライオンが怖く家から避難できなかった人々が，余震による家屋倒壊の犠牲になることも考えられ，また，ただでさえ地震

で不安になっている住民をさらに怖がらせることになりました．この投稿者は神奈川県に住む 20 歳代の会社員で，偽計業務妨害罪で逮捕されましたが，警察において「悪ふざけでやってしまった」と供述しています．

このように誤った情報が出回るのは，根拠もなく誰かが“つぶやいた”ものが確信として伝わり，それが増幅するという構図です．そして，それに権威づけるような人からの伝聞というような情報が加えられると，拡散されやすくなります．その連鎖にかかわった場合，誤った情報を広めたのは自分自身ということになりかねません．

情報は，発信する側と受ける側との双方向性があります．そして，SNS ではとくに，まさに自分が受信者であり発信者であるという両方の役を演じることになりますので，自分自身が誤った情報の拡散者にならないようにする，というしっかりした自覚をもつ必要があります．それと同時に，つぎの点にも注意が必要です．

- 入手した不確かな情報は発信者に確認をとり，あいまいな情報は遮断する．
- 平時から公的機関からの信頼できる情報を入手する手段を確認しておき，災害時に利用する．
- 信頼できる情報や安心情報（開いている病院，スーパーマーケット，飲料水の補給，復旧作業状況など）が入手できた場合，独占をせずに近隣の人々に伝達するなど，共助の精神をもつ．

（2）風評被害・・・

災害にかかわる風評被害とは，大きな災害の後，根拠のないうわさや憶測により発生する経済的被害です．情報提供が不十分・不適切であった場合，人間の性質上，自分の身を守ろうとする際，余計に不安になって拒絶反応や慎重な行動をとるようになります．その結果，大衆による不買運動や過剰排斥が発生し，特定の地域や企業などに経済的損害を与えます．

近年の例では，東日本大震災時の東京電力(株)福島第一原発事故での放射能汚染による風評被害が多数発生しました．たとえば，象徴的なもので「京都五山送り火騒動」がありました．五山の送り火（図 9.12）は 300 年以上も続く京都の伝統的宗教行事ですが，夏の風物詩でもあり，

図 9.12　京都五山送り火（大文字（如意ヶ岳））[1)]
©佐野宇久井，CC BY-SA 3.0)

1）https://ja.wikipedia.org/wiki/五山送り火#/media/File:Gozanokuribi_Daimonji3.JPG

京都市民はもとより，全国の人々からも愛される年中行事として定着しています.

2011 年夏，東日本大震災で壊滅した岩手県陸前高田市の景勝地「高田松原」の松を薪にして，大震災で亡くなった犠牲者の鎮魂と追悼を両地で共有するため，大文字の送りとして燃やそうというのが当初の趣旨でした．しかし，このことが 6 月末に報道されるや否や，大文字保存会や京都市に対して，被災地の松を燃やすと「放射能が拡散するおそれがある」「琵琶湖の水が飲めなくなる」などといった不安の声と苦情が寄せられました.

そして，京都市が薪の放射能測定を行い「未検出」だったにもかかわらず，保存会内部では動揺が収まらず，ついに陸前高田の松は「使用中止」になりました．その後も二転三転しましたが，結局は使用されずに行事は終了となりました.

また，震災から 3 年経過した時点においても，表 9.10 に示すように，農産物に対する風評被害の影響が残っていました．加えて，原発関連倒産も続き，3 年間で 142 件，このうち風評被害が 122 件であることが報告されています（表 9.11).

表 9.10　福島県産青果物価格の値動き（東京都卸売市場 6 月上旬．福島民報，2014 年 3 月 4 日）

品目	平成 24 年			平成 23 年			平成 22 年		
	本県産	全国平均	全国比	本県産	全国平均	全国比	本県産	全国平均	全国比
キュウリ	147 円	154 円	95.5 %	406 円	348 円	116.7 %	318 円	270 円	117.8 %
サヤエンドウ	413 円	620 円	66.7 %	714 円	510 円	140.0 %	746 円	562 円	132.8 %
ブロッコリー	172 円	263 円	65.4 %	296 円	296 円	100.0 %	341 円	309 円	110.4 %
アスパラガス	786 円	1,005 円	78.2 %	991 円	1,093 円	89.8 %	945 円	956 円	98.9 %
トマト	304 円	320 円	95.0 %	303 円	296 円	102.4 %	263 円	350 円	75.2 %
イチゴ	612 円	788 円	77.7 %	781 円	737 円	106.0 %	913 円	779 円	117.2 %
サクランボ	2,040 円	2,854 円	71.5 %	2,768 円	3,518 円	78.7 %	5,076 円	3,402 円	149.2 %

表 9.11　福島原発事故による風評被害倒産件数（帝国データバンク，2014 年 3 月 4 日）

	東日本大震災関連倒産					
			原発関連倒産			
期間	件数	負債総額［百万円］	件数	構成比［%］	負債総額［百万円］	構成比［%］
2011 年 3 月 ～2012 年 2 月	650	897,111	47	7.2	489,191	54.5
2012 年 3 月 ～2013 年 2 月	489	418,331	57	11.7	63,077	15.1
2013 年 3 月 ～2014 年 2 月	346	147,299	38	11.0	9,549	6.5
累計	1,485	1,462,741	142	9.6	561,817	38.4

（a）倒産件数・負債総額推移

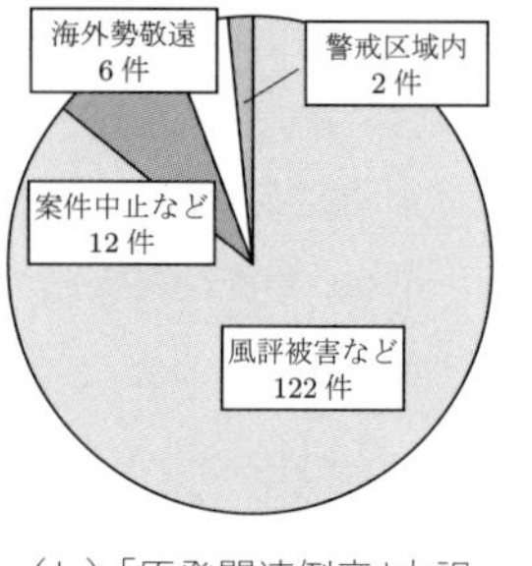

（b）「原発関連倒産」内訳

正しい情報によって判断し，自己防衛する場合は風評被害とはいえませんが，適切な安全規制があり，しっかりとした検査体制のもとで安全基準が守られている場合はむしろ積極的に被災地支援を行うことを期待します．

9.5 情報判断と危機回避能力

人間は，自分が置かれた状況を客観的に理解することが難しいということが，心理学で指摘されています．すなわち，自分が置かれている状況を安全だと思い込む「**正常化の偏見**」（normalcy bias）や，周りが動いていないから大丈夫だと考える「**多数派同調バイアス**」などがはたらくことが指摘されています．

実際，大槌湾での調査では，東日本大震災で亡くなった人は，海のそばよりも少し背後の，ハザードマップでは津波浸水区域外とされた地域のほうが多いことが報告されています（図 9.13）．

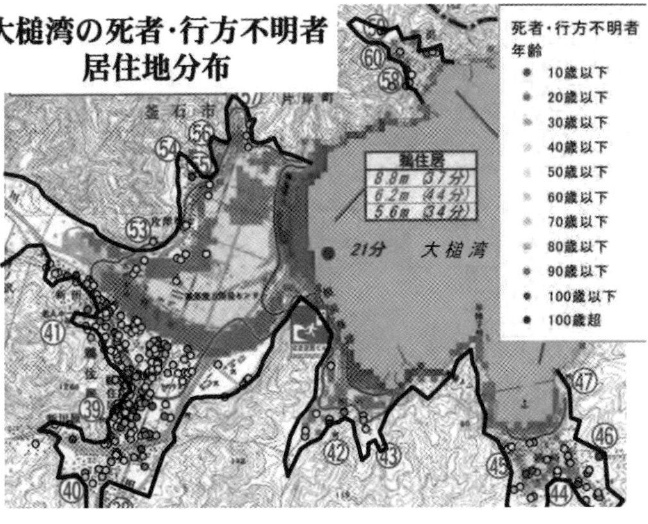

図 9.13　大槌湾の死者・行方不明者分布．着色部は，ハザードマップで津波がくるとされた地域．丸印は死者の居住地．（東京大学教授 片田敏孝氏 作成）

生き残るためにどのように情報を判断し選択していくかについて，備えと知識を増やしていくとともに，固定観念を捨てて直感力を養い，「生きる力」として個々人の情報処理能力と危機回避能力を高めていく必要があります．

Chapter 10 復興計画および復興まちづくり

この章では…

災害を受けた後，とりあえずの応急的な対応だけでは，被災した人の生活の再建にとっては十分ではありません．被災した人の生活を取り戻して新しく再建する過程が「復興」です．そのためにどのように計画が立てられ，実行されるのかを学びます．あわせて，まちの復興をどのように進めていくのかについても学びます．

10.1 災害からの復興とは

大きな災害を受けた人々は，自らの生活の再建，まちの再建，そして被害を受けた施設や仕組みを再建するために活動を開始します．

再建の仕方には，単に被災前の状態に戻すことをめざす場合と，そうではなく，被災前よりも災害に強い，よりよいものに再建しようとする場合があります．前者を「**復旧**」といい，後者を「**復興**」といいます．災害を受けたまちがめざすのは，たいていの場合，単にもとに戻すだけの「復旧」ではなく，新しい要素を付け加え，あるいは，災害に対する脆弱性を克服することをめざした「復興」です．なぜなら，単にもとに戻すだけでは，災害で同じ被害を繰り返してしまうので，被災地の人々とすれば，つぎの世代には，そのような悲惨な経験をさせたくないと強く願うからです．

従来は，国の法律では，もとに戻す「復旧」が基本とされていました．しかし，阪神・淡路大震災や，その他の大災害からの再建においても，基本的には「復興」が計画の目標となっています．阪神・淡路大震災後は，国が定める「**災害基本計画**」のなかに「復興」が位置づけられるようになりました．また，東日本大震災後の再建のために設置した国の新しい組織の名は「**復興庁**」です．そして，2013 年 6 月 21 日には「**大規模災害からの復興に関する法律**」が公布され，復興計画や復興の進め方の基本的な方針などが国の法律として示されました．復興計画の嚆矢《こうし》といわれる関東大震災から 90 年が経過し，「復興」はやっと国に認知されるようになったといえるでしょう．

10.2 日本における災害からの復興の歴史

（1）関東大震災からの復興・・・

1923 年 9 月 1 日に起こった関東大震災は，首都東京をはじめ，湘南から東京湾周辺にかけて，非常に大きな被害を及ぼしました．その大災害からの東京の復興にあたって，ときの政府は帝都復興院を設置（9 月 27 日）し，東京を災害に強い，公共空間を多くもつ，安全で快適な新しいまちに大改造することをめざしました．関東大震災の復興の目標は，「まちの構造の大改造」であったといえるでしょう．結果的には，当初もくろんだ予算がかなり縮小されましたが，それでも，3000 ha を超える大規模な区画整理，基盤となる環状道路や幹線道路，公園など，そのときに行った復興施策は，東京の百年後を支える重要な都市基盤となりました．

（2）太平洋戦争の空襲からの復興・・・

1945 年，太平洋戦争に敗北し，空襲を受けた日本の多くの都市は，戦災から再建しなければなりませんでした．東京，大阪，神戸，名古屋，福岡，仙台，広島など全国の主要な都市部は，空襲で焼け野が原となりました．多くの都市では「**戦災復興**」に取り組みました．そのときの基本とされたのは，関東大震災の復興でした．すなわち，道路や公園整備などの都市基盤の整備を中心とする「まちの構造の改造」が目標となりました．

（3）その後のいくつかの大災害後の復興・・・

その後も日本では，大きな災害がいくつも起こりました．しかし，すべてが「復興」を目標としたわけでもありません．単に壊れた施設をもとに戻すだけの「復旧」も多くありましたが，多くの大きな災害では復興計画がつくられ，復興が行われました．

1959 年の伊勢湾台風では，死者・行方不明者は 5,000 人を数え，名古屋の低地部は甚大な被害を受けました．この災害をきっかけに，「災害対策基本法」が制定されました．そのときの目標は，主に堤防や道路など都市基盤の復旧と強化でした．

その後，1964 年には新潟地震が起こりました．その際にも復興計画がつくられましたが，そのときの主目標も都市基盤中心でした．1976 年には，山形県酒田市で非常に大きな火災が発生しました．その災害から再建するために復興の計画がつくられましたが，その目標は，まちの構造を災害に強いものに改造する，すなわち区画整理事業による道路や公園の整備，不燃化の促進などが中心でした．

このように，1980 年くらいまでの災害からの再建は，「復興」をめざしてはいましたが，その目標は主に都市基盤中心の「復興」でした．

(4) 阪神・淡路大震災以降の復興・・・

1995年の阪神・淡路大震災以降は，これまでの都市基盤中心の復興だけではなく，**「市民生活の再建」**ということが目標になりました．実は，阪神・淡路大震災の復興とほぼ同時期に進められた雲仙普賢岳の噴火災害（1990～1995年）後の復興でも，この言葉が同様に目標に掲げられました．この頃から，それまでの都市基盤中心の視点から，市民生活の回復にまで目標が定められてくるようになったという，歴史的な流れがあります．

その後，2004年の新潟県中越地震や2007年の能登半島地震などでもその方向性は引き継がれ，東日本大震災でも，「市民生活の再建」ということが重要な目標になりました．

10.3 大災害からの復興の構造を考える

以上で概観したように，大災害からの復興は，インフラの再建やまちの構造の変革というテーマから，より直接的な「市民生活の再建」というテーマに変わっていきましたが，その意味するところをしっかりと理解しておかなければなりません．

本来，このようなテーマが浮上したそもそもの原因は，大災害の場合，市民生活のあらゆる面で大きな影響があり，それを回復し，機能できるような状態にしていくには，実にさまざまな課題があるという状況が認識されたためです．そして，そのために，復興のための計画，「復興計画」が策定されることになりますが，膨大な数の復興事業をどのように進めるのかということは，計画の実施において重要な点です．そのことを理解するためには，復興の構造を知っておく必要があります．

(1) 阪神・淡路大震災からの復興の理念，目標・・・

兵庫県や神戸市の復興計画の理念や目標に共通しているのは，単にもとの状態に戻す「復旧」ではなく「震災の経験を生かし，より安全で快適な，賑わいと魅力あふれるまちをめざし」たこと，また，「まちの再建」「経済の再建」「生活の再建」という非常に幅広いターゲットを想定しているということでした．

(2) 復興の構造・・・

では，これらの要素はどのような関係になっているのでしょうか？ それを示したのが図10.1です．

① 社会基盤の復旧

図のそれぞれの要素を説明します．まず，復興のもっとも基礎的で重要な部分は，社会基盤の復旧です．社会基盤とは，道路，鉄道，港湾，市場，学校，役所，病院，そして水道や電気，電話などのライフラインなど，生活の基盤を支えるもののことです．これらが機能を回復しないと，まちの復興も生活の再建も何もできません．そのため，図においてもっとも根本的なものとして表現されています．

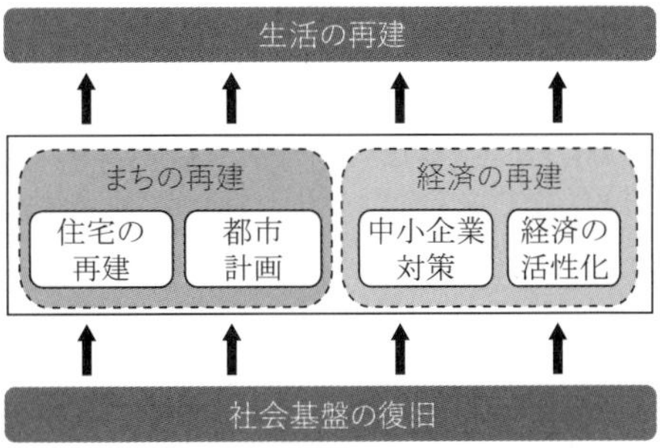

図 10.1　復興の構造（林 春男氏 作成）

この社会基盤は，市民生活における基礎的なものであるという性格から，かなりの部分に災害復旧に対する手厚い国庫からの資金の投入がなされます．たとえば，道路などの公共土木施設である場合，「**公共土木施設災害復旧事業費国庫負担法**」という法律により，阪神・淡路大震災では国費の負担が実質的には 98 %前後でした．したがって，地方の負担額は 2 %程度なのですが，大きな復旧事業費が必要な場合は，それでも地方財政への大きな負担となる場合もあります．そのため，東日本大震災の場合は，100 %が国費で復旧されています．公共土木施設以外にも，さまざまな法律や運用により，社会基盤の復旧に対する国の支援がなされています．

社会基盤の復旧にあたって，常に問題となるのが「**原形復旧の原則**」です．公的資金の投入にあたっては，災害で壊されたものをもとどおり復旧する（これを「原形復旧」といいます）というのが原則になっています．原形復旧以上のものを再建する場合は，復旧予算を査定するために国から派遣される「査定官」との協議が必要ですが，急いで行う必要性とのギリギリの兼ね合いのなかで，将来も使い続けられるものをどう再建するかという難しい対応が，施工する側にも査定する側にも迫られます．

また，民間企業が関係する社会基盤も多くあります．たとえば，電力，電話，鉄道などです．これらにも，一部は国の資金が補助されました．財政的には厳しいながらも，インフラを支える企業は，昼夜兼行で復旧に取り組み，すばやい対応を行いました．道路の渋滞や通信などが不自由などの困難を乗り越えて，社会基盤の復旧がなされました．

② まちの再建

[住宅の再建]

つぎに，図 10.1 の中段の左部分には「まちの再建」として「住宅の再建」と「都市計画」が含まれています．

人が生活するために，人が生活する「場所」がなくてはなりません．それが「まち」です．そのため，復興において，人が住み生活する場である「まち」の再建は急がれますし，常に大きな関心がもたれます．その「まちの再建」のなかには，二つの要素が入っています．その一つが「住宅」です．すでに第７章で学んだように，被災して住宅をなくした人々は，その住まいの確保のために，避難所から仮設住宅，そして恒久的な住宅の確保へとその場を移していきます．

「住宅の再建」は，大きく分けて二つに分類されます．すなわち，個人の力で再建するのか，公営住宅に移るのかです．個人が再建のための経済力をもつ場合は，前者となります．一方で，日本の法律では，住宅は個人財産とみなされ，それへの国費の支出はきわめて難しいため，再建への資金の捻出がなかなか難しいという問題があります．そのため，「復興基金」という仕組みを創設するなどの工夫がなされました．また，災害復興公営住宅の家賃の低廉化などの支援施策も必要となりました．

このような取組みを総合することにより，住宅の再建を進めていくことになります．

[都市計画]

安全で快適な住宅を再建するためには，まちそのものを安全で快適なものにすることが必要です．そのために，まちそのものの計画を定めて実施することが必要になります．生活を再建するためには，自分の家を再建するというだけでは，十分とはいえません．自分の家のある「まち」全体の安全性や利便性を高めることが必要になります．新しい安全なまちとして復興するためには，まちの人々が行政とともに力を合わせて「協働」していくことが成功のカギとなります．

③ 経済の再建

住むまちと住む場所（すなわち住宅）があればそれで生きていけるかというと，答えは「No」です．人が生活していくためには，毎日の糧を得ることが必須です．また，そのためだけでなく，日々の生活を充実させるためにも，はたらく場がなければなりません．震災ではたらく場まで奪われた場合，それが再建されるか，もしくは代わりの場が必要になります．また，生活のための物資の循環や，産業に伴うモノの流れも十分機能しなければなりません．経済は，多くの人の労働を通じて複雑な循環がなされてはじめて機能します．したがって，ある部門や一部の企業だけが再建されるということだけでなく，社会にとって必要な多くの部門での経済活動が再建され，機能を回復することが必要となります．

[中小企業対策]

この部門の復興施策において，重要な部門の一つは，中小企業や個人企業，商店など，自力復興がとくに難しい層への支援です．仮設店舗や仮設工場の建設，再建資金の好条件での貸与など，多様な施策が必要になります．

[経済の活性化]

もう一つは，産業構造の変化に対応して，新しい時代に即応した，新しい形態の事業の創出です．たとえば，阪神・淡路大震災からの復興では，新産業創造研究機構（NIRO）という財団法人が，阪神間の企業の連携により設立されました．ここでは，震災を機に，新しい事業を創出するためのさまざまな取組みを行っています．

この部門においても，国や自治体の公的資金を使う点で，「個人財産に公的資金は使えない」という原則がおおいに問題になります．そのため，この部門でも「復興基金」が果たした役割は大きなものがあり，基金活用事業の 15 %，565 億円が活用されました．

④ 生活の再建

以上のような段階での復興の進捗に支えられて，ようやく市民生活の再建が実現される条件が整ってきます．阪神・淡路大震災のあとの復興過程で，「何が復興できたら生活が再建できたと思いますか？」というテーマでワークショップを行い，被災者自身で生活再建の構造を明らかにする試みが行われました．その結果，生活の再建は，図 10.2 の七つの要素からなることが明らかになりました．

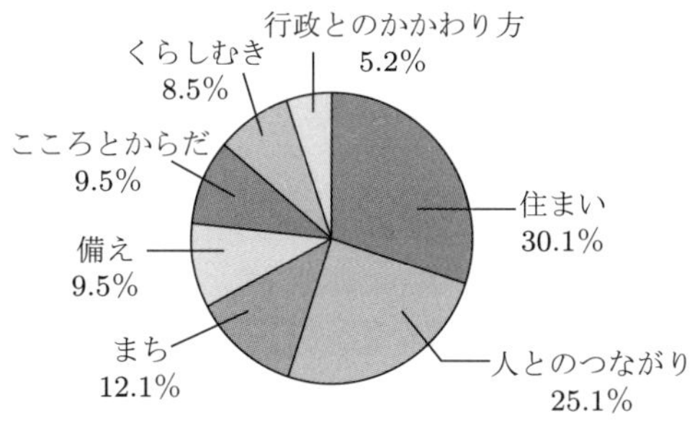

図 10.2 「生活再建の七つの要素」（「いのちを守る地震防災学」（林 春男，岩波書店）をもとに作成）

まず，「住まい」がもっとも多いということは，非常によく理解できます．人が日々生活をする拠点となる「住まい」は，復興を感じるもっとも基礎的な要素であると思います．2 番目の「人とのつながり」というのは，少し意外な感じもあります．震災後の辛い経験のなかで，また，避難所から仮設住宅，そして恒久的な住宅に移っていくなかで，まさに重要な役割を果たしたものが「人とのつながり」であったのだろうと考えられます．3番目の「まち」は，住まいとか人とのつながりを包括するものです．この言葉のなかに，まちのハードのあり方のほか，祭りやイベント，身近な付き合いなどのソフトなものも含まれているのでしょう．4番目，5番目は「備え」と「こころとからだ」です．大災害の経験から，災害に備えることの重要性を感じてのことだと思われます．そして，災害で辛い経験からくる「こころ」や「からだ」の健康の重要性を，被災した人たちの多くが考えているのだと思われます．6番目は「くらしむき」です．生活の糧を得て，豊かな生活を送れるようにすることを意味していると思われます．そして，これが，あまり上位ではなく，6番目であるというのもなかなか興味深いところです．最後は，「行政とのかかわり方」ですが，これは，災害の後のさまざまな行政との関係の深まりのなかから出てきたものであると考えられます．

以上で説明してきたように，市民生活の再建をめざす復興とは，社会基盤の復旧に始まり，住まいやまち，経済の復興を通して，最終的に個々の生活の再建を成し遂げるものであり，きわめて長い道のりが必要です．阪神・淡路大震災では，被災者の半分が「地域経済が震災の影響を脱した」と感じるようになるまでに，実に10年が必要でした[1]．

ところが，東日本大震災での復興の構造は前述の構造とは異なり，津波により生活の場がすべて流されてしまったため，すべてを同時に再構築しなければなりませんでした（10.6節(3)参照）．復興途上の復興感も前述とは異なり，東日本大震災5年目の調査では「すまい」や「つながり」以上に「こころとからだ」や「くらしむき」の比重が大きくなっています[2]．これらは，長びく復興過程や原発事故などによる不安感など，阪神・淡路大震災とは異なる状況が影響していると考えられます．

このように，災害の状況が復興の構造や復興感をも変化させてしまうということを理解しておかなければなりません．

10.4 復興計画

(1) 行政計画としての復興計画の目的・・・

大災害の後の復興を行うために行政が必要とする計画が，「**復興計画**」です．法律では，災害の後に復興計画をつくりなさいとはどこにも書かれていません．しかし，過去の多くの大災害において，復興計画がつくられてきました．行政が復興計画をつ

1) 兵庫県「生活復興調査　調査結果報告書」p.11, 2006年3月．
2)「生活再建7要素が生活復興感に与える影響の災害間比較—阪神・淡路大震災と東日本大震災の比較から—」（地域安全学会，東日本大震災特別論文集 No. 7, 2018.7)．

くる目的は，大きくはつぎの三つです．

- 市民に復興の方向性を示し，復興に向けた勇気や指針を与える
- 膨大な改革の全体像や具体策を提示し，予算の根拠とする
- 建築の当面の禁止措置などの根拠とする

災害の後，被災した人は，しばらくは茫然自失の状態ですが，それから立ち直るとすぐに，再建に向けての動きが一部で始まります．その際，復興の方向性がわからなければ，市民は勝手な動きをして，結局無秩序な再建が行われてしまいますので，復興の方向性をいち早く示すことが必要となります．また，幅広い復興の事業を成し遂げるためには，巨額の事業費が必要となります．そのためには，公式の計画は不可欠です．また，無秩序な再建を当面禁止し，秩序ある復興に向かうためには，その根拠となるものが必要であり，それが復興計画や復興都市計画（復興まちづくり計画）なのです．

（2）復興計画策定のポイント・・・

復興計画の策定は，まだ混乱が続いているなかでの作業であり，しかも，時間の制約もあるなかで策定されます．以下では，復興計画策定の際のポイントを紹介します．

[ステークホルダーの結集]

復興計画を実施していくためには，さまざまな立場の人や組織が関与します．復興計画に関係する人たちをステークホルダー（stakeholder）として，計画策定過程のなかに巻き込んでいくことが重要です．

とくに，ステークホルダーの要である住民の参加については，多様な形態を工夫して実現することが重要です．

[専門家の英知の結集]

ステークホルダーは，その計画の実施に関与する人たちですが，必ずしも計画策定の専門家ではありません．幅広い専門家の英知を結集することが，レベルの高い計画づくりのためには重要です．

[復興計画策定に固有のジレンマとその克服]

復興計画は，早く策定して復興を促進することが被災地にとって重要ですが，その一方で，被災直後は被災地には人がいなかったりして，周知することや計画策定への市民参画は難しい，というジレンマが必ずつきまといます．これを克服するためには，たとえば，大きなフレームは専門家の意見を聞きながらなるべく早く決めて，その具体的な中身の部分は，市民の参画を得ながらじっくり進めるというような2段階の進め方などの工夫をする必要があります．

[日頃からまちを知り，方向性を明らかにしておく]

災害を受けてから，いざ計画を，と思っても，そのための基礎的な資料もないとか，まちにとって何が重要かもわからない，というようなことでは，計画を策定するのに時間がかかり，また，そのレベルも低いものにとどまってしまいます．日頃から，まちの特徴や長期計画（マスタープラン）をよく知り，常に更新するなどの努力が，いざという際の計画づくりに活きてきます．

[信頼関係の構築]

まちの復興を推進するためのステークホルダー，市民，事業者，行政相互の信頼関係が非常に重要です．それがなければ計画策定過程で不信が残り，その後の円滑な進行の妨げとなります．しかし，信頼関係は，一朝一夕でできるものではありません．日ごろから「協働」によりまちづくりを進め，相互の信頼関係を醸成していくことが，いざというときの役に立ちます．

[リーダーシップとパッション]

復興を成し遂げるためには，いろいろな組織やグループ，さまざまな階層のリーダーのリーダーシップがきわめて重要です．そして，リーダーをはじめ，復興にかかわる人の情熱，パッションが必要となります．なぜなら，復興というプロジェクトは，多くの人たちが関与する複雑なプロジェクトであり，また，長い時間を必要とする非常に困難な道のりであり，その困難な道を人々がめざし続けるための核となる人がいなくてはなりません．

以上のようにまとめると，復興計画の策定にとって，人と人との関係をしっかり構築していくことや自分のまちをよく知っていることなど，災害が発生する前からやっておくべきことが多くあることがわかります．

（3）復興計画の進捗管理・・・

このように作成した復興計画に基づいて復興が進められていきますが，復興には10年間あるいはそれ以上の期間がかかります．そのため，とりまく環境の変化により，時間とともに必要な課題も変化していきます．復興の実施にあたっては，その計画を常に総括・検証し，修正しながら進めていくことが重要となります．このようなプロジェクトのマネジメントのサイクルをPDCAサイクル（図10.3）といいます．

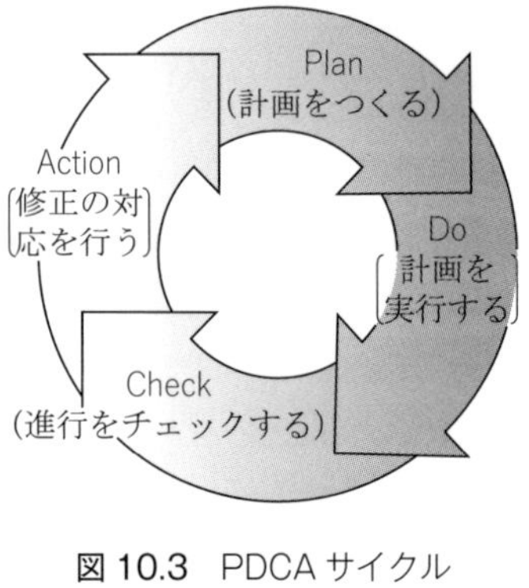

図10.3　PDCAサイクル

10.5 神戸市の復興まちづくり

（1）復興まちづくりとは・・・

前節までで説明したように，復興計画は幅広い分野を網羅した計画ですが，そのうち，まちの復興に関係する部分の計画が「復興まちづくり」計画です．

「復興まちづくり」計画は，まちの構造，すなわち，まちをどのような目的で使うのか（用途），まちの密度をどの程度にするのか（建ぺい率や容積率），まちの骨格を形成する道路の配置，あるいは重要なオープンスペースである公園の配置などを計画するものです．さらには，建築物の建て方のルールなど，まちのあり方に対する取り決めを住民の合意で決めたりすること（地区計画）もあります．これらは，主に「都市計画法」という法律に基づいて計画，実施されます．

この節では，阪神・淡路大震災後の神戸の復興まちづくりや，東日本大震災後の復興まちづくりについて概観します．

（2）復興まちづくりの計画の決定の経緯・・・

阪神・淡路大震災後に，神戸では，震災復興のためのまちづくりの事業が行われました．神戸市では，市街地復興の基本方針が1月31日，震災からわずか2週間で発表されました．その後，被害の大きかったエリアである「震災復興促進区域」，そのなかで重点的に復興を進める地域である「重点復興地域（24地区）」，また，面的な再整備を行う「復興土地区画整理事業」と「市街地再開発事業」の地域が定められました．これらの都市計画の手続きは，震災から2か月後の3月17日という短期間で決定されました．

このきわめて短期間での都市計画決定は，被災住民の間に大きな衝撃を与えました．都市計画審議会の開催場所に大勢の住民が押し寄せる場面もありました．反対を誘発するもっとも大きな要素は，区画整理事業での「減歩《げんぶ》」というもの（以下の（5）で詳しく述べます）でしたが，何よりも，周知の期間が短すぎるという，前節で述べた**復興計画のジレンマ**が如実に現れたものでした．住民は，まだ多くは避難先にいて，計画についてよく知るような手立てはかなり限定的な状態でした．関係する住民どうしの話し合いもままならない状況だったのです．

神戸市がこのように性急な決定をしたことについては，当時の被災地の建築制限の法律上の条件が大きく関係しています．被災地において，建築の制限がなければ，市民は自由にもとの場所に再建を始めます．しかし，まちの構造が脆弱である場合は，まちそのものを再整備していくことが必要です．そのため，いったん再建を一時的に禁止し，まちの再整備の計画に基づいた再建をすることが必要になります．建築禁止という措置を「建築基準法 84 条」に基づくものとして進められましたが，この法律の効力は 2 か月と定められていて，3 月 17 日までにどうしても制限の根拠となる法的な手続きを終えた計画が必要でした．

ちなみに，東日本大震災のときの建築制限は 2 種類の方法がとられました．その一つは，阪神・淡路大震災と同じく建築基準法 84 条に基づくもので，宮城県が採用しました．ただ，この際は，東日本大震災における特例措置が行われ，結局，8 か月間の間に計画を定めればよいことになりました．阪神・淡路大震災の当時はまったく特例を認めなかったことから比べると，格段の相違があります．

もう一つの建築制限の方法は，「建築基準法 39 条」によるものです．これは災害危険区域を指定して制限する方法で，これには期間の定めはありません．ただし，いったん指定した場所への再建について，再度，何らかの手続きが必要になります．この手法は，岩手県で実施されました．この法律に基づく場合，制限を有効にするためには条例を定めることが必要となりますが，これについて被災地の市町村の足並みがバラバラな状態です．

両者の得失については一長一短あり，一概にどちらがよいとは言いにくいですが，どちらの手法にしろ，復興まちづくりの都市計画決定のための時間的余裕がかなりもてるようになりました．

(3) 被災地のなかの復興まちづくりのレベルの濃淡・・・

神戸市での被害が大きかった震災復興促進区域（5,900 ha）は以下の三つの区域に分類されます．

①面的な再整備，すなわち復興土地区画整理事業や市街地再開発事業を行うエリア（黒地地区）

②重点復興地域として，まちづくりや住宅整備関係の事業を行うエリア（灰色地区）

③その他のエリア（白地地区）

いわゆる「黒地地区」は，復興土地区画整理事業や市街地再開発事業など，面的な整備を行う地区で，神戸市の場合は，促進区域の 3 %に満たないエリアです．「灰色地区」は，黒色を除く住環境の改善・再建を支援する制度の適用がある地域です．神戸市では約 20 %弱です．そして「白地地区」は残りの地域で，ここではまちづくりや住宅整備に対して特別の公的支援が乏しく，住民の自力再建に任されています．神戸市では約 80 %がこの地域です．

なぜ，このようなレベルの濃淡ができたのでしょうか？ それは，まちがもつ課題の程度の差によります．道路や公園などの基盤が不十分な地域では，そのまま過去の姿を再現してしまったのではまちの脆弱性はそのままなので，復興にあたっては，まちを全面的に再整備することが必要となります.それが黒地地区です.被害は大きかったものの,全面的な再整備までは必要がない場合は,いくつかの優遇措置や助成措置を組み合わせて事業を行う灰色地区となります.被害がまばらで,まちの構造もとくに変更しないような場合は白地地区となります.公的な資金を投入して事業を行うには,その事業費の目的や効果も問われます.そのために使える額にも,当然限界があります.厳しい財政状況のなか,かぎられた予算で,いかに復興を進めるかという視点も,この復興のレベルの濃淡の決定には必要となります.

(4)黒地地区での再整備の必要性・・・

震災復興で面的整備を行う神戸市の土地区画整理事業と市街地再開発事業の面積(すなわち黒地地区の面積)とその地域の被災率は,表 10.1 のとおりです.

表 10.1 神戸市の震災復興土地区画整理事業と市街地再開発事業
(「神戸の震災復興事業」(中山久憲,学芸出版社)から作成)

地区名	土地区画整理事業					市街地再開発事業		被災率平均
	森南	六甲道駅西	松本	御菅	新長田・鷹取	六甲道駅南	新長田駅南	
面積[ha]	16.7	19.7	8.9	10.1	69.2	5.9	20.1	—
被災率[%]	66	68	81	88	86	65	83	33

神戸市の平均的な被災率は 33 %ですが,黒地地区では 65 ~ 88 %であり,被災のレベルがかなり高いということがまずわかります.そして,単に被災率が高いだけでなく,これらの地区は,構造的な問題も抱えていました.これらの地区は,広い幅員の道路も少なく,また公園などのオープンスペースも不足していました.そのため,火事になれば延焼しやすいという脆弱性がありました.これらの地域で被害が大きかったのには理由があるのです.

図 10.4 は,二つの地区について,震災復興で区画整理事業や再開発事業が行われた場所と,戦災復興の事業が行われた場所を重ねて示したものです.斜線の部分は戦災復興事業が行われた場所,破線で囲まれたところが今回の黒地地区です.また,べた塗りの部分は面的な火災が発生した場所です.面的な火災は,戦災復興事業が行われなかった場所で主に発生しました.すなわち,まちの構造が戦前の都市基盤のままであったために,火災の被害が拡大したことがこの図で非常に明確にわかります.そこで神戸市では,破線で囲った地区を土地区画整理や再開発という面的整備事業により再整備することを決めました.このうち,復興土地区画整理事業についてもう少し詳しく見ていきましょう.

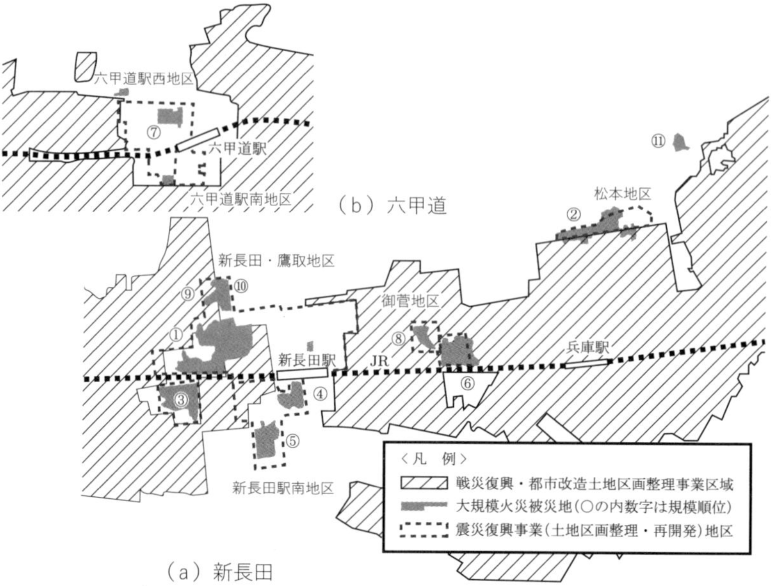

図 10.4　震災復興と戦災復興事業（「神戸の震災復興事業」（中山久憲，学芸出版社））

（5）土地区画整理事業・・・

まずは，**土地区画整理事業**とはどのようなものなのかを理解しておく必要があります．図 10.5 の左が，事業開始以前のまちの姿のイメージです．道が狭く，家が密集し，オープンスペースも不足しています．そのまちに広い幅の街路を通し，公園をつくり，また，区画を整形します．そのためには，もとの土地と同じ面積を各自が保有していたのでは成り立ちませんので，公共用地などを生み出すため，各自の土地の一部を「**減歩《げんぶ》**」という形で提供します．通常，この減歩の率は 2 割程度といわれています．

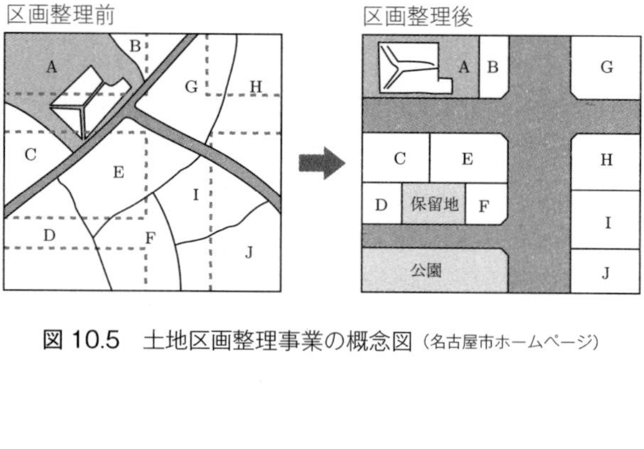

図 10.5　土地区画整理事業の概念図（名古屋市ホームページ）

そして，この「減歩」という制度の存在が，「被災者からまだ土地を取り上げるのか」という反感となって，当初の紛糾の原因ともなりました．理論的には，区画整理をした後のまちは付加価値が高まり，その分資産価値も高まりますので，公共のお金を大きく投入するということからすると，応分の負担というのも理由があります．しかし，当時の被災者の置かれた状況を考えると，なるべく負担を小さくすることが必要であると考え，減歩率を小さくする方向で事業が行われました．実際の減歩率は，地区により異なりますが，ほとんどで９％以下となりました．

なお，市街地再開発事業は，新しく建てたビルの床面積をもともとの権利をもっている人たちで分け合ってもち合う事業です．そのビルを民間が建てる場合を第１種再開発，地方自治体が建てる場合を第２種再開発といい，阪神・淡路大震災の復興では，第２種再開発事業が行われました．

（6）土地区画整理事業における２段階都市計画・・・

計画決定の経緯で説明したように，神戸の復興まちづくりのための都市計画決定はわずか２か月で決定されたため，かなり紛糾しました．しかし，計画の大枠はやむを得ず性急に決定されましたが，実施にあたっては，時間をかけて住民主体の計画づくりが行われました．これらの地区においては，まず，地域の大枠と事業の手法は決められましたが，その中身，すなわち道路の配置や公園の配置などは，住民側からのまちづくり提案を受けて決定することとなりました．

住民が，まちづくりの提案をするといっても，計画の専門家でない住民がそのような計画をつくるということは簡単にはできません．そのため，二つの仕組みが用意されました．一つは，まちづくりを住民側で考える組織「**まちづくり協議会**」を立ち上げるということです．それにより，住民自らで計画を検討する場をもつことができます．

そしてもう一つは，「**専門家の派遣**」です．これは，市が費用を出して，まちづくりコンサルタントやまちづくりの研究者などにアドバイスに出向いてもらうという制度です．もちろんどの専門家にお願いするのかも住民自らが決めることができます．この第三者ともいえる専門家の派遣により，住民が専門的な知識を活用して自らの案を作成し，行政に提案していくことができるのです．

このような仕組みを使って各まちづくり協議会が自らの提案をし，最終的に事業の計画をまとめるわけですが，神戸市の黒地地区でのその平均的な期間は２年程度かかりました．意見をまとめるためにまちづくり協議会は何十回，あるいは百回以上の会合や勉強会を重ね，住民の合意する案として行政に提案し，それを行政が実施するということで，２段階の計画決定とその事業の実施がなされました．

（7）区画整理をして生まれ変わったまちの様子・・・

このように，非常に長い期間をかけて生まれ変わったまちの様子を写真で見てみましょう．図 10.6 は神戸市兵庫区の松本地区の震災前，被災直後，そして区画整理完成後の写真です．

震災前は，道路がどこにあるのかもわからないほど建物が密集していました．このときの公共用地率は 14.5 %でしたが，復興したまちの公共用地率は 41.4 %です．まちは広い街路で整然と区切られ，また，オープンスペースが多く，航空写真でもその快適性が向上したであろうことがわかります．このまちには，人工の水路も導入されました．このような計画は，住民のまちづくり提案から実現しました．ハリケーン・カトリーナからの復興が難航していたニューオーリンズ市からの視察団がこのまちの

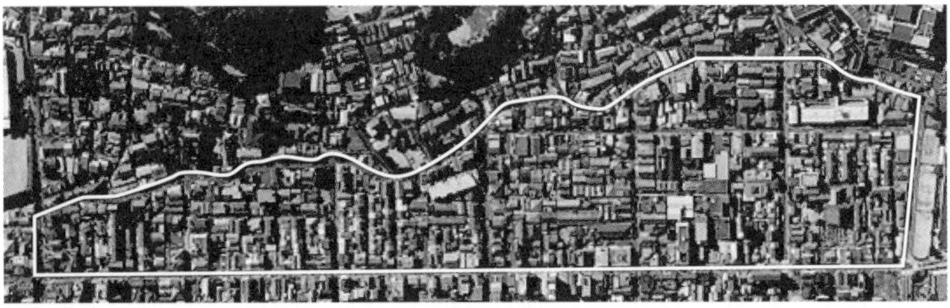

（a）震災前の様子

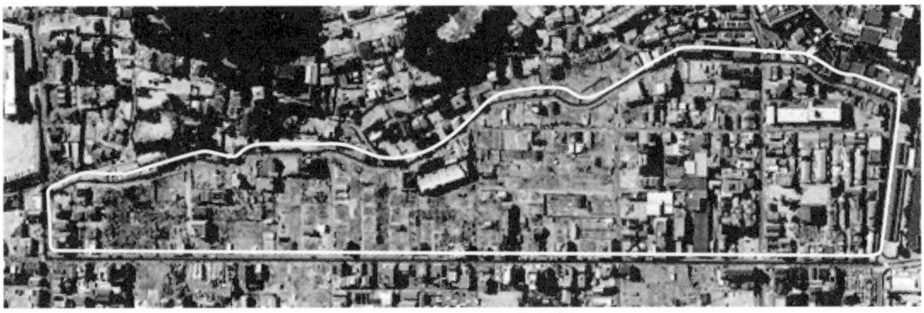

（b）被災して焼失

（c）復興土地区画整理完成後

図 10.6　震災前後の松本地区の様子（神戸市住宅都市局）

復興した姿を見て，おおいに触発されて帰ってきたことが地元紙「The Times Picayune」に掲載されました．この記事は，見出しで「復興へのインスピレーション」として，「日本のまちの再建は市民に押し付けられて始まったが，徹底的な議論と歩み寄りに基づいたものであった」と2段階の都市計画を表現しています．

10.6 東北沿岸の復興まちづくり

（1）津波からまちを守る復興まちづくりの手法・・・

東日本大震災を受けた東北沿岸のまちは，津波でまちそのものがすべて流されました．そこからの復興のためには，同じ被害を繰り返さないための方策が必要となります．まずは，津波を防ぐ第1線である防潮堤の高さをどのようにするのかを決めなければなりません．4.5節で説明したように，今回の被害をもとに検討された国の基準では，千年に一度のような大きな津波（レベル2）には，防潮堤だけではとても対応できないので，数十年から百数十年程度に一度のレベルの津波（レベル1）に対応するように，防潮堤の復旧が進められることとなりました．

そうなると，防潮堤だけに頼っていたのでは巨大な津波には対応できないので，それに加えて，いくつかの対策が必要となります．そのためには，（ⅰ）**高台に集落を移転する**，（ⅱ）集落の地盤を高くする，（ⅲ）集落の前面の道路をかさ上げし，2線防潮堤としての機能をもたせる，というような方策が考えられます．

そこで，東北沿岸の復興まちづくりでは，（ⅰ）高台移転，もしくは（ⅱ）と（ⅲ）を複合した現地かさ上げ再建という，二つの手法を基本に復興まちづくりが進められています．

（2）明治，昭和の三陸津波の後の高台移転・・・

実は，1896年（明治29年）の明治三陸地震，および1933年（昭和8年）の昭和三陸地震による津波の後も，東北沿岸では高台移転が進められた歴史があります．

① 奇跡の集落「ラッキービーチ」

大船渡市三陸町の吉浜に本郷という集落があります．ここは，明治三陸津波の後，高台への移転を行ったまちです．地形的には，リアス（式）海岸の湾が太平洋に口を開け，日本海溝で起こる津波に襲われやすい地形です．東日本大震災でも，10m以上の大津波に襲われました．しかし，当時，この場所にいて命を落としたのは1人だけでした．周辺と比べ，この被害の少なさは驚くべきものです．アメリカの新聞「USA TODAY」は，吉浜のこの事実を「奇跡の集落 ラッキービーチ」として報じました

(2011 年 4 月 1 日付)．ラッキービーチは「吉浜」の名を英語に直した表現です．まさに，先人の努力が，このような奇跡を実現したのでした．

明治三陸津波では，吉浜の入り江の正面にある本郷地区は，住家の 4 割が流出し，人口の 2 割（約 200 人）が亡くなりました．このような被害を二度と繰り返したくないとの思いから，低い土地には人は住まず，国道を高い場所に移し，住宅はそれ以上の場所へ移転させ，低地は耕作地にするという高台への移転を行いました．その後の昭和三陸津波の際には，まだ一部不十分なところがあったため，11 戸の住家流出があり，17 人が亡くなりました．そこでさらに高台移転を進め，今回の大津波では全半壊 4 戸，犠牲者 1 人という結果に抑えることができました．

② 昭和三陸地震後の高台移転計画

1933 年の昭和三陸地震の後，政府は，このような被害を繰り返さないようにするために，東北沿岸の集落を高台に移転する計画を立てて実施しました．その計画の名は「三陸津波に因る被害町村の復興計画」というもので，1934 年 3 月には事業がほぼ完成し，報告書としてまとまるという素早い動きでした．宮城県 15 町村・60 集落，岩手県 20 町村・42 集落で高台移転が実施されました．

これらの高台移転した集落は，先ほど紹介した吉浜のように東日本大震災でも被災しなかったところもありますが，移転後に海のほうに住宅が建ってしまったため，津波による大きな被害を受けた集落も多くあることが調査の結果わかっています[1)]．

いま，東北沿岸で進められている高台移転が，今後，百年後，あるいは数百年後にどのようになっているのか気になるところです．吉浜のように，つぎの大津波のときにも命を守ることができるように，重要性を伝え続けていってもらいたいと願います．

（3）復興構造の変化・・・

最後に，東北沿岸での復興が，阪神・淡路大震災の場合とは構造が異なる点について触れておきます．

図 10.1 で紹介した復興構造の図においては，「社会基盤の復旧」をベースにして，つぎに「まちの再建」と「経済の再建」が進んでいく図になっていますが，まちがごっそり津波で流されて，それを高台に移転したり，あるいはかさ上げをしたりするような再整備をする場合は，「社会基盤の復旧」と「まちの再建」が一体的に行われることとなります．

第 8 章「ライフライン」でも紹介しましたが，仙石線「野蒜駅」と「東名駅」間の

---

1)「明治・昭和三陸津波後の高台移転集落における東日本大震災の被害」牧紀男，2012 年 6 月，地域安全学会梗概集．

集落は津波で流されました．そこで，この海辺の集落を後ろの山に高台を造成してごっそり移転する計画が立てられました．非常に大きな高台造成計画で，JR 仙石線の二つの駅もそこに移転しました．この高台の造成が完了し，鉄道が再開するまでには約4年かかりました．このように鉄道の復旧も，まちの復興と歩調を合わせていかなければなりません．

阪神・淡路大震災では，JR 神戸線はわずか2か月半で復旧しました．しかし，二つの震災の復興の進捗を単純に比較することはできません．東日本大震災では，復興の構造の違いから，社会基盤の復旧もまちの復興とセットになっています．そのため，新しいまちの復興が進まないかぎり，復興の進捗がわかりにくいので，阪神・淡路大震災と比べて復興が遅いという指摘が出てきます．このような違いをよく理解して，東北沿岸での復興を見ていくことが必要となっています．

Question

まちを復興していくには，まちの人たちの長い時間をかけた取組みが必要です．この復興まちづくりにおいては，どのようなことが重要になると思いますか？ その項目を二つ以上挙げて簡単に説明しましょう．

Column：防災マップをつくってみよう

災害は，どの場所でも同じように起こるのではありません．自分の住んでいるまちでは，どのようなハザードが襲いやすいのか，もし，災害となったらどのような場所が被害を受けるのか，安全の確保や避難生活に役立つのか，そのようなことを考えながらまちを歩き，防災マップをつくることは，実際に災害が発生した際におおいに役立ちます．

1．自分の家の避難場所を決めておいて，その場所までのルートを確認しましょう

あなたは，家族と，もし災害が発生したときの避難場所を決めていますか？ 決めていないと，みんながバラバラな状態で被災したら，家族がどこにいるのかわからなくなってしまいます．

まず，家族で話し合って，どこに避難するかを決めておきましょう．避難先が火災などで避難できないこともあるので，少なくとも 2 か所は決めておきましょう．

また，避難場所までのルートを実際に歩いて確認して，危険な場所や，役に立ちそうな場所を地図に書き込みましょう（図 10.7）．

図 10.7　明石高専での成果サンプル

2．まちを歩いて，防災マップをつくってみましょう

数人のグループで，自分たちのまちを歩いて防災マップをつくってみましょう．自分一人の視点だけでなく，複数の視点で見ることで，多くのことに気づくでしょう．また，地図に表現する場合に，第 3 者にも見やすい表現を工夫しましょう．

防災マップをつくるときは，以下のようなことに注意しましょう．

① どのようなハザードがあるのか（ハザードマップ）
② そのハザードが襲ったときに弱そうな場所や人
③ 災害のときに役立ちそうなものや場所
④ 避難所や避難生活に必要なもの
⑤ 見やすさ，わかりやすさ

まちを歩くための地図の作成方法やハザードマップの入手方法，自分で防災マップをつくる方法については，防災リテラシー研究所のホームページで説明されています．これを参考に，自分でまちを歩いて防災マップをつくりましょう．

地図で防災　http://bosailiteracy.org/literacy/map/
自分で作る防災マップ　http://bosailiteracy.org/literacy/mymap/

Chapter 11 南海トラフ巨大地震への備え

この章では…

南海トラフでの地震は，3.4 節(2)でも述べたように，これまで三つの区域に分けて考えられてきました．一方で，複数の領域が連動して大きな地震が発生するとする新たな想定の結果が示されています．この連動する巨大地震について学びます．

11.1 南海トラフで発生する巨大地震とは

南海トラフにおいては，ここ数十年のうちに高い確率で巨大地震が発生すると予想されています．まずは，南海トラフで発生する巨大地震について，第 3 章で学んだことをここで簡単にまとめましょう．

① 日本列島の近くの海底には，日本海溝と南海トラフがあり，それらはどちらも過去に周期的に地震が起こってきた場所である．

② 南海トラフでの地震は，これまで東海地震（ほぼ静岡県沖），東南海地震（愛知県沖 ～ 三重県沖），南海地震（和歌山県沖 ～ 高知県沖）の三つの区域に分けて考えられ，それらの周期的な地震の発生を考慮して対応を考えてきた．それらの地震は，三つが同時に起こることもあれば，バラバラに起こったり，あるいは一部が連動して起こっている．

③ 東北地方太平洋沖地震は，過去の地震発生エリアに分けて細かく予測をしてきたにもかかわらず，それらのエリアを包括するようなきわめて広域の海底で断層運動が連動しながら起こり，巨大災害となった．このことから，南海トラフでの地震についても，従来三つの区域に分けて考えられてきた地震を連動するものとしてとらえ直すことが，つぎの地震においてふたたび「想定外」としないために必要となった．

東日本大震災では，千年に一度のレベルの巨大地震を想定した対応を考えてこなかったということが大きな反省点となりました．そこで，今後そう遠くない時期にくると考えられている南海トラフでの地震についても，科学的に考えうる最大限の地震を想定しておく必要があるという視点から，内閣府において検討が進められています．今回打ち出された南海トラフ巨大地震は，これまでの研究の成果をもとに考えられるほぼ最大の地震と津波であるということをしっかりと理解しておくことが重要です．

11.2 南海トラフ巨大地震の想定モデル

この見直しの最初に行われたのが，地震と津波のもとになる海底の断層運動の想定モデルです．以前からの想定震源域と新しい想定震源域を見比べると，北側ではもとの震源域は少し四国の内陸に入っている程度でしたが，新しい震源域は，四国の香川県や愛媛県の下にまで及んでいます．また，プレート境界の外側で起こりやすい**津波地震**（揺れは小さいが，大きな津波を発生する可能性のある地震）の想定もされています．

この想定のもとで発生する地震のモデルが，いくつかのケースで考えられました．その考え方は，地震の揺れを起こすもとになる場所である「**アスペリティ**」とよばれる部分を，いくつかのケースに分けて検討するというものです．プレートがずれ動くときにどこでも同じ揺れが発生するのではなく，強く結合された部分では大きな揺れが発生します．この場所を「アスペリティ」とよびます．

図 11.1 は基本ケースとよばれるものですが，メッシュ内の濃い部分が，大きな地震を起こすと想定されるアスペリティの部分です．

このアスペリティを東寄りに想定したり，あるいは西寄りに想定したり，あるいは陸寄りに想定したりして，いくつかのケースが計算されました．

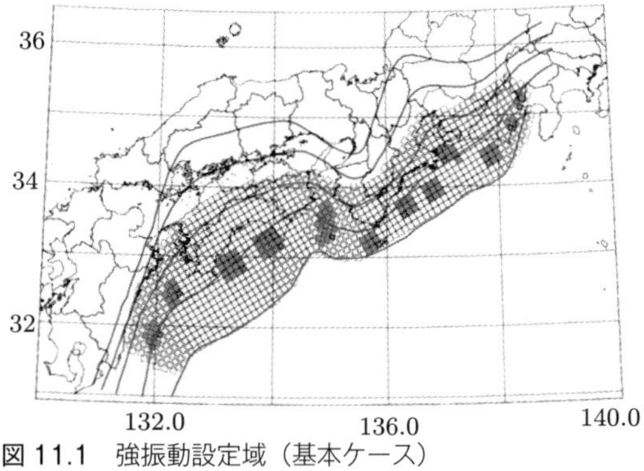

図 11.1　強振動設定域（基本ケース）
（「南海トラフの巨大地震による震度分布・津波高について（第一次報告）」平成 24 年 3 月 31 日，南海トラフの巨大地震モデル検討会）

震度がもっとも大きくなる陸側のケースでは，静岡県から宮崎県まで広域にわたって震度 6 弱以上の大きな揺れが予測されています．

さらに津波については，すべり領域の検討ケースを増やし，より多くのケースでの予測を行っています．近畿から四国沖にかけて大すべり域を想定したケースでは，静岡県から鹿児島県にまで 5 m 以上の津波が襲い，一部の地域では 20 m 以上の大津波が襲うという予測になっています．各府県の最大値だけを紹介すると，和歌山県では，すさみ町で 20 m，大阪府では，岸和田市から大阪港にかけて 5 m，高知県では，土佐清水市や黒潮町で 34 m，徳島県美波町で 24 m，愛媛県では宇和島市で 13 m，愛知県田原市で 22 m などとなっています．津波は何回も繰り返しやってきますし，最初の津波が最大とはかぎりません．また，大阪湾では，淡路島沿いに北上してきた津波と，泉州沿いに北上してきた津波が湾の奥で合流するので，両方から津波がやってくるということも理解しておくことが重要です．

11.3 南海トラフ巨大地震での被害想定

以上のような地震モデルを想定し，その巨大地震が起こる季節が冬なのか夏なのか，また発生時刻が昼なのか夜なのか，そのときの風速はどれくらいか，などのさまざまな条件で**被害想定**がなされました．

被害がもっとも大きくなると予測されるのは，地震動のケースが陸側寄り，津波ケース①[1]，冬の深夜，風速 8 m という条件で，最大の死者数は 323,000 人，また，経済被害は 169 兆 5000 億円というとてつもなく大きな予測が発表されました．これをいままでの大きな地震災害である阪神・淡路大震災，東日本大震災と比較したものが，表 11.1 です．

表 11.1　南海トラフ巨大地震の被害予測（最大値）とほかの大震災の比較
（内閣府，消防庁の資料により作成）

	死者・行方不明者	全壊・全焼	経済被害総額
南海トラフ巨大地震	323,000 人	2,386,000 棟	169 兆 5000 億円 （GDP 比 36 %）
東日本大震災	約 21,377 人	約 127,000 棟	16 兆 9000 億円 （GDP 比 4 %）
阪神・淡路大震災	6,437 人	約 105,000 棟	9 兆 6000 億円 （GDP 比 2 %）

このようなデータに加えて，ライフラインでは，最大 3,440 万人が断水，2,710 万戸が停電，固定電話の 930 万回線が通話できなくなり，携帯電話も輻輳や電源喪失で大部分が通話不可能になり，都市ガスも 180 万戸で供給が停止すると見込まれています．鉄道では約 1 万 9,000 か所で被害が発生，道路も 4 万か所で被害があり，道路が各地で寸断されると見込まれています．

生活への影響は，950 万人の避難者が発生し，避難所に避難する人は 500 万人に達し，1,000 万人以上の帰宅困難者が一時的に発生し，食料は 3,200 万食が不足，飲料水は 3 日間で 4,800 万リットルが不足するとされています．

1）津波ケース①は，「駿河湾 ～ 紀伊半島沖」に「大すべり域 + 超大すべり域」を設定し，堤防条件として「津波が堤防などを越流すると破堤する」として計算．

さらに，この政府の行った予測とは別に，兵庫県や大阪府などでは独自の検討を行っています．兵庫県では，地震の影響などで防潮扉が閉められないことを考慮した最悪のケースも予測しています．この場合は，尼崎市で国の予測の 4.7 倍，西宮市で 2.4 倍の浸水域が発生するとの予測です．また，神戸市では津波の最大高さは 3.9 m で，津波による浸水深さが 2 m を超え，神戸駅や地下鉄海岸線も浸水の可能性があるとされています．

大阪府では，地震で防潮堤が沈下することも考慮して予測した結果，死者が最大 13 万 3,891 人となり，内閣府が想定した 9,800 人の 13 倍以上になりました．しかし，地震発生後すぐに全員が避難を始めれば，死者は 8,806 人まで減らすことができるという結果になっています．

11.4 南海トラフ巨大地震の予測をどのようにとらえたらよいか

(1) 予測はあくまでも最大のケース・・・

これらの予測と被害想定を考えるときに理解しておかなければならないのは，今回の検討の前提が，想定外をなくすために，考えうる最大のものを予測し，想定したということです．したがって，今回の想定モデルのハザードは千年に一度かあるいはそれ以上で，かつ，歴史上も起こった可能性は否定できないが，いつ起こったとは特定しきれないというレベルの巨大なものです．この地震は，つぎの南海地震の際に発生するかもしれませんが，そうでない可能性もあります．すなわち，ハザードである地震の大きさや津波の大きさは最大のものであり，それを受ける人間の側の備えも不十分なままであるとの前提での想定値であるということです．

このような大前提で計算された想定ですから，そのために，巨大な防潮堤をつくるというような，巨額の備えをつぎ込む根拠とはなっていません．現在の考え方は，4.5 節でも述べたように，土木構造物などでの備えは，あくまでも百数十年に一度の「レベル 1」の大地震，大津波に備えるもので，それ以上の巨大な地震や津波には，それ以外の複合的な要素，すなわち，まちのあり方や避難などの行動を組み合わせて，何とか命は守っていこうというものです．今回の予測は，想定外といってあきらめるのではなく，「正しく恐れて」活用するためのものです．

(2) 被害は対応次第で小さくできる・・・

上記の予測においては，私たちがそれなりの対応をすることで大きく被害を減らせることも示しています．たとえば火災については，季節や発生時間により発生件数が異なることが考えられます．そして，もう一つ重要な要素が，壊れた家がどれだけ発生するのか，という条件です．家が壊れると，暖房などでの火災も増えますし，電気の再通電後のショートなどによる火災なども発生します．被害想定にはそのような条件も加味されています．また，被害想定に，まちの構造がどれだけ反映されているのかははっきりしませんが，実際には，家の条件だけでなく，まちの構造，すなわち道路の広さや公園などのオープンスペースの存在などが類焼を防ぐことになります．

このように，地震がいつどこで起こるのかなどのハザードの要件は，人間の側ではコントロールできませんが，被害を受ける私たち人間の側の対応では，備えることができるものがいろいろあることがわかります．

実は，中央防災会議の想定でも，そのことが明確に打ち出されています．表 11.2 は，被害想定の死者数の最大値と，被害軽減の対策を行った場合の最小値の対比です．

表 11.2 想定死者数の最大値と最小値

（平成 24 年 8 月 29 日，中央防災会議防災対策推進検討会議）

項目	最大想定値	軽減策を行った場合
建物被害	約 82,000 人	約 15,000 人
津波	約 230,000 人	約 46,000 人
火災	約 10,000 人	約 300 人
急傾斜地崩壊など	約 630 人	0 人
合計	約 323,000 人	約 61,000 人

上記の算定には，軽減策として下記のものが見込まれています．

○建物被害
- 建物の耐震化率 100％の達成
- 家具などの転倒落下防止対策実施率 100％の達成

○津波
- 全員が発災後すぐに避難
- 既存の**津波避難ビル**の有効活用
- 耐震化 100％による，津波被害を受ける自力脱出困難者の減少

○火災
- 電熱器具などからの出火を防止する**感震ブレーカー**などの設置の実施率 100％の達成
- 家庭用消火器などの消火資機材保有率の向上などによる，初期消火成功率の向上
- 耐震化率 100％による，延焼火災被害を受ける自力脱出困難者の減少

○急傾斜地崩壊など

- 急傾斜地崩壊危険箇所整備率 100％の達成など

このように，私たちの対応次第で，最大級の地震がきても被害は 5 分の 1 に縮小できることを示しています．

（3）臨時情報と事前避難計画

いま，もっとも心配されている南海トラフでの地震は，静岡から九州まで一斉に起こるとはかぎりません．これまで何度も時間差で起こったことがありました．たとえば，1854 年安政の地震の際は，東半分の東南海（静岡 ～ 愛知）で起こってから 32 時間後に三重県以西で地震が起こりました．昭和の南海トラフでの地震は，1944 年に東南海で地震が起こってから 2 年後の 1946 年に西側で起こるという，非常に長い時間差となりました．

このようなことから，南海トラフ地震での発生状況によっては「南海トラフ地震臨時情報」が出されることになっています．**臨時情報**が出されるケースは，①南海トラフの想定震源域の半分程度が先行してずれ動くなど，陸側のプレートと海側のプレートの境目でマグニチュード 8.0 以上の地震が発生し（いわゆる半割れ），残りの震源域で巨大地震が懸念されるケースと，②プレートとよばれる岩盤の境目で起きるマグニチュード 7.0 以上 8.0 未満の地震や，想定震源域周辺でマグニチュード 7.0 以上の地震が発生したケース，そして，③プレートの境界がゆっくりすべる「ゆっくりすべり」が観測されるケースです．

とくに①のケースでは，地震発生から 30 分以内に，津波で 30 cm 以上浸水する地域など，つぎにくる地震が起こってからでは避難が間に合わないような地域では**事前避難**を行うように「南海トラフ地震防災対策推進基本計画」（2019 年 5 月）で定められました．その際，住民全員が避難するのか，避難に時間がかかる高齢者などにかぎって避難するのかなどについて，津波避難施設の整備状況や避難経路など地域の実情に応じた「事前避難計画」をもっておくことが必要となってきます．避難の期間は「1 週間」を目処とされています．事前避難の対象とされている地域の地方自治体や指定公共機関（電気・ガス・通信事業会社や鉄道事業社，多くの人が出入りする施設の管理者など）は，この事前避難のための計画を策定することが求められています．臨時情報が出されてからあわてることがないように，発令されたらどのように対応するのかをいまのうちに考えて計画をもっておきましょう．これについては内閣府から「南海トラフ地震の多様な発生形態に備えた防災対応検討ガイドライン」が出されていますので，参考にしてください．

（4）どのように備えていくのか・・・

この南海トラフによる地震への備えをどのように考えたらよいでしょうか？ 政府の地震調査研究推進本部による予測では，南海トラフでのつぎの地震がくる確率は，2022年1月1日の段階で，「予想される地震の規模は，マグニチュード8～9のものが，今後10年以内に起こる確率が30％，30年以内に起こる確率が70～80％，50年以内では90％もしくはそれ以上」となっています．すなわち，ここ10年くらいは比較的低い確率ですが，それ以降は急速に確率が上がっていくと考えられます．もちろん，10年以内に絶対こないとはいい切れませんが，私たちの対応については，10年くらいの長いスパンで考えることもできるといえます．

巨大地震への対応については，2.2節でも述べたように，自分だけでできること，家族でできること，そして，まちのみんなでできることなど，対応に関与する人の広がりの程度に違いがあります．また，時間についてみると，すぐできること，少し時間がかかること，10年ほどかかりそうなことなどの違いがあります．そこで図11.2のように，「時間」の軸と「活動主体の広がり」の軸でとらえて考えることが重要であると考えます．

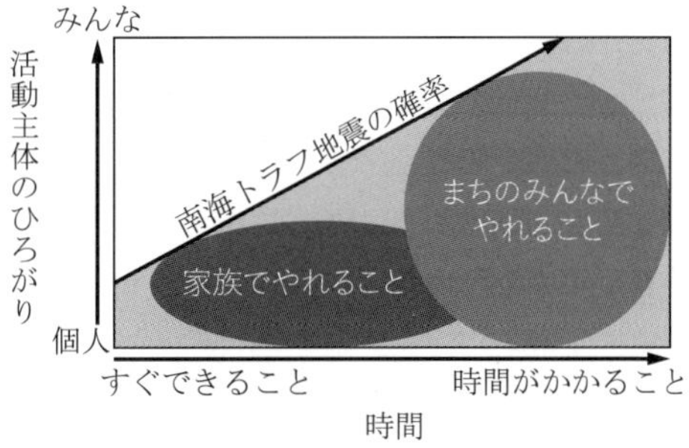

図11.2　南海トラフ巨大地震への対応の時間・広がり概念図

必要な対応について，まず，時間の軸として，すぐできることから，少し時間がかかること，もう少し中期的に考えないと対応できないことを並べて考えることが必要です．また，そのことは1人でできることもあれば，まわりのみんなと一緒にやらないと実現しないこともあります．そして，自分でできることは比較的すぐにできることの場合が多いですので，まずはそれを対応していきながら，だんだん中期的な課題を実現していくというように考えることです．まず，自分の家での対応を家族と話し合って考えていくことは，いますぐにでもできます．たとえば，地震がきた場合の避難方法や避難先，あるいは連絡方法を決めておいたり，寝室の状況を確認したりするなどがあります．つぎに，家具が倒れないようにするとか，家の耐震性の確認などを行い，必要なら対応をするというのは，少しお金と時間が必要です．すぐには無理でも，それほど長い時間は必要ないでしょう．まちの安全を高めるということについても，避難場所の確認や避難ビルの取り決め，隣近所での助け合いによる要支援者の支援方法の取り決めなどは，比較的短期間でできると思います．避難路の整備や，避難用階段の取付けなどは少し時間がかかるかもしれません．一方，まち全体の耐震率を高めたり，道路を広げたり，オープンスペースを増やすというようなことになると，行政も入って中期的に時間をかけて実行しないと実現しません．まずは，家族と，そしてまちの人たちと一緒にそれらを考えていくことからスタートし，協力しながら安全を高めていければよいと思います．

Question

南海トラフの地震など，大災害に備えて，あなたの家でもやってみようと思うことは何でしょうか？ そして，それを実現するにはどのような課題があると考えますか？ 課題と，もしそれを克服する手立てがわかっていればまとめてみましょう．

Column：クロスロードゲーム

1. クロスロードゲームとは

クロスロードとは「岐路」，分かれ道のことです．災害のときには，非常に緊迫した状況のなかでさまざまな選択をしていかなければなりません．そして，その選択を先延ばしにはできないのです．オリジナルの素材は，1995 年の阪神大震災の際，神戸市職員が実際に迫られた難しい判断状況をもとに作成されました．その後，さまざまなケースでの素材が開発され，全国で実施されています．トランプ大のカードを利用した手軽なグループゲームながら，参加者は，与えられた問題への対応を自らの問題としてアクティブに考えることができ，かつ，自分とは異なる意見・価値観の存在への気づきも得られます．楽しく，しかし，真剣に災害対応について学ぶことができるとともに，自分ならどうするかを常にせまられるため，自発的な行動を促す訓練も兼ねることができます．

2. ゲームの進め方

- このゲームはそこで示された状況に置かれた自分を想定し，示された答えに対して自分なら同意する場合「Yes」を，そうでない場合「No」を選びます．
- ゲームとしては，チーム内で多数になったほうが勝ちで，少数が負けです．勝ったものには「座布団」が配られます．ただし，ただ 1 人だけがその判断をした場合は，そのただ 1 人の人が「金座布団」をもらえます．
- 最終的に，この「座布団」をいくつとるのかの勝負です．
- それだけのゲームですが，選択してカードを見せ合って座布団が配られた後，全員が，自分がなぜ「Yes」（または「No」）のカードを出したのかの説明をしてください．そのときに，「○○さんと同じ」という答えは禁止です．必ず自分の意見を自分の言葉で話してください．実は，Yes か No かを自分で考えて，その考えを述べるということが，このゲームでもっとも重要な点です．なぜ，そうなのかは，自分がゲームをしてから考えてみましょう．

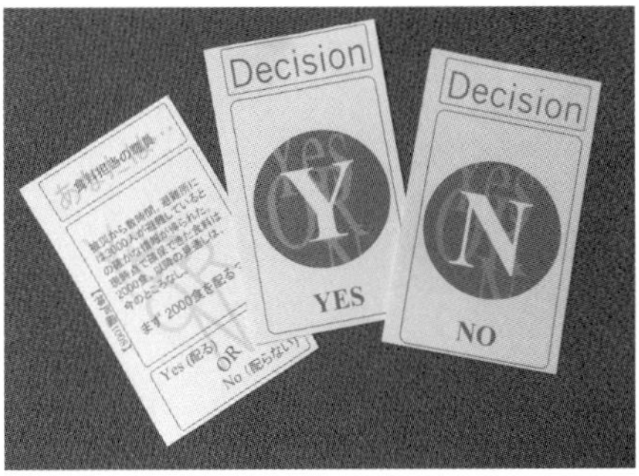

図 11.3　ゲームで使う Yes，No のカード

図 11.4　2013 年の明石高専での様子

*「クロスロード」は，チーム・クロスロードの著作物で，登録商標です．詳しくは，矢守克也・吉川肇子・網代 剛「防災ゲームで学ぶリスク・コミュニケーション：クロスロードへの招待」（ナカニシヤ出版）などを参照ください．

Chapter 12 エネルギーと地球温暖化対策

この章では…

多様化するエネルギーの現状と，自然災害の増加・巨大化の要因と目されている地球温暖化問題とその対策について学びます．

12.1 エネルギーの種類

現代においては，エネルギーは人間の生活になくてはならないものであり，文化的な生活を求めれば求めるほど，良質で大量のエネルギーを消費します．その結果，地球温暖化に起因すると思われる自然災害が巨大化し，またその頻度がますます増加しつつあり，これらによる被害も年々増大の一途をたどっています．

これらの各種エネルギー資源は，生産・輸送・貯蔵・消費の各段階において，そのエネルギーの特性に合致した取扱いが必要であり，これを間違えると火災や爆発などの重大な災害が発生します．また，地震，津波などの自然災害と複合して被害をより一層拡大するものでもあります．

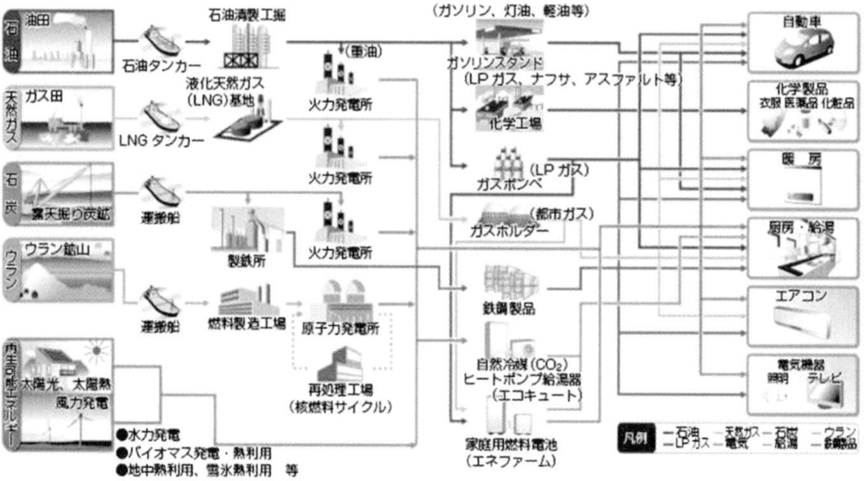

図 12.1　エネルギー資源の供給と利用（資源エネルギー庁「2012 年エネルギー白書」）

日常生活に欠かすことのできない電気，ガス，水道はもちろん，現代社会の基礎となっている運輸，通信などもすべてエネルギーを利用しています（図 12.1）．また，私たちの目に見えないところでも多くのエネルギーが消費されており，農作物，食品，洋服など，あらゆる製品はその生産過程においてエネルギーが利用され，エネルギーが私たちのくらしを支えています．人間の生活や生産の現場で電気，ガス，ガソリン，灯油などの直接的に消費されているエネルギーを「**直接エネルギー**」といい，食料，洋服やさまざまな製品の製造工程に用いられる原材料の生産や，製造，加工，輸送などに間接的に消費されているエネルギーを「**間接エネルギー**」といいます．

12.2 エネルギー資源の分類とエネルギー消費動向

エネルギー資源は，大きく「**化石エネルギー**」と「**非化石エネルギー**」に分けられます．「化石エネルギー」は，石炭，石油，天然ガス，LP ガスなど，古代地質時代に堆積した動植物などの死骸が化石化し，燃料となったものです．一方，「非化石エネルギー」には，原子力や「**再生可能エネルギー**」である太陽光，風力，水力，地熱，太陽熱，大気中の熱，バイオマスなどが分類されます．

世界のエネルギー消費動向では，とくに 2000 年を過ぎたあたりから，人類によるエネルギー消費量は一段と加速して増加しています．化石燃料の消費は，2010 年において全エネルギー消費量の 88 %にも達しており，この傾向は今後とも継続すると予想されています（図 12.2）．

主要国のうち，1 人あたりのエネルギー消費量が世界で突出して多いのはアメリカ

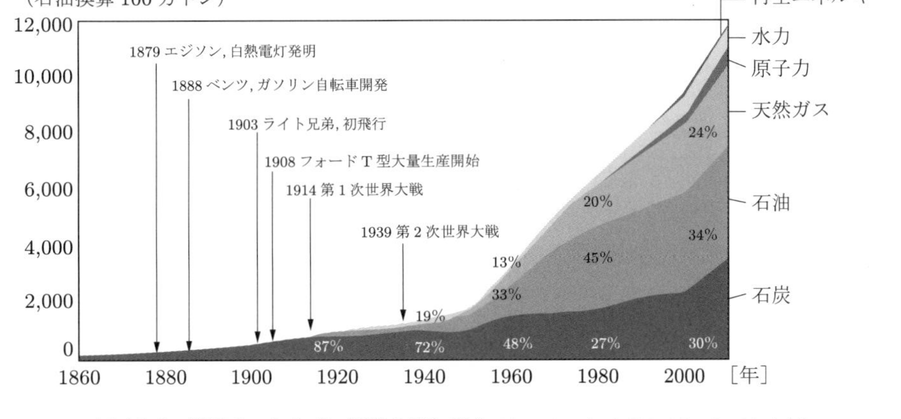

図 12.2　世界のエネルギー消費の増加動向（資源エネルギー庁「2012 年エネルギー白書」）

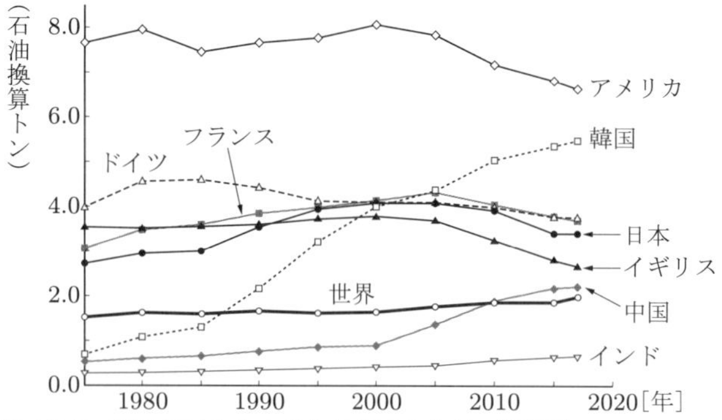

図 12.3　世界各国の 1 人あたりのエネルギー消費量
(一般財団法人省エネルギーセンター「エネルギー・経済統計要覧 2020 年版」)

ですが，日本もヨーロッパ先進国と同程度と多く，世界平均の約 2 倍を消費しています．また，主要先進国はエネルギー消費量が減少傾向にありますが，今後は中国やインドなどの消費量がますます増加するものと思われます（図 12.3）．

12.3　日本のエネルギー消費割合とエネルギー自給率

図 12.4 からわかるように，日本における，全消費エネルギーに対する化石エネルギーの消費割合は 87.7 %（2017 年度）であり，そのほとんどは輸入されたエネルギーです．

また，表 12.1 によると，日本のエネルギー自給率（原子力を含む[1]）はわずか 9.5 % 程度（2017 年）であり，いかに輸入に頼ったエネルギー基盤であるかがわかります．

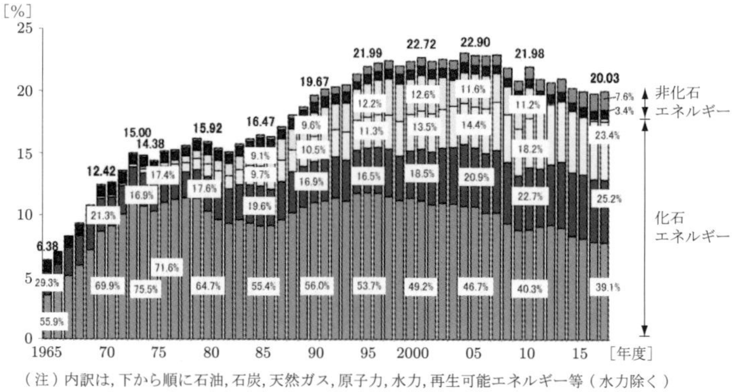

（注）内訳は，下から順に石油，石炭，天然ガス，原子力，水力，再生可能エネルギー等（水力除く）

図 12.4　日本のエネルギーの消費割合（資源エネルギー庁「エネルギー白書 2019」）

1）IEA（国際エネルギー機関）では，原子力を国産エネルギーとしています．

表 12.1　日本のエネルギー自給率（資源エネルギー庁「エネルギー白書 2019」）

年度	1960	1970	1973	1980	1990	2000	2005	2010	2011	2012	2013	2014	2015	2016	2017
エネルギー自給率[%]	58.1	15.3	9.2	12.6	17.0	20.2	19.6	20.2	11.5	6.7	6.5	6.4	7.4	8.3	9.5

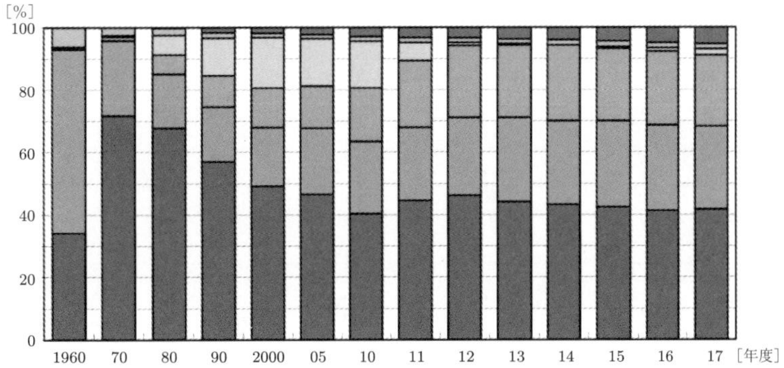

（注）内訳は，下から順に石油，石炭，天然ガス，原子力，水力，再生可能エネルギー等（水力除く）

すなわち，わが国にとって，国民の生活を守るために，国際協調と平和を最重要課題として，エネルギーの安定供給を確保することが不可欠なのです．

一方で，日本は近年話題の**メタンハイドレート**（図 12.5）や**シェールガス&オイル**の開発による自給率の向上を図るとともに，再生可能エネルギーの増加や，さらなる省エネルギー技術の開発・適用などにより，化石エネルギーの消費減少に積極的に取り組む必要があります．最近日本近海で発見されたメタンハイドレートは，日本の天然ガス使用量の約 100 年分あると推定されていますが，その大半が 1,000 m 級の深海に存在するため，安価な採掘技術の開発が求められています．

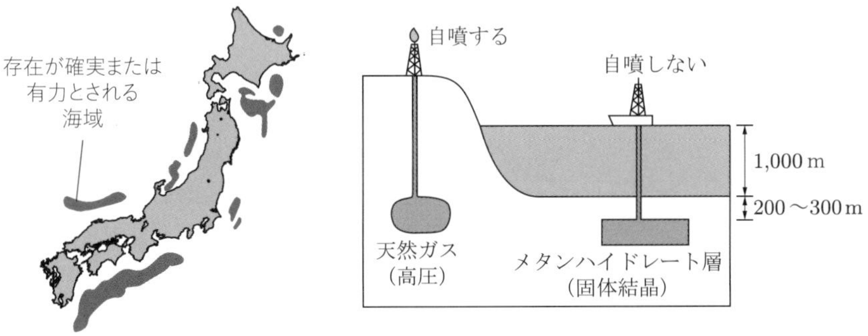

図 12.5　日本近海のメタンハイドレート
（産業技術総合研究所「メタンハイドレート資源からの天然ガス生産」をもとに作成）

12.4 エネルギーにおける電気の位置付け

人間がより文化的な生活をするうえで，電気がもっとも簡便なエネルギーです．また，いまの世の中においては，電気は不可欠なインフラでもあります．一方で，日本

表 12.2　発電方式別発電効率（エネルギー白書などをもとに作成）

発電方式	発電効率（%：LHV）	設備利用率（%/年）	発電コスト（¥/kWh）*	問題点
石炭火力発電	40 〜 43	70	12.3	排ガス：SOx，NOx，バイ塵，CO_2 の増加
石油火力発電	35 〜 40	80	30.6 〜 43.4	排ガス：SOx，NOx，バイ塵，CO_2 の増加（1979 年以降新設禁止：IEA）
ガスタービン複合発電（CCPP）	50 〜 60	80	13.7	排ガス：CO_2 増加，高燃料価格
原子力発電	30	60 〜 80	10.1 〜	放射能汚染問題（東電福島）
太陽光発電（メガ）	10 〜 20	12	24.3	発電不安定
風力発電（陸上）	30 〜 40	20 〜 30	21.9	発電不安定，騒音問題
バイオマス発電（専焼）	35 〜 40	80	29.7	燃料供給不足
地熱発電	10 〜 20	90	19.2	場所限定，大容量化は困難

* 発電コスト：2014 年ベース「経産省・総合資源エネルギー調査会 資料 1」（平成 27 年 4 月）

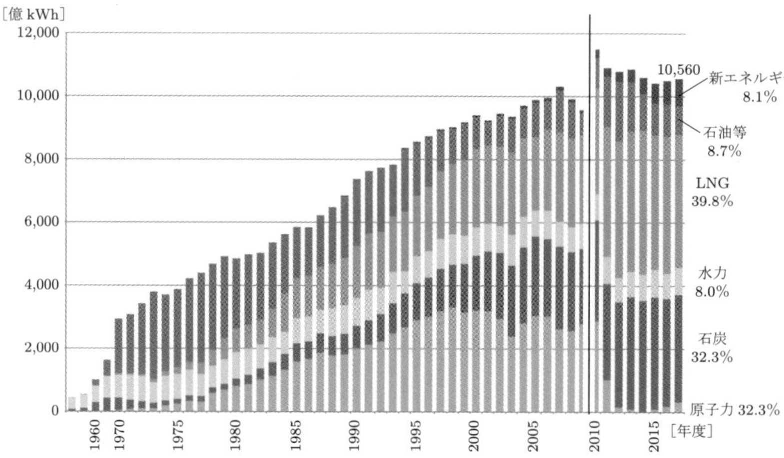

（注）2010 年度前後では，基となるデータが異なる。

図 12.6　発電方式別発電電力比率の推移（日本国内）（資源エネルギー庁「エネルギー白書 2019」）

では供給エネルギーのうち，45 %（2017 年度）が発電用エネルギーとして供給され，消費されています．天然ガスや石炭などのエネルギーを電気に変換する場合，その変換効率（発電効率[1]，表 12.2 参照）が常に重要な問題となります．たとえば，石炭火力発電所の場合は約 40 %（最大），ガスタービン複合発電所では約 60 %（最大）であり，原理的に燃料のエネルギーを 100 %利用することはできません．すなわち，電気を使用することは，その約 2 倍の燃料エネルギーを消費していることになります．

また，図 12.6 に国内の燃料種別の発電比率を示します．これによると，2017 年度の化石燃料（石炭，石油，天然ガス）由来の電源比率は 80.8 %に達することがわかります．

12.5 地球温暖化防止への道

2010 年度までは，とくに日本では，地球温暖化防止対策の切札として，原子力発電を増強することで国の電源計画が進められてきました．しかし，2011 年 3 月に発生した東日本大震災後の東京電力(株)福島第一原発事故により，その方針が大きく変更（既設原子力発電所の安全確認・再稼働，新設の中断など）されることになりました．このため，2011 年度は原子力の発電比率が大きく落ち込んでいます（図 12.6）．

一方，風力や太陽光発電など自然エネルギー発電も増加しつつありますが，投資効率が悪い，発電が不安定，発電規模が小さいなどの理由で，主力の電源となるにはまだまだ時間がかかると思われます．また，再生エネルギー電源の不安定性を補うためには，大規模で高電圧の**蓄電システム**を開発・整備する必要があります．しかし，電気エネルギーを直接，経済的かつ高効率で貯蔵する技術は実用化されていませんので，これまで**位置エネルギー（揚水発電）**，**運動エネルギー（フライホイール）**，**圧力（空気圧発電）**などに変換して蓄える方法が考案され，実用化されています．

電気の供給と消費は，常に**同時同量性**が求められ，需要の変動を発電側で追従させる必要があります（図 12.7，12.8）が，不安定電源の太陽光，風力などの発電変動（図 12.9）はきわめて大きく，これらの変動を素早く吸収できる石油や LNG などの火力発電所で追従させ，バックアップする必要があります．これがうまくいかないと，大規模な停電（**ブラックアウト**）を引き起こすことになります．

1）$\text{発電効率 [\%]} = \dfrac{\text{発電量 [J/s]}}{\text{燃料消費量 [J/s]}} \times 100$

＊再生可能エネルギーや原子力の場合は，燃料消費量としては総入熱量を用います．

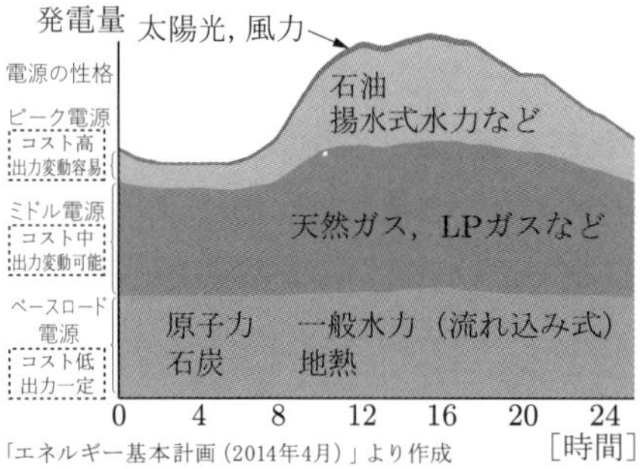

図 12.7　電力需要供給パターン（日本原子力文化財団「原子力・エネルギー図面集」）

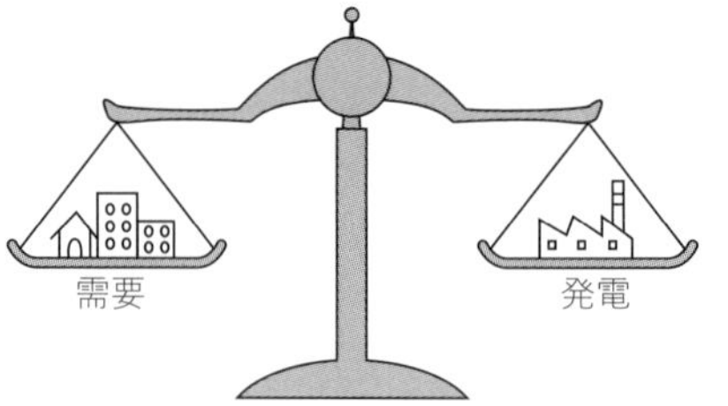

図 12.8　電力の同時同量イメージ図

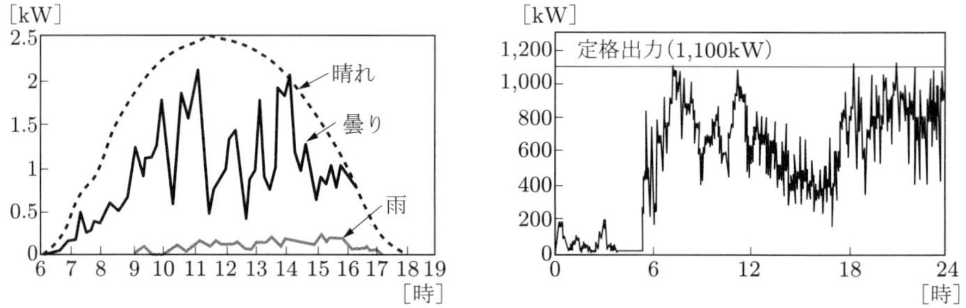

（a）太陽光発電の出力変動（春季）　（b）風力発電の出力変動（冬季）

図 12.9　再生可能エネルギーの出力変動パターン（日本原子力文化財団「原子力・エネルギー図面集」）

12.6 温室効果ガス（CO_2）排出の現状

日本おいては，福島問題により原子力発電の稼働率が極端に低下した結果，これを補うとともに，ますます増加する国内の電力需要を賄うため，CO_2 排出量が多い石炭と天然ガスを燃料とする発電所（図 12.10）が続々と運転しつつあります．これによって，日本の CO_2 排出量は急増しているのが現状です（図 12.11）．

2013 年 11 月の COP[1)]19 にて，日本政府は 2009 年 9 月に当時の鳩山首相が国連で公約した「2020 年までに 1990 年比で**温室効果ガス**を 25 %削減」するとの中期目標を，東日本大震災を原因として実現不可能として撤回しました．しかし，国際情勢への配慮もあり，2015 年 6 月に「2030 年までに 2013 年比で 26 %の削減目標（2005 年比で 25.4 %）」を提示しました．

1）COP：気候変動枠組条約締結国会議．1997 年の COP3 でいわゆる「京都議定書」が採択されました．

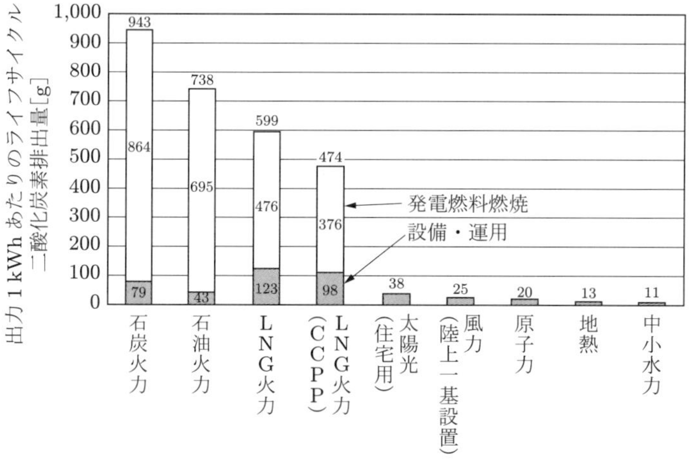

図 12.10　発電方式による CO_2 排出量の比較[1]（日本原子力文化財団「原子力・エネルギー図面集」）

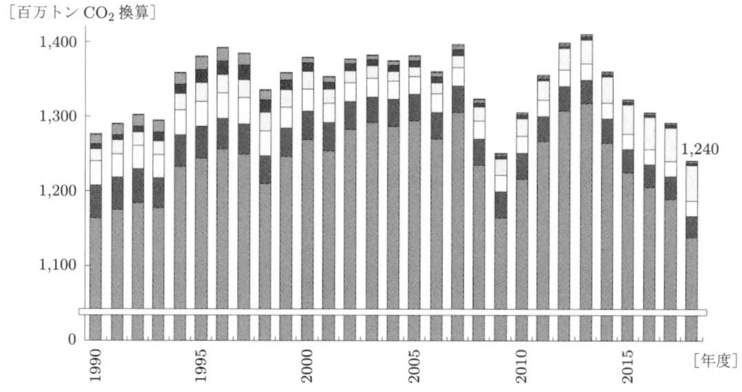

（注）内訳は，下から順に NF_3, SF_6, PFC_s, HFC_s, N_2O, CH_4, CO_2

図 12.11　日本の温室効果ガス排出量の遷移（環境省「2018 年度温室効果ガス排出量（確報値）」）

一方で，温暖化防止のためには大幅な CO_2 排出量削減は急務ですが，すぐに原子力に代替できるエネルギーが見当たらないため，電源・エネルギーの確保と CO_2 削減の両方を満足できない**ジレンマ**に陥っています．

なお，2014 年 4 月の IPCC（気候変動に関する政府間パネル）では，「気候変動を緩和するためには，2050 年までに温室効果ガス排出量を世界全体で，2010 年比で 40 ～ 70 %減少させなければならない」としています．

1) ライフサイクル CO_2 排出量：発電所の建設・運用・解体までのライフサイクルを通して排出される合計 CO_2 量．

12.7 地球温暖化と災害の関連性

大気中の CO_2 などは，太陽光線は通すが地表からの赤外線を吸収して地球外へ熱を逃がさないという，温室効果をもっています．このような**温室効果ガス**が増加して**地球温暖化**が進むと，つぎのような災害が増長されますが，すでにその兆候が顕著に表れてきています（図 12.12）．

- 海水面上昇による，**浸水，氾濫の増加**
- 動植物の生態系の変化による，**絶滅種の増加や森林消滅の拡大**
- マラリア感染や熱中症などの，人間に対する**健康被害増加**
- 集中豪雨，洪水の発生数増加，雨量の増大化など，**異常気象の増加**
- 干ばつの回数，期間の増加により**水資源の枯渇や食糧生産への影響増加**
- 台風，ハリケーン，サイクロンなどの**勢力の強大化**による被害の増大
- **山火事**の増加，**土地の砂漠化**の拡大

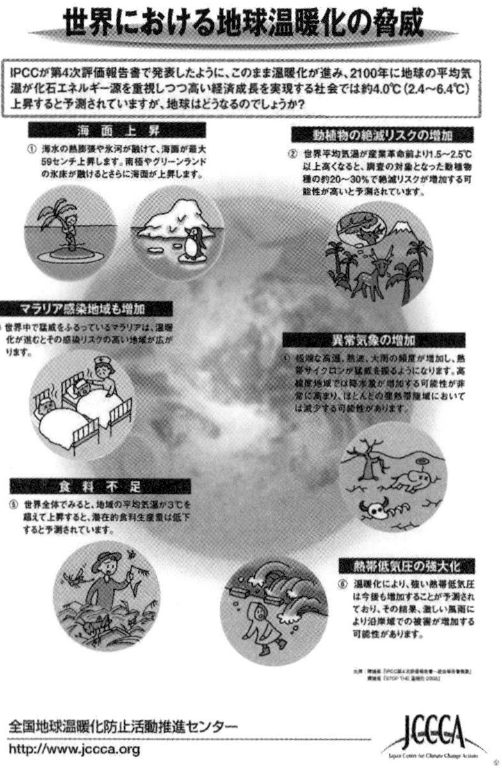

図 12.12　世界における地球温暖化の脅威（環境省「地球温暖化パネル」）

12.8 CO_2 排出量削減の方策

人類が今後も地球上で安全・快適に生活するために，いや生存できるようにするためには，地球温暖化の防止は必須であり，CO_2 削減をより迅速に推進する必要があります．そのためには，以下のように，化石燃料である石炭，石油，天然ガスの消費を減らす方法と，大気中に拡散する炭酸ガスを積極的に除去する方法があります．しかし，いずれもそれぞれに大きな短所があり，現状ではこれらの普及の急拡大は難しい状況です．

- 再生可能エネルギーの利用拡大（次節参照）
- 火力発電所や製鉄所への炭酸ガス回収装置（CCS）の設置

発電所や製鉄所など，炭酸ガスを集中して大規模に発生する設備に対して，CCS（Carbondioxide Capture and Storage）とよばれる CO_2 回収装置が，日本においても重工メーカーなどによって開発が進められています（図 12.13）．

しかし，現在の技術では，CO_2 回収に要する消費エネルギーにより，より多くの CO_2 が発生すること，回収費用がきわめて高いことなど，実用化にはいまだハードルが高いのが現状です．

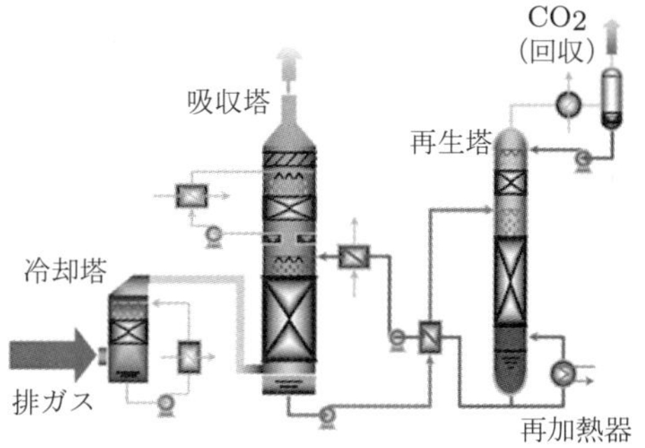

図 12.13　CCS システム（一例）（「当社の省エネ CO_2 回収技術と海外石炭焚き火力発電所からの大規模 CO_2 回収貯留実証実験」三菱重工技報 Vol. 48, No. 1（2011））

12.9 再生可能エネルギーの問題点と可能性

温暖化防止策として各種の再生可能エネルギーの開発と製品化が行われていますが，

- 電源の大規模化が難しいこと
- 供給不安定な電源であること

などの共通した問題のほかに，それぞれ表 12.3 のような固有の欠点があります．

表 12.3　再生可能エネルギーの欠点

発電方式	欠点
太陽光発電	高発電コスト，低電圧，低発電効率と低設備利用率など
風力発電	低周波騒音，出力変動大，台風対策，消費地から遠隔など
バイオマス発電	高発電コスト，収集・運搬費用，燃料の季節性，食糧との競合など
地熱発電	温泉地との競合，消費地から遠隔，国立公園などの景観破壊など
波力，潮流発電	高発電コスト，出力変動大，台風対策，消費地から遠隔など

そのほかにも，**太陽熱発電**，**潮流発電**，**波力発電**，**海洋温度差発電**などがありますが，いずれも上記と同様の欠点が存在し，いずれも再生可能エネルギーの普及拡大を阻害する要因となっています．

(1) 再生可能エネルギー利用拡大時の障害：ドイツのジレンマ・・・

チェルノブイリ原発事故を背景に，再生可能エネルギー（主として風力と太陽光）の導入を進めてきたドイツは，福島第一原発事故を踏まえ，原発を全廃することを目標とすることを決定しています．

このため，17 基の原発のうち，2011 年に 8 基を運転停止（これにより，原発発電量は全電力の 30 %から 18 %に低減）し，残りの 9 基を 2022 年までに順次停止させ，これに代わって再生可能エネルギーによる電力を 2030 年までに全電力の 50 %以上，2050 年までに 80 %以上とするという目標を立てています．しかし，以下のような問題が出ています．

- バックアップ電源容量の不足による，停電と電圧降下などの供給不安の危険性が増大
- 再生可能エネルギー固定買取制度による上乗せによる，電気料金の値上がり（20 %以上）
- 国内炭を用いた石炭火力の経済性が高く，今後 CO_2 排出量が増大する可能性あり
- 北部の風力発電電力を南部に送電する高圧送電網の整備が，環境団体の反対により大幅に遅延
- 近隣国（ポーランド，チェコなど）と電源系統が連系しているため，周波数が大きく変動して供給が不安定になる危険性
- 電気料金高騰により企業の近隣諸国への移転が進み，「**グリーンパラドックス**」[1] が発生

1）グリーンパラドックスとは，自国が原発を全廃したり CO_2 削減をしたりしても，その影響により周辺他国で原発や CO_2 の排出量が増加し，広域的に見るといずれも減少しない現象．

以上のように，EU で経済的にもっとも好調なドイツにおいても，原発閉鎖，CO_2 削減，安定電源供給，エネルギーコストと企業の競争力の確保など相反する問題が噴出し，大きなジレンマとしてのしかかっています．

（2）太陽熱発電・・・

無尽蔵で二酸化炭素を発生しない太陽エネルギーは，一方でエネルギー密度が薄いため有効利用が難しいエネルギーでもあります．これを解消する技術として，太陽熱発電が開発されています．主として，サンベルト地帯（図 12.14 中の濃色部分）とよばれるエリア（砂漠や土漠が多い）で人類がほとんど有効利用できない広大な土地に，大規模な集熱装置を設置して大容量発電を可能とするものです．

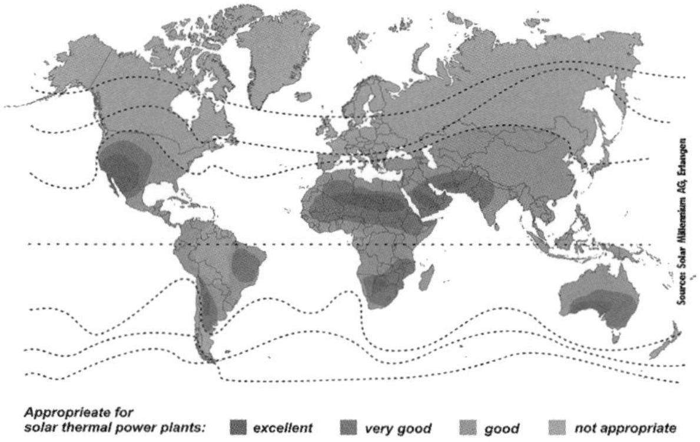

図 12.14　サンベルト地帯
(Desertec Foundation (2015) Mapa del Cinturón Global Solar, CC BY 4.0)

太陽熱発電方式として，主として下記の 3 種類の集熱方式が用いられています．

（ i ）タワー型太陽熱発電（図 12.15(a))
　設置例：Solar Two（アメリカ）: 1000°C × 10 MW
（ ii ）パラボリックトラフ型太陽熱発電　(図(b))
　設置例：Andasol（スペイン）：400°C × 50 MW
（iii）リニアフレネル型太陽熱発電　(図(c))
　設置例：Liddell（オーストラリア）：DSG（直接蒸気発生方式）

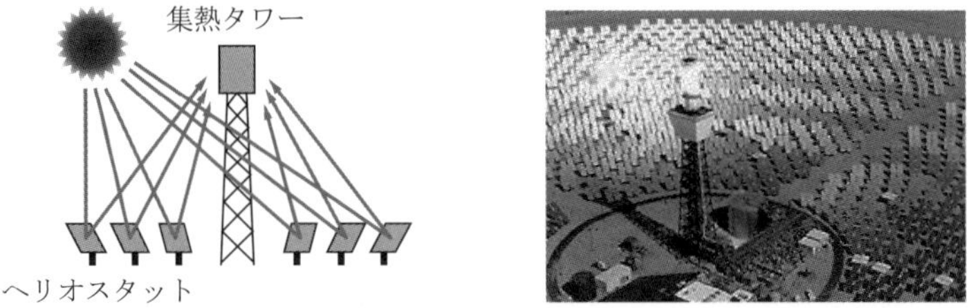

（a）タワー型

（b）パラボリックトラフ型

（c）リニアフレネル型

図 12.15　太陽熱発電システムの各種
（（c）"CSP Fresnel Power Station Puerto Errado 2" ©Novatec Solar[1], CC BY-SA 3.0）

（3）スマートグリッド・・・

供給が不安定である再生可能エネルギーを最大限に有効に使用するシステムとして，最近開発が進められているものに，スマートグリッド，スマートシティなどとよばれているものがあります（図 12.16）．

電力消費をマクロに見た場合，電力の需給バランスをとり，蓄電システムを高効率化・巨大化することで，再生可能エネルギーを無駄なく，かつ，より多く組み込むことが可能となります．それにより，化石燃料を用いる発電所や原子力発電所を減らすことができる有望な技術であるといえます．

1）https://commons.wikimedia.org/wiki/File:Novatec_Solar_Puerto_Errado_2_BoP_PI.jpg

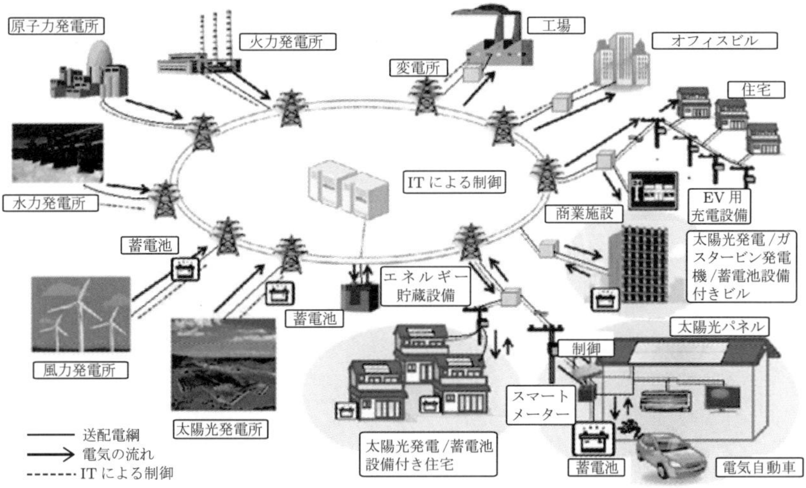

図 12.16　スマートグリッドの概念図（経済産業省「次世代エネルギーシステムに係る国際標準化に向けて」）

（4）水素エネルギー社会・・・

前述のように，再生可能エネルギーのうち，もっとも汎用的な普及が期待される太陽光発電や風力発電は，電力の同時同量性に弱点があり，利用拡大に大きな制約があります．また，日本の石油消費の約 40 %を占める動力用（自動車，飛行機，船舶などの燃料）の使用削減も，温室効果ガス（CO_2）排出を抑制するために重要な問題です．

これらの問題の解決策の一つとして，水素（H_2）が近年注目を集めています．具体的には，たとえば，変動の大きい太陽光発電や風力発電で発電した電力のうち，需要を超えた余剰電力を用いて，水を電気分解して水素を製造します．これを圧力容器に貯蔵し，都市ガスのように工場や家庭に配管で供給したり，液化水素（LH_2）をコンテナ輸送で消費元に配送します．このように，現在のエネルギー構造の中心である石油や LNG などの化石エネルギーを代替することが可能となります（図 12.17）．

この水素エネルギーシステムは，前項のスマートグリッドと連系すれば，より効率的なエネルギーシステムとすることが可能です．とくに各家庭やオフィス，工場などで燃料電池による個別発電ができれば，**分散型エネルギー**として，災害にも強靭な**自給型エネルギーシステム**となります．また，現代においては大きな問題となっている，エネルギーを原因とする国際紛争も減少させることができるようになります．

しかし，水素は以下の技術的課題があり，これらを早急に解決して実用化を進める必要があります．

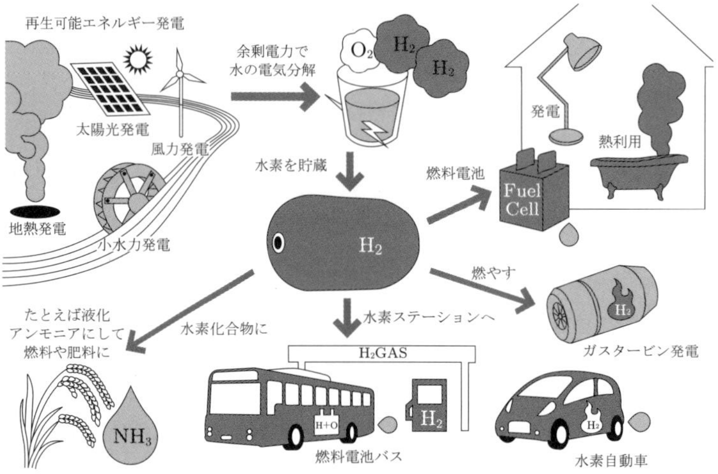

図 12.17　水素社会システム概念図（NPO R水素ネットワーク）

- 電気分解，圧縮，燃料電池などのエネルギー効率が悪く，エネルギーコストが高い
- 爆発濃度範囲が広く着火しやすいため，安全性を確保する技術の確立が重要
- 液化温度が低いため（約 −260°C）常温では気体で扱われることが多いが，比容積が大きいため高圧で圧縮する必要がある
- 鋼材，とくにステンレス鋼において水素脆化（脆くなって割れやすくなる）の危険性がある
- 水素のサプライチェーン（製造，輸送，貯蔵，利用・消費）の整備と大規模化，低価格化が必要

日本国内においては，2014 年の閣議決定に伴い，経済産業省が中心となって策定した「水素・燃料電池戦略ロードマップ」により，今後 25 年間で「水素社会の実現」をめざすことが提起されました．各種の学術機関や企業などにおいて，上記の課題に対していままさに開発競争が行われつつあり，さまざまな分野のエンジニアが活躍することが期待されているフィールドでもあります．

Chapter 13 原子力と災害

この章では…

エネルギー問題と地球温暖化対策の救世主であった原子力の特性と，東日本大震災により引き起こされた，東京電力(株)福島第一原発事故の原因と対応について学びます．

13.1 原子力の特性

東日本大震災により引き起こされた，東京電力(株)福島第一原子力発電所事故にいたるまでは，日本の CO_2 削減政策の中核を担うものとされていたのは原子力発電でした．しかし，この事故により原子力発電の安全神話は完全に崩壊し，日本のエネルギー政策は大きく転換せざるを得なくなりました．

福島第一原発は，**炉心溶融（メルトダウン）**と水素爆発を伴う**シビアアクシデント**（チェルノブイリと同じレベル 7）により，大量の放射性物質の飛散と汚染水の海洋流出を引き起こしています．事故発生後から現在に至るまで，各種の放射能汚染問題が，汚染水処理など付随的に発生した問題も含めて，いまだ解消されずにいます．

(1) 放射線被曝の種類と限度・・・

自然放射線により，日常生活において人間は 1 年間あたり 2.4 mSv（ミリシーベルト，世界平均）の**放射線被曝**をしています．また，人工放射線は，工業，農業，医療など人類に有用な技術として，さまざまな用途に用いられています（図 13.1，13.2）．

放射線被曝には，**外部被曝**と**内部被曝**があります．前者は外部から放射線が人体に照射された場合であり，後者は放射性物質を体内に吸収した場合，たとえば水・食物などから摂取することなどによって発生します．

国際放射線防護委員会（ICRP）の基準では，線量限度（自然放射線と医療被曝は含まない）として，一般人は 1 mSv/年以下，放射線従事者は 20 mSv/年以下（年間平均．ただし，最大 50 mSv/年以下）としており，日本政府もこれを目標としています．

ICRP では，緊急時には 100 mSv/年以下，復旧期は 20 mSv/年以下との線量限度も示しています．一方で，表 13.1 のような数値が報道されることもありますが，これは放射性物質を体内に取り込んだ場合を想定し，その許容基準値を規定したものです．

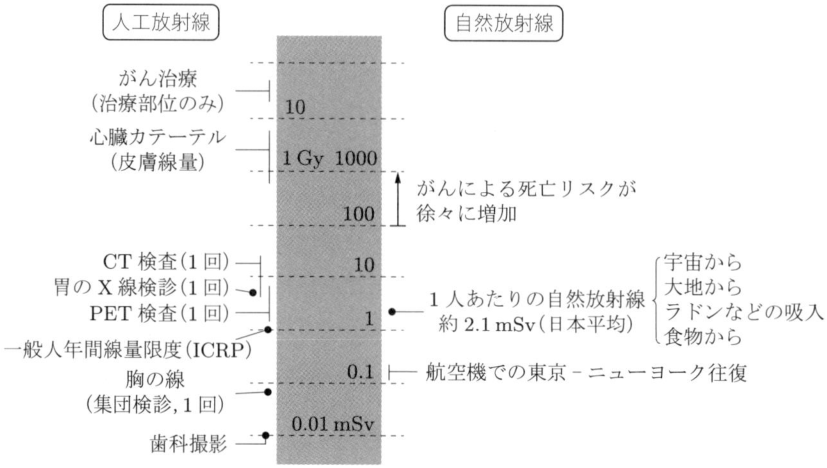

図 13.1　放射線被曝早見図
（放射線医学総合研究所「放射線被ばくの早見図」をもとに作成）

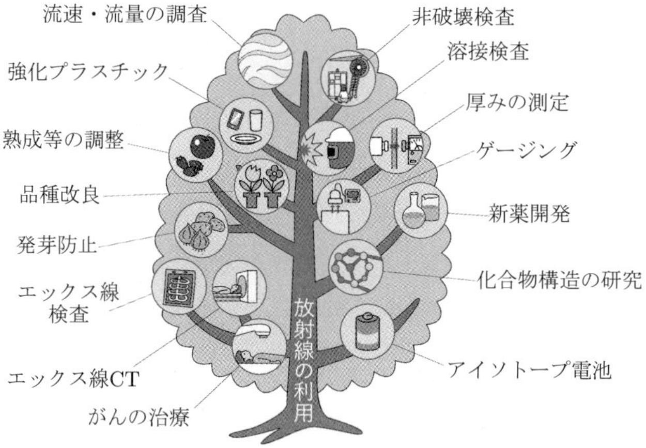

図 13.2　人工放射線の有効利用分野（日本原子力文化財団「原子力・エネルギー図面集」）

表 13.1　食品中の放射性物質に係る新基準値（H24 年 4 月 ～）（政府広報オンライン）

食品区分	放射性セシウムの基準値（Bq/kg）
飲料水	10
乳児用食品	50
牛乳	50
一般食品	100

ここで，Sv（シーベルト）とは，人体が受ける放射線の影響度合いを表す単位で，Bq（ベクレル）とは，放射性物質が放射線を出す能力を表す単位です．ほかに，Gy（グレイ，物質が放射線から受けるエネルギー量）などの単位もあります．

（2）放射線被曝による人体への影響・・・

「プロメテウスの火」と称される原子力は，人類にとって有益なエネルギーであると同時に，致命的な欠点をもっています．それは，ある一定量以上の放射線に被曝すると，その状況によって表 13.2 のような疾患・障害が発生するためです．

表 13.2　放射線障害の分類

<table>
<tr><th colspan="2">影響の出現する個体に
着目した分類</th><th>疾患名</th><th>しきい線量の有無に
着目した分類</th></tr>
<tr><td rowspan="3">身体的
影響</td><td>早発性（急性）障害</td><td>急性放射線症候群，不妊</td><td rowspan="2">確定的影響</td></tr>
<tr><td rowspan="2">晩発性障害</td><td>放射線性白内障，胎児への影響（胎児の奇形など），加齢（老化）現象</td></tr>
<tr><td>悪性腫瘍（がん，白血病，悪性リンパ腫）</td><td rowspan="2">確率的影響</td></tr>
<tr><td colspan="2">遺伝的影響</td><td>染色体異常（突然変異）</td></tr>
</table>

（3）核分裂と放射性核種の崩壊・・・

ウランやプルトニウムなどは，**中性子**が飛び込むと**原子核**が分裂する性質をもっています．これを**核分裂**とよび，分裂の際に熱エネルギーを発生します．分裂した原子核は，それぞれが中性子を放出し，ネズミ算のように連鎖反応を起こします（図 13.3）．この核分裂速度を制御しながら，熱エネルギーを発電に利用したものが**原子力発電**であり，一気に短時間に反応させたものが**原子爆弾**です．原子核が分裂するときなどに放出される，高速の粒子や高いエネルギーをもった電磁波が**放射線**です．また，ウランなどが核分裂することにより多数の**放射性核種**（**放射性同位体**）が生成され，これらが崩壊（**放射性崩壊**）することによっても，放射線（α 線，β 線，γ 線）が継続的に放出されます．これらが外部に飛散した場合，**放射能汚染**が発生します．

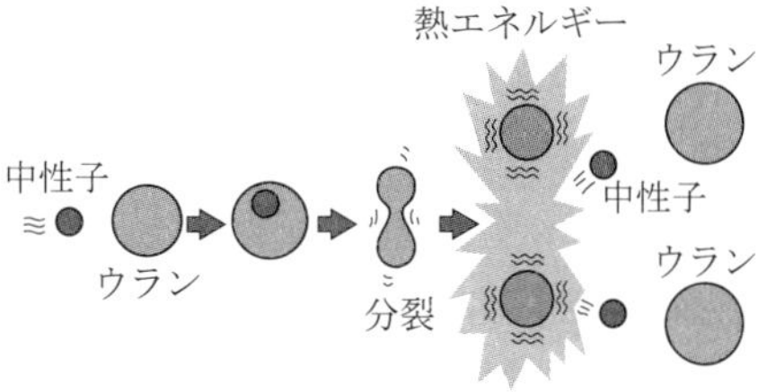

図 13.3　原子核分裂のイメージ図

放射線には，上記のように原子核分裂や原子核崩壊によって発生する中性子線，α 線，β 線，γ 線のほかに，熱電子をタングステン（W）やモリブデン（Mo）

などに照射することにより発生するX線などがありますが，図 13.4 のように，それぞれ透過力が異なります．この性質を利用して，放射線を有効利用する場合の安全な防護方法が採用されています．たとえばX線は，鉛のプロテクターで防護対象を保護します．また，原子炉（軽水炉）においては，熱媒体でもある水そのものが，中性子の減速材や遮蔽材として用いられています．

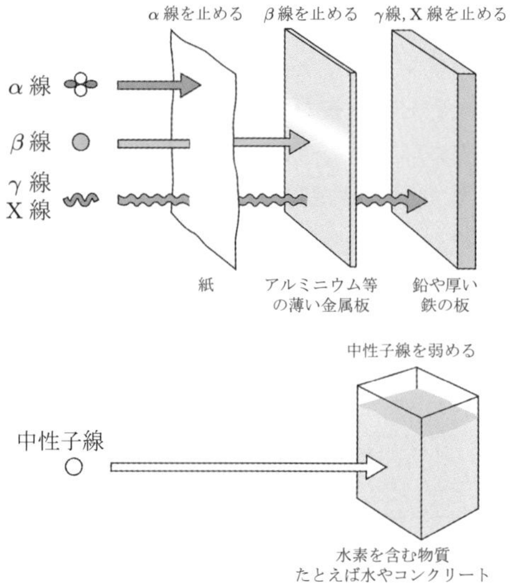

図 13.4　放射線の種類と透過力（日本原子力文化財団「原子力・エネルギー図面集」）

（４）原子力発電と原子爆弾の違い・・・

原子力発電と原子爆弾は，ウランやプルトニウムを原料として用いる点は同じですが，エネルギーを取り出す仕組みがまったく異なります．

原子力発電では，核分裂をする**ウラン 235** が 3 %程度しか含まれない（残りの 97 %は，核分裂しないウラン 238）核燃料を使用します．このため，中性子のほとんどをウラン 238 が吸収してしまうため，爆発現象のような急激な核分裂は起こりません（図 13.5(a)）．

一方，**原子爆弾**は，核分裂しやすいウラン 235（または，**プルトニウム 239**）をほぼ 100 %まで濃縮させ，10 万分の 1 秒という瞬間的に核分裂連鎖を起こすことによって爆発させます（図(b)）．天然ウランには通常はウラン 235 が 0.7 %程度しか

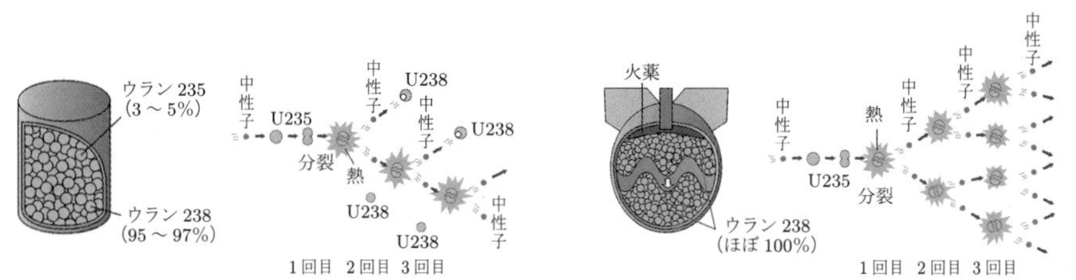

(a) 原子力発電の場合　　(b) 原子爆弾の場合

図 13.5　原子力発電と原子爆弾の違い（日本原子力文化財団「原子力・エネルギー図面集」）

含まれていないため，高濃度濃縮には高度な技術と設備が必要となります．プルトニウム 239 は自然界には存在せず，原子炉内でウラン 238 が反応して生成されます（プルトニウム濃縮は，原子炉で比較的容易にできるため，その保管管理には厳重な注意が必要です）．

（５）放射性物質の物理的半減期と人体への実効半減期・・・

原子力発電所事故により放出された放射性物質は，時間が経てば放射能強度は減少します（図 13.6）．放射性物質の量が半分になるまでの時間を**半減期**（正確には，**物理学的半減期**）といいます．除染などで報道されるセシウム 137 の半減期は 30 年です．また，人間が吸収することによる内部被曝を防止するために，最大限の除染が必要な理由がここにあります（半減期が長いため，被曝期間が長くなります）．

一方，体内に吸収された放射性物質の大部分は尿や便で排泄されます．これを考慮した半減期を**生物学的半減期**とよび，物理学的半減期とあわせたものを**実効半減期**[1)]といいます（表 13.3）．

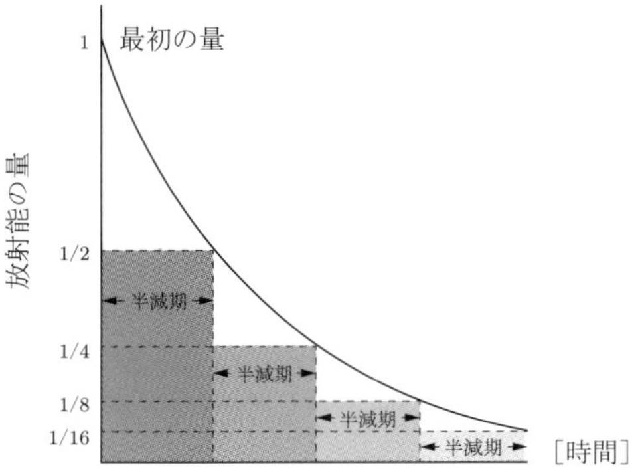

（例）

種類	半減期
ナトリウム 24	15.0 時間
ラドン 222	3.8 日
ヨウ素 131	8.0 日
コバルト 60	5.3 年
ストロンチウム 90	28.8 年
セシウム 137	30 年
ラジウム 226	1,600 年
プルトニウム 239	2.4 万年
ウラン 238	45 億年

図 13.6　放射性物質の半減期

表 13.3　実効半減期

	物理学的半減期	生物学的半減期	実効半減期
セシウム 137	30 年	110 日	約 109 日
ヨウ素 131	8.0 日	120 日	約 7.5 日
ストロンチウム 90	28.8 年	49 年	約 18 年
プルトニウム 239	2.4 万年	50 年	約 50 年

1） $\frac{1}{\text{実効半減期}} = \frac{1}{\text{物理学的半減期}} + \frac{1}{\text{生物学的半減期}}$

いずれにしろ，内部被曝を最小限とするために，放射性物質の吸収は最小限にする必要があります．

13.2 原子力発電の種類と構造

世界における原子力発電用原子炉（軽水炉）の種類として，ロシアで開発された黒鉛型（チェルノブイリほか）などがありますが，日本における基本型としては，**沸騰水型原子炉**（BWR：Boiling Water Reactor）と**加圧水型原子炉**（PWR：Pressurized Water Reactor）の 2 種類があります．前者は，GE 社（アメリカ）から技術導入され，主として東京電力(株)で採用されています．2011 年の東日本大震災に付随して事故を起こした福島第一原発はこのタイプです．また，後者は三菱重工業(株)が WH 社（ウエスチングハウス社：アメリカ，2006 年に(株)東芝が買収）から技術導入し，主として関西電力に採用されています．1979 年のスリーマイル島原発事故は，メーカーは異なりますが，この PWR の型式の原子炉でした．

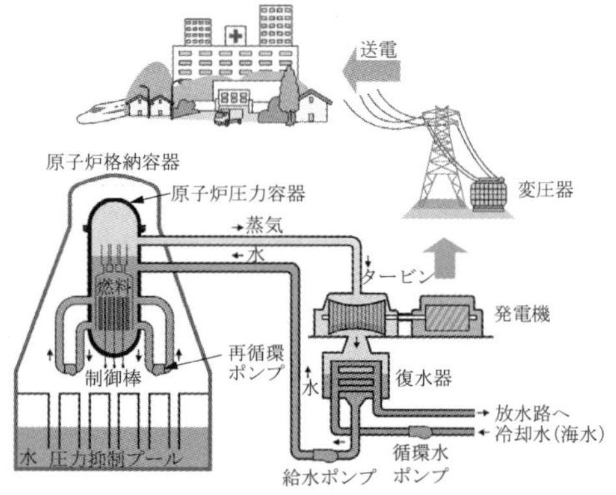

図 13.7 BWR 原発の構造図（日本原子力文化財団「原子力・エネルギー図面集」）

BWR は，図 13.7 に示すように，原子炉内の燃料集合体を通過・上昇した水が加熱されて蒸発し，原子炉上部の蒸気溜まりを経て，水蒸気が蒸気タービンに供給されて発電します．この原子炉は，直接原子炉で蒸発させるので熱効率がよく，原子炉全体をコンパクトにすることができますが，放射性をもった蒸気・水が原子炉格納容器の外部を循環することになります．また，原子核反応を制御する制御棒は原子炉下部に設置され，下から上に駆動する形式が用いられています．

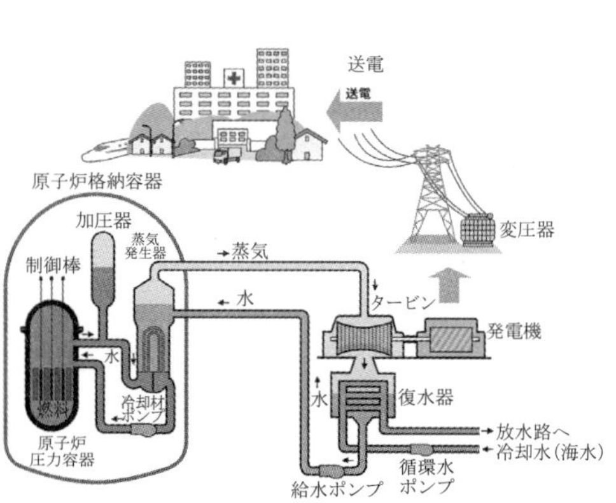

図 13.8 PWR 原発の構造図（同）

一方，PWR は，図 13.8 のように，原子炉内で循環する加圧された熱水により，蒸気発生器にて間接熱交換によって水蒸気に変換し，蒸気タービンにて発電します．この原子炉では，燃料集合体と接触する水は原子炉格納容器内を循環し，外部で循環する発電用蒸気・水は，放射性をもちません．しかし，原子炉のサイズはBWR に比べて大きくなります．制御棒は，原子炉上部から下向きに作動し，自由落下により緊急遮断が可能です．

燃料棒と燃料集合体（一例として PWR 用のもの）を，図 13.9 に示します．

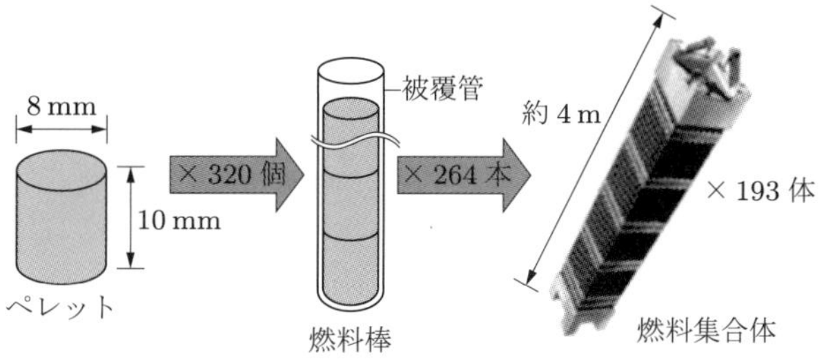

図 13.9　燃料棒と燃料集合体（PWR 用）（資料提供 関西電力株式会社）

この形式でいえば，燃料棒 1 本あたり ϕ 8 mm × ℓ 10 mm のペレットが 320 個入っており，原子炉 1 基あたり総計約 1,630 万個のペレットが入っています．このペレット 1 個で 1 家庭の約 6 か月分の電力が発電できますので，この原子炉 1 基で約 800 万戸 × 1 年間の電力を賄うことができる計算になります．

13.3 福島第一原子力発電所事故の原因と状況

（1）事故の状況と現状・・・

2011 年 3 月 11 日に発生した東日本大震災によって，東京電力（株）福島第一原子力発電所で運転中の 3 基（6 基中 3 基は定期検査中）の原子炉は，自動的に制御棒が挿入されて正常に緊急停止しましたが，送電鉄塔の倒壊や受電用遮断器などの損傷により，**外部電源**を失いました．ただちに非常用ディーゼル発電機が自動起動し，原子炉は正常に冷却されつつありましたが，直後に 14 m を超える大津波が襲来し，原子炉建屋地下に設置されていた非常用ディーゼル発電機や配電盤などの電気設備が水没し，最終的に 1 ～ 4 号機が「全電源喪失」となりました．その結果，原子炉や核燃料プールへの送水と冷却が不能となり，核燃料が露出して炉心溶融にいたった，と報告されています．その過程で，高温となった核燃料の被覆材であるジルコニウムが触媒となって冷却水が分解され，大量の水素が発生しました．この水素が，格納容器を経て原子炉建屋に漏洩し，1，3，4 号機の原子炉建屋内で水素爆発が発生しました（図 13.10）．その結果，大量の放射性物質が大気に放出され，周辺を放射能汚染することとなりました．9 年以上経過した 2020 年 3 月現在でも，**避難指示区域**として，帰還困難区域（50 mSv/年以上），居住制限区域（20 ～50 mSv/年），避難指示解除準備区域（20 mSv/年以下）などに区分され（図 13.11），いまだに 5 万人以上の住民が避難生活を余儀なくされています．広大なエリアの除染と汚染土壌や汚染水の処理，海水汚染の処理などが，いまも大きな問題として残されています．

図 13.10　東京電力(株)福島第一原発：事故直後（手前より 1 号 → 4 号）（出典：東京電力ホールディングス）

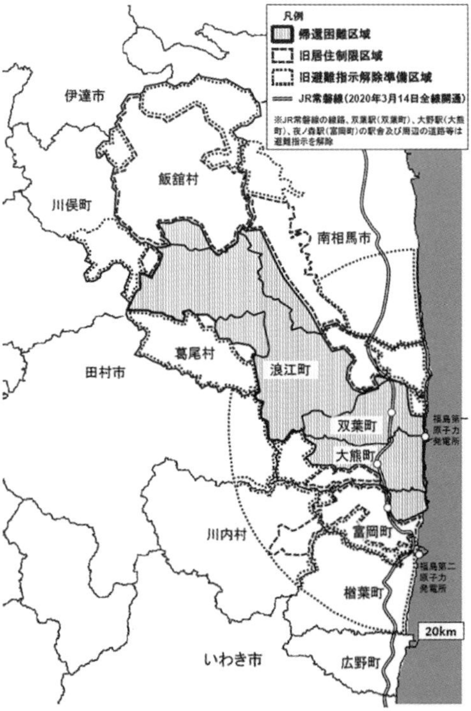

図 13.11　避難指示区域の概念図（2020 年 3 月 10 日時点）（経済産業省ホームページ）

（2）事故原因の究明と評価・・・

この原子力事故に対して，国会，政府，民間，東京電力の 4 グループが事故調査委員会を立ち上げ，ほぼ 1 年後にそれぞれその報告書を提出・公開しています．報告書はそれぞれがそれぞれの立場で評価したものであり，相互に同様な見解もあり，また異なった判定もあって，これらを評価するのは難しいですが，直接的な原因が「想定を超える津波に対する対応」と，これによって生じる「シビアアクシデントへの対策」が不十分であったことは 4 報告書共通の結論であり，国と電力会社により確立されたと思われた原子力の安全神話が，実際のところ不十分であったことが明確となりました．

（3）想定外とは何か・・・

東北地方の太平洋側を襲った津波の影響を受けた原子力発電所は，東通，女川，福島第一，福島第二，東海第二の 5 発電所，原子炉 16 基でしたが，とくに福島第一原発（東京電力）のみが津波により深刻な損傷を受けました．これに対して，女川原発（東北電力）はほとんど損傷を受けず，逆に周辺住民の避難場所にすらなりました．津波浸水高は，それぞれ福島原発は 14 ～ 15 m，女川原発は 13 m でしたが，福島と女川の明暗を分けた重要な要因の一つは，津波の大きさに対する想定の差であったといわれています．ここでの重要なポイントは，発電所の海面からの敷地高さです（図 13.12）．

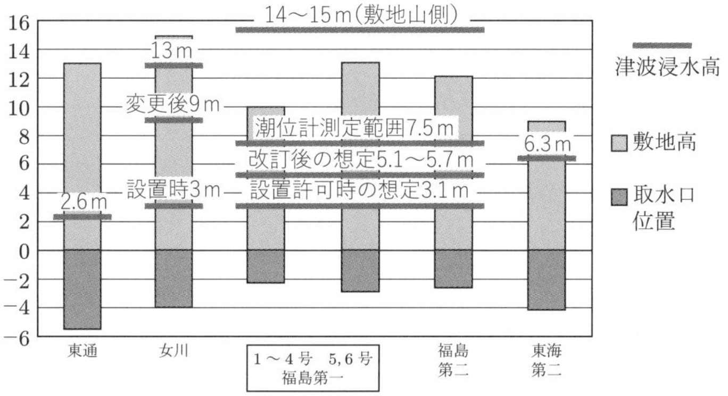

図 13.12　建設時の津波想定と敷地高さ，および実津波浸水高[1)]

福島第一原発では，設計段階において想定した津波高さは 3.1 m（チリ地震）であり，このため発電所の敷地高さを，もとの海抜 35 m 程度から 10 m まで削り取って設置しました．一方，女川原発は，福島第一原発の 4 年後に完成した原発でしたが，想定津波高さを 9 m，敷地高さを 15 m として建設されました．これは 869 年（貞観 11 年）の三陸津波の精査を踏まえた結果を反映したものであったといわれています．

[原発を高所に建設するとどうなるか？（取水口と敷地とのレベル差）]

蒸気タービンにより発電する発電所では，**ランキンサイクル**を構成するために，復水器という巨大な熱交換器により蒸気を水に戻します（復水といいます）．このため，

1）岡本孝司「原子炉の現状推定と事故から学ぶもの」（2011 年 5 月 21 日）に，開志専門職大学副学長三上喜貴教授が一部修正加筆，原子力安全保安院「2010 年 2 月に発生したチリ地震による津波の原子力発電所の影響について」，平成 22 年 3 月，IAEA 閣僚会議に対する政府報告書，平成 23 年 6 月，Vol. Ⅲ，pp.28–29（2011）．

冷却水として大量の冷海水をポンプにより取水し，復水器に導入します．ここで，海水面と復水器の設置レベル差が 10 m 以下であれば，海水配管は**サイホン**が構成され，ポンプの消費動力を極端に少なくできます．しかし，このレベル差が 10 m を超えると，復水器の中で海水の**汽水分離**が増大するとともに，**蒸発が発生**し，サイホンが破壊されます．これを防止するためには供給海水を加圧する必要があり，必要ポンプ動力が増加することになります．その結果，発電所内で消費する電力が増加するため，発電所の送電電力量が減少することになります（言い換えれば，発電所の送電効率が悪化します）．すなわち，福島第一原発の場合，結果論ではありますが，ある意味でエンジニアが安全性より経済性を優先したために，自然災害により重大な事故を引き起こしてしまったことになります．

このように，各分野のエンジニアは結果責任を念頭に入れて，あらゆることに真摯に計画・設計・建設を進める必要があります．

（4）原発事故時の対応措置：PAZ と UPZ，PAA・・・

東日本大震災により誘発された東京電力福島第一原発事故を教訓として，2014 年に「原子力災害対策特別措置法」の見直し改正が行われ，原子力発電所の近隣地域に対する，事故時の対応防護措置が規定されました（下記および図 13.13 を参照）．原発の再稼働を踏まえ，これらのエリアに居住したり，勤務したりする場合には留意する必要があります．

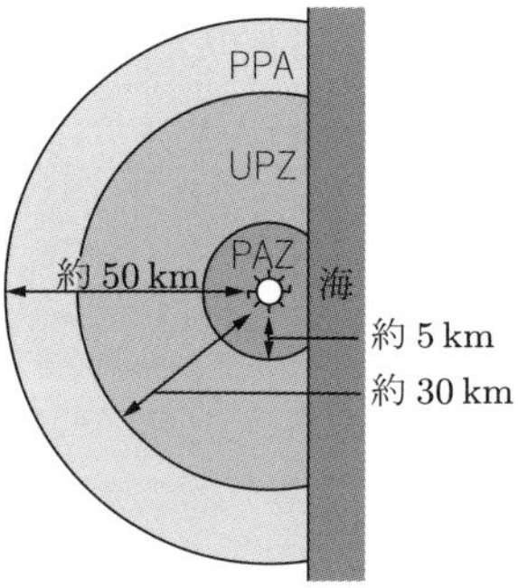

図 13.13　PAZ と UPZ

- **PAZ**：予防的防護措置を準備する区域．原発からおおむね **5 km 以内**

  原発事故が起こった場合，放射性物質が放出される前に，ただちに避難する区域であり，この区域内の住民には，対応説明とともに**安定ヨウ素剤が配布**されます．
- **UPZ**：緊急防護措置を準備する区域．原発からおおむね **30 km 以内**

  避難，屋内退避，安定ヨウ素剤の予防服用などの**防護計画を準備**する区域
- **PPA**：プルーム通過時防護措置準備区域．おおむね **50 km 以内**

  屋内退避などを中心とした防護措置を実施する区域

13.4　エネルギーの選択

東日本大震災による東京電力(株)福島第一原子力発電所の事故により，原子力発電

の安全神話が完全に崩壊しました．現時点で原子力は人類にとって**諸刃の剣**であることは自明のことですが，私たち人類が放射線被曝という原子力の負の面を，将来においても技術的に制御できないのであれば，原子力発電の利用は制限していかざるを得ないと思われます．

一方で，現代社会が膨大なエネルギーを必要とし，ますます消費が増大していることは事実であり，化石燃料の消費増大により，急速に地球温暖化が進行し，これに伴う自然災害が顕在化し，巨大化していることもまた事実です．

加えて，日本国内においては，大半のエネルギーは輸入されており，化石燃料価格の高騰によるエネルギーコストの上昇は，国民の生活を圧迫するとともに，国際マーケットにおける日本経済の競争力低下につながることになります．

また，再生可能エネルギーの利用拡大も，**固定価格買取制度**（FIT）により電力代価に転化され，よりいっそう物価が上昇し，日本企業の国際競争力にも悪影響を与えることになります．他方で，電気の同時同量性により，再生可能エネルギーの急激な量的拡大は望めませんし，この状況を打開する**水素社会システム**などの新しい技術開発も，すぐには普及できないと思われます．また，**スマートグリッド**などの需給バランスを改善して効率化を図る先進技術も急速に発達することは難しいでしょう．

したがって，私たちはこれらのジレンマと戦いながら，将来に禍根を残さない道筋を早急に見つけ出さなければなりません．一方で，日本が世界に先駆けてこれらを解決する技術を開発できれば，これらの分野において日本を技術立国として確立することができ，ビジネスチャンスを拡大することも可能です．

下記の二つの命題は切実な問題ですが，その判断はきわめて難しいものと思います．

- 今後の日本のエネルギー源の一つとして，原子力発電の継続を認めるべきか？
- 地球温暖化の抑制プロセスを，私たちはどのように構築し，世界をリードしていくべきか？

原子力のもつエネルギーは膨大なものであり，負の面を克服できれば，地球温暖化防止の道筋を明確にすることが可能となるばかりか，エネルギー確保を原因とする国際紛争を避けることも可能となり，人類はもっと快適で文明的な社会を築くことができるものと思われます．

逆に，私たちが原子力を技術的に制御できず，人類にとって負の要素が多いと判断する場合は，スッパリと切り捨てる決断をし，地球温暖化防止が可能なエネルギーシステムの早期確立に傾注することが必要です．みなさん自身や家族，子孫のために，原子力を含めたエネルギー問題をどのように扱うべきか，今後も自ら情報を収集・分析し，自らの考えを構築していくことを期待します．

Chapter 14 災害リスクマネジメント

この章では…

災害リスクに対するマネジメントの目的と，リスクのコントロール手法，および安全性の評価・分析方法について学びます．なお，リスクマネジメントとは，リスクを系統的に管理し，損失などを防ぐ，または低減を図る管理手法をいいます．

14.1 災害リスクの増加

地震や台風など自然現象が「災害」となる過程には，人間の活動が深く関与しており，近年では一つの災害あたりの物的，および経済的被害が増大している傾向があります．図 14.1 のように，災害の発生件数も増加していますが，それ以上に被害金額（経

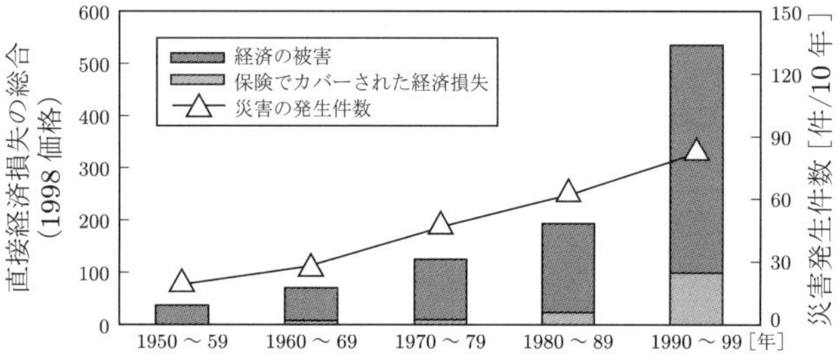

図 14.1　過去 50 年間の自然災害の発生頻度と損害額
（京都大学防災研究所 教授 多々納裕一（2003）：災害リスクの特徴とそのマネジメント戦略）

表 14.1　災害リスクの種類（防災士教本を参考に作成）

種類	類別	具体事例
自然災害	地震，台風，噴火など	東日本大震災
大事故	大火，爆発，交通事故など	東京電力（株）福島第一原発事故
事件	凶悪犯罪，不祥事など	オウム真理教事件
感染症	ウィルス，伝染病など	エボラ出血熱
テロ	爆破，毒物など	アルジェリア日揮襲撃事件
戦争	動乱，軍事衝突など	第二次世界大戦

済的被害）が急激に増加していることがわかります．これは，大都市や工業地帯など，人間の活動が活発になることにより災害の発生危険度が高くなった地域に，ますます人口や資産が集積しているにもかかわらず，災害に対する脆弱性（災害耐性）が改善できておらず，実質的な防災・減災がいまだ達成できていないことを意味しています．また，地球温暖化の進行による異常気象の巨大化や増大により，従来の防災・減災対策では防ぎきれない規模・頻度の災害が増加していることも一因です．

ここでいう災害リスクとは表 14.1 で示すものであり，具体例でもわかるとおり，いずれも近年に幾度となく発生し，重大な損害が発生しているものです．

14.2 災害リスクの影響評価

前節で述べたように，リスクには多様な種類があり，その発生確率も被災状況もさまざまです．そのため，その特性を分析し，優先順位をつけて対策を講じることで，効率的かつ効果的にリスクマネジメントをすることができます．

[リスクマップとリスクカーブ]

図 14.2 からわかるように，災害リスクはほかのリスクに比べて発生頻度は多様ですが，損害額が甚大になる傾向にあります．また，各災害に対して適切な対策によりリスクを減らし，損害額を少なくすることが重要となります（図 14.3）．これが災害リスクマネジメントの目的です．

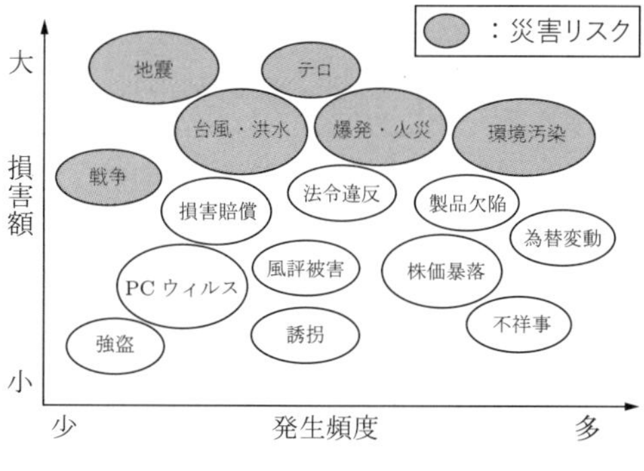

図 14.2 リスクマップ（経済産業省資料）

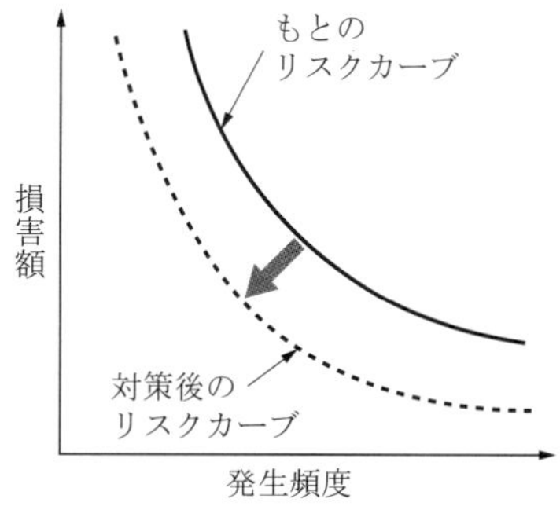

図 14.3 リスクカーブ（経済産業省資料）

14.3 災害リスクマネジメントの必須要件

第 13 章「原子力と災害」で説明しましたが，東京電力(株)福島第一原発の事故は，地震により外部電源が失われ，その後，津波による浸水被害により非常用ディーゼル発電機がすべて運転できず，全電源喪失状態になって発生しました．これにより，結果的に原子炉建屋の水素爆発やメルトダウン（炉心溶融）が発生し，深刻な放射能汚染につながりました．一方で，女川原発（東北電力）も同様に津波に襲われましたが，電源喪失は免れました．女川原発では津波襲来高を最大 9 m と想定し，建物を海抜 15 m の高台に建設していました．これは，869 年に発生した貞観地震（三陸沖）や 1611 年の慶長津波などを十分に研究し，その教訓を活かした結果といえます．

人はリスクアセスメント（リスクの分析・評価）により多くの知見を得ます．しかし，個人や組織にとって都合の悪いことや不利になることは，多くの場合過小評価する傾向にあり，結果的に「想定外」として片付けてしまうことが多いのです．このような条件下で発生した被害は「人災」であるといえます．東日本大震災の液状化被害や放射能汚染なども，リスク分析と評価を適切に行っていれば，十分に予測して被害を最小限に留めることができたはずであり，これらも「人災」であったといえます．多くの組織，企業にとって，安全確保と投資効果は相反するものでありますが，リスク分析を担当する責任者やエンジニアは，指導者，経営者にこのようなリスクを適切に説明・説得する義務があります．

リスク評価を適切に説明・説得するためには，以下の条件が重要です．

- リスク評価に用いる情報が適切であること
- 適切な分析方法を選定/確立していること
- リスク評価をする担当者が適切な力量をもっていること

14.4 減災思想と災害リスクマネジメント

東日本大震災を契機に，私たちは，被害の発生を抑止するという防災思想の限界（発生時期予測と規模推定など）を知るとともに，南海トラフ地震などの，近い将来発生するであろう大規模災害に対して，被害の発生・増大を可能なかぎり抑制しようとする**減災思想**が，より現実的であることがわかりました．この減災思想は，これまでの防災というシステムの外側に，さらに減災システムを新たに構築しようとする**多重防御（リダンダン**

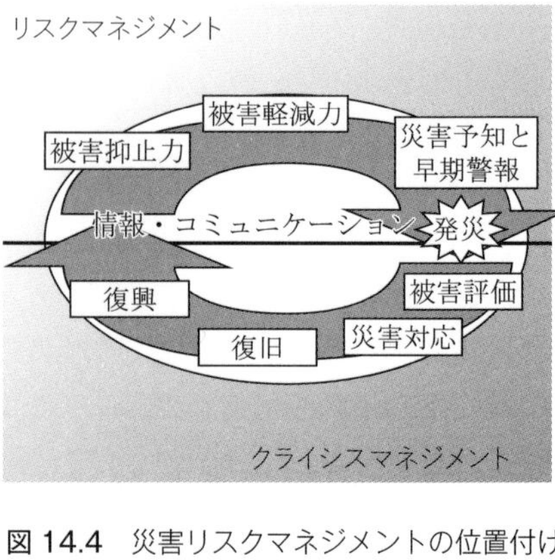

図 14.4　災害リスクマネジメントの位置付け
（土木学会：東日本大震災フォローアップ委員会）

シー）の発想に基づいており，想定外の災害リスクに対しても，「守るべきものの優先順位を設定する」などして，その災害に対して最大限の減災を達成しようとするものです．これが**災害リスクマネジメント**であり，これに対して，災害が発生した後の対応は**クライシスマネジメント（危機管理）**とよばれ，緊急災害対策や，復旧，復興などで構成されています（図 14.4）．

また，災害リスクマネジメントは，現在利用できるハード技術とソフト技術を駆使し，自然災害から人間社会を守るための手段であり，その**第一の目的は，起こりうる損失を可能なかぎり抑制するように事前に準備**しておくこと，**第二の目的は，実際に**

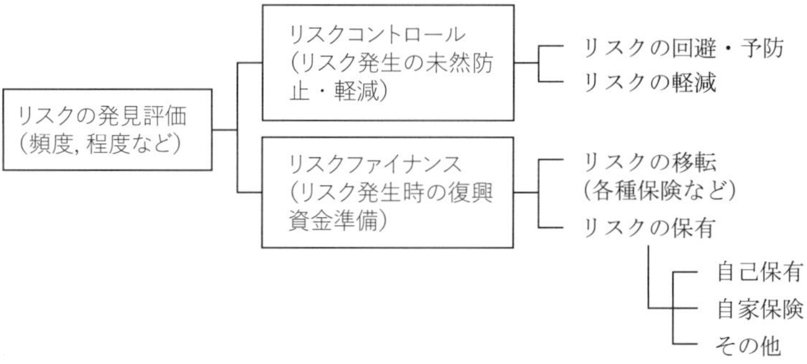

図 14.5　リスクマネジメント技術の分類

表 14.2　災害リスクマネジメントの具体事例

カテゴリー	リスクマネジメント	ハザード例	具体的対策
リスクコントロール	リスクの回避・予防	火災・爆発	可燃物・危険物の安全管理 消火設備の設置 防消火・避難訓練
		交通事故	安全運転　車の整備 危険予知
	リスクの軽減	地震・津波	家屋の耐震補強 家具の転倒防止対策 防災・減災グッズの備え 防災訓練・避難訓練 地域防災マップの作成 減災意識や共助意識の向上
		台風・大雨	家屋の補強 家屋とその周囲の飛散防止 停電対策
リスクファイナンス	リスクの移転		火災保険　地震保険 損害保険　自動車保険 入院保険

発生した被害に対する補償や復旧・復興の方法を準備しておくことです（図 14.5）.

リスクマネジメント技術は決して難しいものではなく，日常の生活においても多くの事例があります．災害リスクマネジメントの自助・共助レベルでの分類カテゴリー別の具体的実例を，表 14.2 に示します．

14.5 リスクコントロール手法

災害リスクを予防・回避したり，または軽減するためには，そのための対策を講じる必要があります．その具体的手法として，エンジニアリング分野で用いられてきた手法には以下のものがあります．それぞれ特長があり，目的に合わせて選択，または組み合わせて活用する必要があります．

（1）フェイルセーフ (fail safe)・・・

フェイルセーフは，失敗（fail）しても安全（safe）であるようにしたもので，機械が故障しても，とにかく安全（人間に危害が加わらない）だけは確保することを優先して設計する手法です．フェイルセーフの第一歩は，機械やその部品が故障した場合，常に安全側になるように構成することです．

たとえば，線路の踏切バーは，もち上げるモーターが故障した場合，重力でバーが下がり踏切を閉鎖する構造になっています．また，鉄道車両では，異常があった場合は空気圧により非常ブレーキが確実に作動するようになっていますが，この自動空気ブレーキ方式はフェイルセーフの典型です．この電車の空気圧ブレーキシステムの原理を，図 14.6 で示します．空気圧縮機で加圧された空気で系統内が満たされており，ブレーキ弁を運転手が操作して加圧空気を排気することにより，補助空気タンクの加圧空気がシリンダー内に流れ込み，車輪にブレーキパッドを押し付けることにより制動がかかります．加圧空気管は連結された列車すべてのブレーキ装置と接続されているため，すべての連結列車のすべてのブレーキが同時に制動します．空

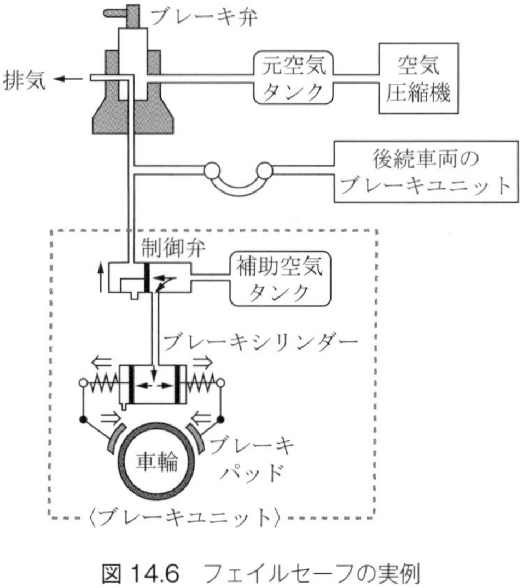

図 14.6 フェイルセーフの実例

気連結管が破断するような非常時には，同様に全ブレーキ装置が作動し，列車を安全に停止させます．

そのほかのフェイルセーフの用例として，工場，プラントなどにおいては，それぞれの特性に合わせて下記のようなフェイルセーフ機能が設けられています．

- 安全弁・逃し弁

容器や配管の破裂を防ぐため，所定圧力以上になると，内部流体が弁棒のバネを押し上げることにより，流体を外部に放散して容器や配管の過大圧力を下げる機能をもつ（図 14.7）．

- 遮断弁

異常な反応（燃焼など）を停止するため，制御機器と組み合わせて反応流体（燃料など）の供給を素早く遮断する（図 14.8）．

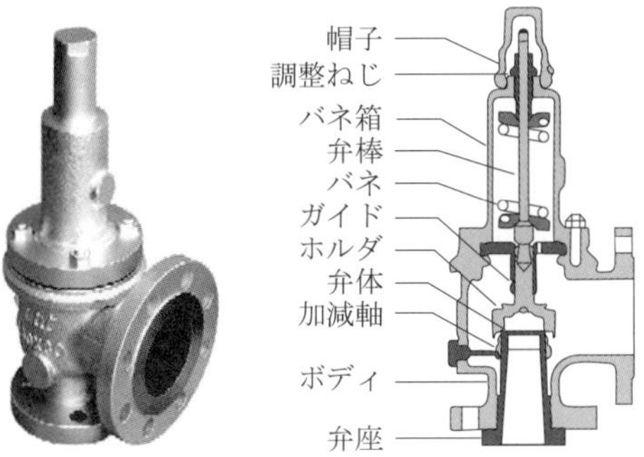

図 14.7　安全弁の外観と構造図（(株)福井製作所）

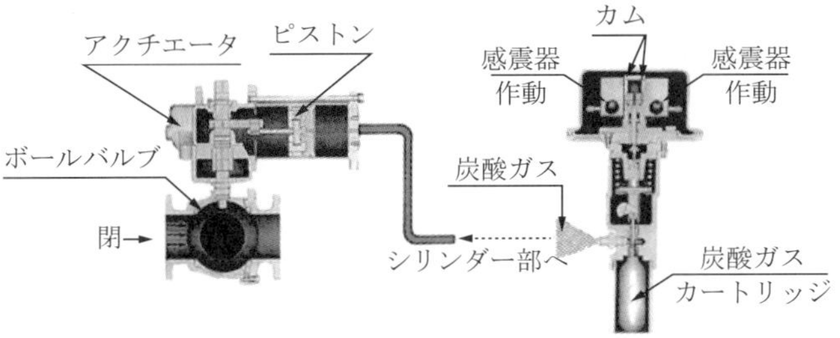

図 14.8　天然ガス緊急遮断弁の構造（トキコシステムソリューションズ(株)）

- 非常停止スイッチ

運転が継続できないような緊急異常事態が発生した場合，非常停止スイッチ（通常は透明カバーで囲われている赤色大型スイッチ）を強く押すことにより，運転中の機械，設備，プラントなどを，速やかに，かつ安全に停止させることができる（図 14.9）．

図 14.9　非常停止スイッチ（富士電機(株)）

- **原子炉**

停電時は，重力などで制御棒が炉心に挿入されて核反応が抑制される．並行して，冷却水循環により崩壊熱を除去し，原子炉を冷温停止する（図 14.10）．

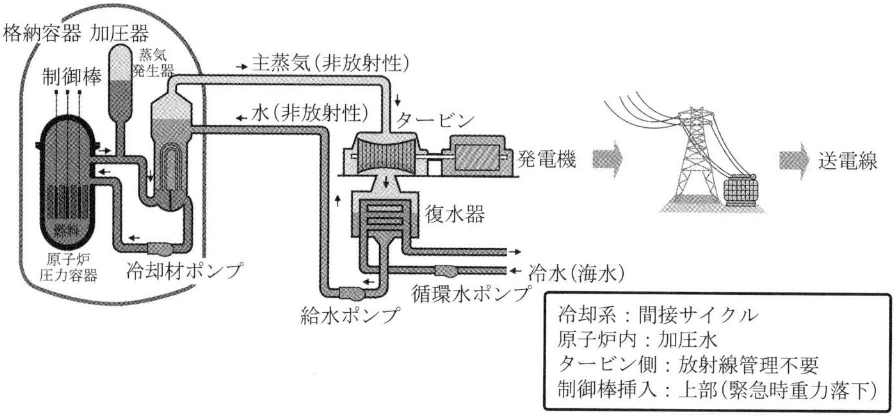

図 14.10　加圧水型原子炉のフェイルセーフ（日本原子力文化財団「原子力・エネルギー図面集」の図をもとに作成）

また，災害に対しては，一般に下記のような安全対策が施されています．

- **地震計**（ネットワークシステム）による地震動の警報と非常停止
- **火災検知・警報**と自動消火システムによる消火
- **ガス漏れ検知・警報**と安全装置による遮断と大気放散

（2）フォールトトレランス（fault tolerance）・・・

フォールトトレランスは，故障（フォールト）に対して裕度の範囲で許容し（トレランス），できるだけ運転を継続するように設計する手法です．フェイルセーフが直接，安全性確保を目標にするのに対して，フォールトトレランスは，信頼性の向上を目標とします．すなわち，できるだけ機械の機能を正しく維持することにより，安全を確保しようとする設計です．

たとえば，飛行中の航空機に故障が生じた場合，フェイルセーフのように機器を停止するわけにはいきません．そこで，部品や機器が故障しても，ほかの部品や機器，もしくは多重化された部品やシステムで**バックアップ**し，本来の機能である飛行を継続するように設計をします．これがフォールトトレランスであり，**リダンダンシー**によって信頼度を上げ，結果的に安全性を維持しようとするものです．

コンピューターのハードディスクを RAID（**レイド**）でバックアップ（図 14.11）したり，災害に対して，**サーバーの多重化**と設置場所分散（たとえば，関東と関西，

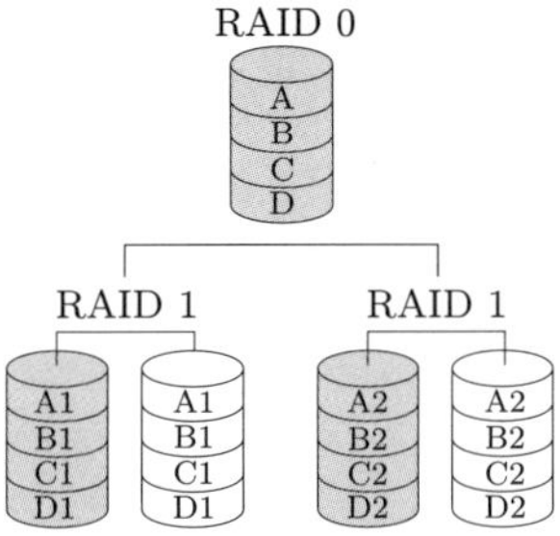

図 14.11　RAID の例

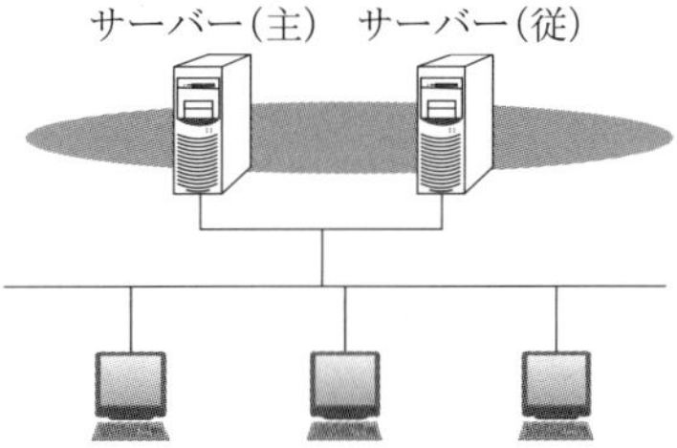

図 14.12　サーバーの二重化

または地方遠隔地）するなどもこの一つです（図 14.12）.

工場・プラントなどでは，一般に以下のようなリダンダンシーを設けています.

- ポンプなどの補機類で重要なものは**予備機**を設けており，1 台が故障すれば，自動的にもう 1 台が起動して，運転を継続する（**予備機の自動起動**）.
- 運転制御に重要な計測項目は，多点計測し，2 out of 3（ツー・アウト・オブ・スリー）などのロジックを介して運転する（図 14.13）. これは，三つのセンサーのうち，二つが正常であれば正常とみなし，二つ以上異常となるとその項目を異常とみなすというものです.

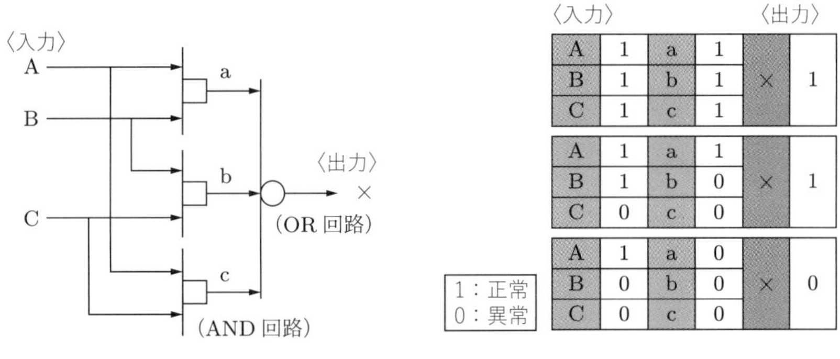

図 14.13　2 out of 3 のロジック（例）

- 電源設備は，**UPS（無停電電源装置）**を用いて重要な電気・制御機器に非常用電源を供給する.
- 電気供給系統は，**2 重母線方式**を採用し，切り替えて使用する（図 14.14）.

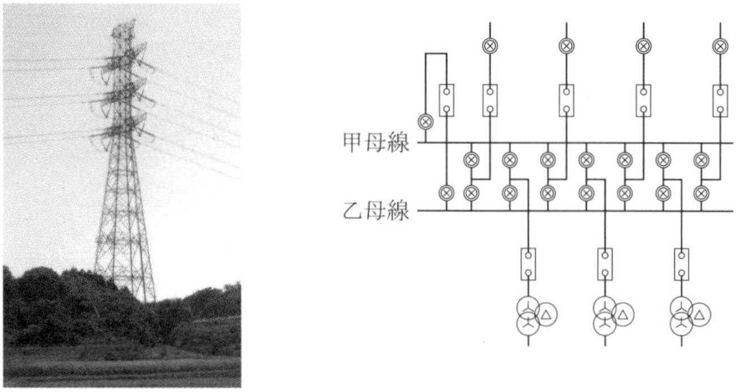

（a）　　　　（b）

図 14.14　送電線および 2 重母線系統図

14.6 安全性評価手法

上記のようなリスクコントロールを考えるうえで，その危険性の分析・解析を行い，安全性を評価する必要があります．その安全性評価（リスクアセスメント）の手法としては表 14.3 のような各種の方法があります．ここでは産業界でよく用いられる HAZOP とフォールトツリー解析（FTA）を紹介します．

(1)HAZOP（Hazard and Operability studies）・・・

HAZOP は，化学プラントの設計・建設段階における安全性評価の手法として開発され，代表的な方法として採用されてきましたが，それ以外の分野においても有効性が認められ，リスク評価方法として適用されています．

プラントの安全性を確保するうえでのキーポイントは，潜在危険性や運転上の阻害要因をもれなく選定することです．HAZOP では，これらをもれなく洗い出すために，プラント運転状態の「設計意図からのズレ（プロセス異常）」に着目します．そのためのガイドとして，七つの標準ガイドワードを用意しており，対象とする設備・システムの設計・運転パラメータ（流れ，流量，温度，圧力，組成，レベルなど），および操作（反応，撹拌，分離，加熱，冷却，操作手順など）と組み合わせて，設計意図からのズレ（プロセス異常）を自動的に見つけ出すことができます（図 14.15）．このようにして，プロセスのあらゆる事象に対して異常の有無を検証し，対策を決定します（表 14.4）．

表 14.3　安全性評価手法（HAZOP & プラント安全促進会）

安全性評価手法＼適用目的	潜在危険性・危険源の特定	設備・結果事象の危険度ランク	既存安全対策の確認・評価	システムの弱点解析	故障・緊急事象・事故の頻度解析
チェックリスト（CL）	○		○		
相対性危険度評価（RR）		○	○		
予備的危険性評価（PHA）	○	○	○		
What-If（WI）	○	○	○		
What-If チェックリスト（WI/CL）	○	○	○		
HAZOP	○	○	○		
故障モード影響解析（FMEA）	○	○	○		○
フォールトツリー解析（FTA）			○	○	○
イベントツリー解析（ETA）			○	○	○
原因結果解析（CCA）			○	○	○
作業安全/誤操作解析（JSA/HRA）	○	○	○		

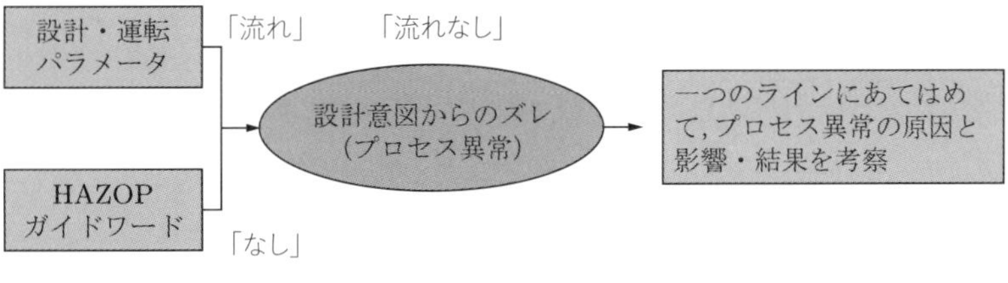

図 14.15　HAZOP の手順（HAZOP & プラント安全促進会）

（2）フォールトツリー解析（FTA：Fault Tree Analysis）・・・

この解析手法は，アメリカのマサチューセッツ工科大学にて，原子力発電所の定量的リスク解析の手法として確立されたもので，今日では原子力分野以外でも幅広く活用されています．

FTA は，システムにとって望ましくない事柄，事象を取り上げ，その原因，要因を掘り下げていって，根本的な原因，要因を特定し，それらの因果関係を論理回路記

表 14.4　HAZOP 実施例（HAZOP & プラント安全促進会）

装置/設備名称：　原油常圧蒸留装置/LPG 蒸留セクション
スタディノード No.：　N-1002
スタディノード概要：　脱プロパン塔 V-1001 塔頂（OH）ベーパー系
設計意図/主要運転条件：脱プロパン塔 OH ベーパーの凝縮，塔頂圧力および脱プロパン塔 OH 受槽圧力のコントロール
圧力：V-1001 塔頂：15.0 kg/cm^2G，D-1001：14.6 kg/cm^2G
温度：E-1002A/B シェル側入口/出口：46°C/44°C

ズレ	No.	考えられる要因	起こりうる影響・結果	考慮されている対策	リスク評価			アクション	アクション内容	担当
					L	S	R	No.		
流れ停止/流量減少	1.1	PV-1001 閉止	1.1.1　V-1001 脱プロパン塔凝縮停止，脱プロパン塔圧力上昇，PDV-1001 開，D-1001OH 受槽圧力上昇，加圧損傷の可能性	TI-1010, PIC-1001/1002PAH, PDIC-1001H, PSV-1001/1002 PV-1002	2	3	B			
			1.1.2　PICV-1002（ハイカット弁）開き燃料ガス系にプロパンガス放出，製品プロパンロス（一時生産損失）		2	2	B			

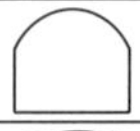	AND ゲート	論理積．ゲートの下位にある入力事象のすべてが成立したとき，ゲートの上位の事象が出力される．
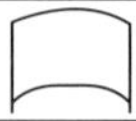	OR ゲート	論理和．ゲートの下位にある入力事象のいずれか一つが成立したとき，ゲートの上位の事象が出力される．
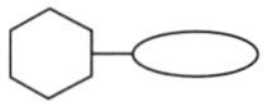	抑制ゲート	下位の入力事象が楕円の中に記述された条件を満足する場合のみ，上位の事象が出力される．
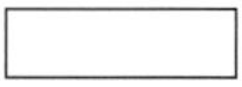	トップ事象 中間事象	上記の論理ゲートを用いて下位事象に展開すべきフォールト事象．枠内に事象の内容を簡潔に記述する．
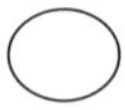	基本事象	それ以上の展開を必要としない最下位の事象．通常，発生頻度または発生確率がわかっている事象．円内に事象の内容を簡潔に記述する．
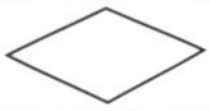	省略事象 ダイヤモンド事象	解析の範囲外か情報の不足により意図的にそれ以上の展開を中断する事象．枠内に事象の内容を簡潔に記述する．
	外部事象 ハウス事象	境界条件として存在する事象または条件．システムの正常な状態または操作．枠内に事象の内容を簡潔に記述する．
	転移入力記号 転移出力記号	二つのフォールトツリーを連結するための記号．三角形内に数字または記号を示す．同一ツリーの繰返しを避ける場合にも使用する．

図 14.16　フォールトツリーの論理回路記号（HAZOP & プラント安全促進会）

号（図 14.16）を用いてツリー状に表現します．詳細は割愛しますが，これを論理的に分析することにより，（i）危険状態（トップ事象）の発生頻度の推定，（ii）弱点の特定，（iii）改善案の検討などが可能となります．

例として，図 14.17 で示すように，「ガソリン給油中に出火」したという事象に対して，その事象をつくり出した要因（たとえば「着火源の発生」）などすべてを拾い出し，それぞれの原因（たとえば「タバコの火」）をすべて列記します．これらを分

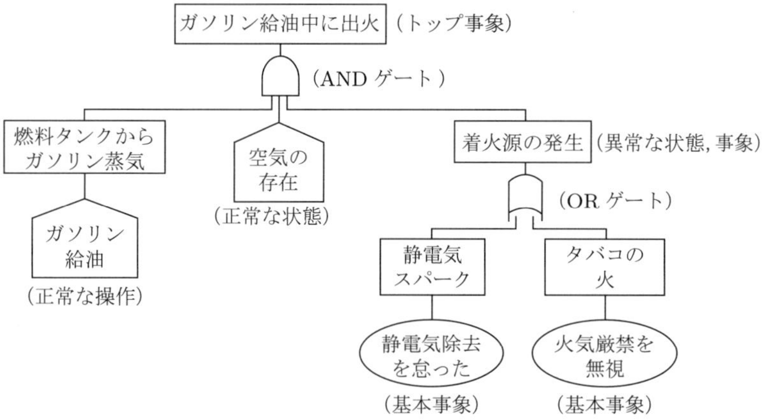

図 14.17　フォールトツリー解析の例 (HAZOP & プラント安全促進会)

析して，その事象の真の原因を突き止めるとともに，その防止策を策定することができます.

この手法は，産業界の多くの分野で，実際に各種の事故などの解析と対策決定に用いられています.

14.7 SWOT 分析

企業におけるリスクマネジメントにおいて，まずその現状分析を正確に行うことが重要となります. 前節の安全性評価に加え, 資金を効果的に投入するためにはマーケットにおけるビジネス内容の分析と評価が必要であり，その手法として **SWOT 分析**があります.

SWOT 分析とは，さまざまな事業要素を，S（強み：Strength），W（弱み：Weakness），O（機会：Opportunity），T（脅威：Threat）に分類し，**マトリックス表**にまとめることにより, 経営戦略上の問題点を整理することができる方法です(図 14.18).

この手法は，実際に実業社会においてよく使われており，会社経営や製品開発などの方針策定に用いられています.

防災・減災のフィールドにおいても，T（災害の脅威）を分析し，これに対して O（必要な防災対策）を発見し，また W（防災上の弱点）を評価し，これに S（強靭な防災対策）を策定する際などに，この SWOT 分析を活用することができます.

		外部要因	
		機会(Opportunity) 製品のマーケットが急拡大 製品の規制緩和が開始	脅威(Threat) 大手他社が製品参入 海外より安価な製品流入
内部要因	強み(Strength) 製品の基幹特許を取得済 最新製造設備を整備済	〈強みを活かす戦略〉 早急に製造・販売体制を確立 ：経営資源の早期投入	〈事業縮小する戦略〉 新たな分野に経営資源投入
	弱み(Weakness) 販売体制が不十分 ベテラン社員が不足	〈弱みを克服する戦略〉 至急販売パートナーを選定・提携	〈事業撤退する戦略〉 製品の生産・販売を中止

図 14.18　SWOT 分析の例

Chapter 15 事業継続計画

この章では…

事業継続計画は，第 14 章で学んだ災害リスクマネジメントの具体的手法の一つです．みなさんが社会に出たときに，その職場・組織などにおいて確立を必要とされる「生活を守るための事業計画」であり，ここではその基礎知識を学びます．

15.1 BCP とは，BCM とは

BCP（事業継続計画）と BCM（事業継続マネジメント）について，英国規格協会（BSI）などによる難解な定義はありますが，平易に表現すると表 15.1 のとおりです．すなわち，BCP は，その会社や組織の特性に合わせて策定された事業継続計画そのものです．また，BCM は，会社や組織が BCP の策定を決定し，策定された BCP を運用・運営するとともに，環境・状況の変化に対して実情に合わせてタイムリーに改訂する運用管理のことです．

表 15.1　BCP と BCM の定義

BCP (Business Continuity Plan) （事業継続計画）	自然災害やテロなどの不測の事態において，企業や組織が，「いかに事業を継続させるか」または「いかに目標とする時間内に事業を再開させるか」について，さまざまな観点から対策を講じるための方針や手続きを明示した計画．
BCM (Business Continuity Management) （事業継続マネジメント）	災害など不測の事態により発生するさまざまなリスクに対して，迅速かつ効果的に対処し，事業活動の継続性を確保するための戦略的な運営管理手法． BCP を策定するとともに，BCP の実行に必要な準備・資源の導入などについて，PDCA サイクルで見直し，管理すること（図 15.1）．

15.2 BCP はなぜ必要か

企業・会社は，事業を行うことにより利益を得て，これを配分（給料，税金など）します．このことによって，国民は文化的な生活を営むことが可能となります．

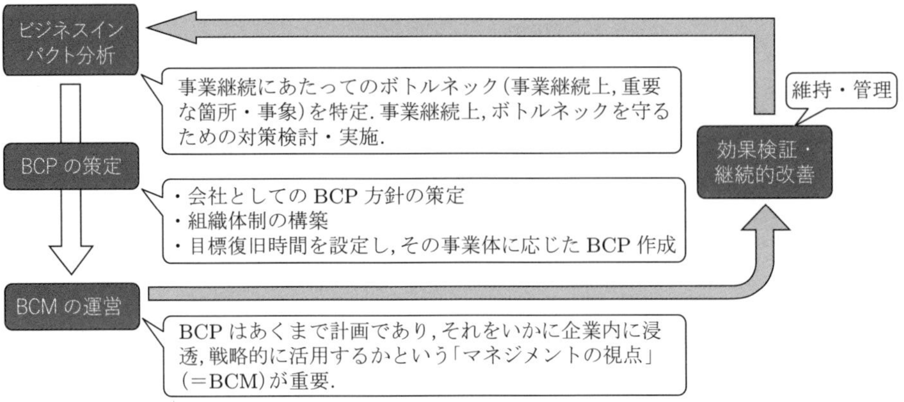

図 15.1　BCP と BCM の相関図（経済産業省，事業継続計画策定ガイドライン）

万が一，災害などにより企業・会社が事業を継続できなくなった場合，その企業・会社に所属する構成員，すなわち会社員は収入を失い，関連する会社のみならず，社会全体に多大な損失を与えることとなります．大災害時などで，その地域のほとんどの企業・会社の**サプライチェーン**が破壊された場合，復旧・復興の妨げになるばかりか，「命は助かったが仕事がない」ということになります．

BCP は，いつ発生するかわからない災害に対して，企業・会社が事業を継続維持するための，その会社独自のオーダーメイドの防衛対策であり，その企業のみならず，取引のある企業や団体を含めて生き延びるための対策・方策です．また，これらに所属して生活の糧を得ている，**あなたとあなたの家族を守るもの**でもあります．

15.3　会社とは，事業とは

会社とは，特定の事業を行うための組織体であり，その営利活動により得た利益の一部を構成員に分配します．また，事業（Business, Project, Venture）とは，生産や営利などの一定の目的をもって，継続的に組織・会社・商店などを経営することです．その意味では，図 15.2 のように，会社は「船」に，事業は「航海」にたとえることができます．

図からわかるように，**船主（株主，またはオーナー）**が準備した**船（会社）**に，**商品，燃料，食糧（原料や製品，エネルギー，資金）**を積み込み，**船長（社長，経営者）**と**船員（社員，構成員）**が**航海（事業）**を行います．途中で，**嵐（マーケット競争）**などの**ハザード**を乗り切ったり，避けたりして目的地に到着し，商品を売却して代価を得ます．それを元手に，つぎの航海のための商品などを仕入れたり，船の整備（会

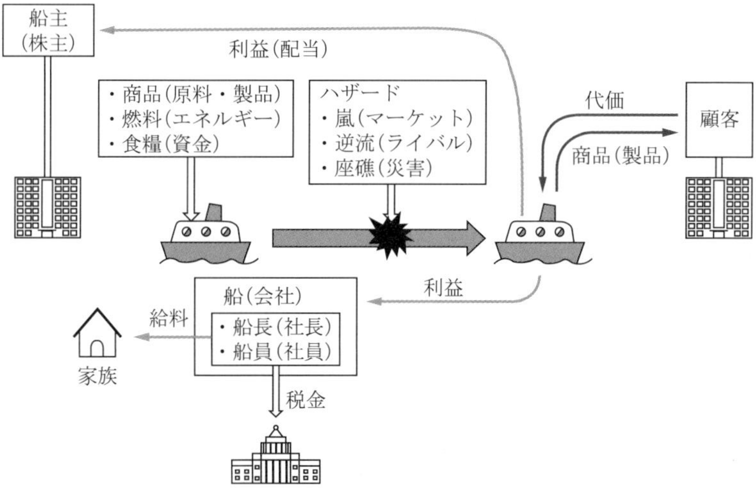

図 15.2　会社・事業と船・航海

社の事業拡大や製品開発）をするとともに，船主（株主）に利益（配当）を配分し，船長（社長）や船員（社員）にも給料を支払います．これにより，船員（社員）とその家族が文化的な生活をできることになります．また同時に，税金（法人税，事業税や所得税など）を納めることにより，国家を運営することができるようになります．

15.4 日本におけるBCP策定の現状

BCP（事業継続計画）は，会社にとって災害時に生き残るために重要な方策です．日本における企業のBCP策定状況は，2017年度（平成29年度）の時点で，大企業では64.0 %，中堅企業では31.8 %と徐々に増えてきています（図15.3参照）．しかしながら，企業の災害対策としていまだ不十分なレベルと言わざるを得ません．

災害列島である日本においては，いつ巨大災害が発生してもおかしくない状況であり，また，BCPは私たちの生活に多大な影響を及ぼすものですので，いままでのように経営者のトップダウンを待つのではなく，これからの会社を支える，防災を学んだ社員による，実効性のあるBCPをボトムアップにより拡充する必要があります．

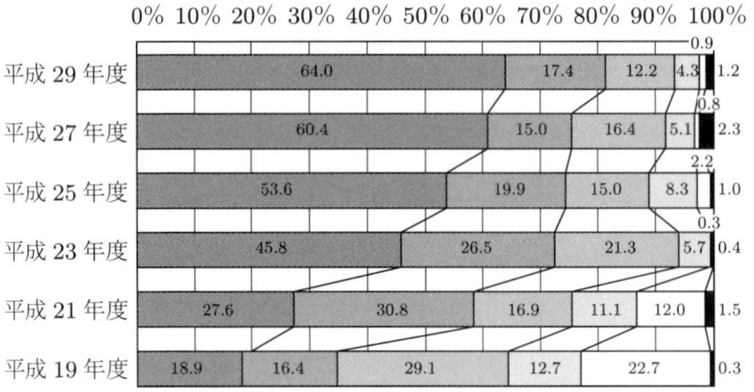

（a）大企業(製造業の場合, 資本金 10 億円以上かつ社員 301 人以上)

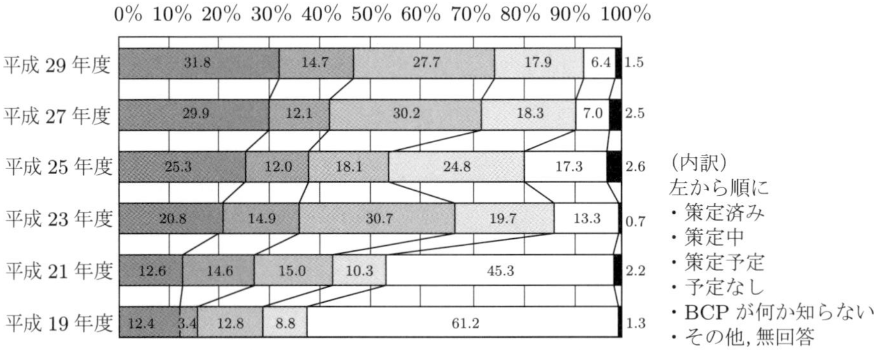

(b) 中堅企業(製造業の場合, 資本金 3 億円超 10 億円未満かつ社員 301 人以上)

図 15.3 国内企業の BCP 策定率推移（内閣府：平成 29 年度企業の事業継続及び防災の取組に関する実態調査）

15.5 企業被災事例

(1) BCP を導入していなかった企業の実態・・・

まずは，導入していなかった企業が被災によりどのように影響を受けたかについて見てみましょう．

- **N 精機**（2007 年 7 月，新潟県中越沖地震）：事業中断

〈状況〉（ i ）被災により，自動車・単車用メータの製造が約 1 か月停止

（ ii ）ヤマハ，ホンダ，カワサキが単車生産を部分的に休止

（iii）ホンダが自動車生産を 2 日間停止

（iv）被害総額 2.7 億円

- **新潟 S 電子**（2007 年 7 月，新潟県中越沖地震）：事業中断

〈状況〉（ i ）半導体工場の操業が 5 か月間停止，5 ライン中 2 ラインが復旧できず

（ⅱ）被害総額約 500 億円

（ⅲ）正社員 1,500 人中，退職 100 人，転籍 100 人，および 500 人の派遣社員は全員解雇

• **M 染工**（2004 年 7 月，福井豪雨）：廃業

〈状況〉（ⅰ）豪雨による浸水で主要機械が被災

（ⅱ）機械修理に 2 億円が必要，新品購入では 40 億円が必要

（ⅲ）工場再建に 2 か月必要で，その間にほかのメーカーに顧客を奪われる可能性が高い

（ⅳ）今後の売上げでは借金回収が無理とのことで，廃業．全従業員は解雇

• **R 株式会社**（2007 年 7 月，新潟県中越沖地震）：サプライチェーンの混乱

〈状況〉（ⅰ）被災により，自動車用ピストンリングの製造が中止，おそれていた「一社発注のリスク」が顕在化，「R 社ショック」とよばれた

（ⅱ）自動車メーカー 12 社（トヨタ，ホンダ，日産，BMW，VW など）のすべての生産ラインが停止．その結果，各メーカーの系列メーカーも操業停止となった

（ⅲ）トヨタ，日産など 15 社から総勢 700 人を派遣して復旧応援を行った結果，約 1 週間で生産を再開し，正常操業に復旧した

（ⅳ）ジャストインタイム方式（別名トヨタカンバン方式）のサプライチェーンのあり方にも問題があることが判明

（ⅴ）震災後，R 社は主要製品の生産工場の分散化を実施

（ⅵ）各自動車メーカーは，集中度の高い部品を極力，広範囲の部品メーカーから調達することを検討

以上のように，BCP を確立していなかった企業は，災害時により大きなダメージを受け，再建・復興ができずに，従業員の雇用も守ることができなくなります．また，場合によっては，日本国内ばかりか海外の経済活動に悪影響を与えることになります．

（2）BCP を導入した企業の状況・・・

つぎに，BCP を導入・策定していたために，早期復旧に成功した被災企業を見てみましょう．

• **米谷製作所**（2007 年 7 月，新潟県中越沖地震）

事業内容：自動車用部品の鋳造金型の製作

〈状況〉事前対策により，機械転倒などの大きな被害なし

【BCP による予防対策】

（a）工場や大型機械の基礎強化

（b）被災時情報共有マニュアルの整備

（c）設備復旧方法の共有化

（d）社員の防災意識の徹底

【被災時および被災後の対応】

（a）避難路の確保

（b）社員と家族全員の安否確認

（c）翌日には出社可能な社員により，復旧作業開始

（d）翌日の午後には生産を再開し，出荷開始

• イーライリリー＆カンパニー（2011 年 3 月，東日本大震災）

事業内容：アメリカをベースに 143 か国で先端医薬品の開発・製造・販売の事業展開，日本においても 50 社で資材製造

〈状況〉日本の資材製造拠点の被災によるサプライチェーンの混乱

【最初の 6 時間の対応】

（a）被災地から供給されている全資材の特定作業

（b）影響を受ける全製品の特定作業

（c）製造工場への被災地以外からの被災資材の供給調整作業

（d）日本での供給会社 46 社中 10 社が被災していないことを確認

【翌日の対応】

（a）本社と工場で被災会社支援チームの結成

（b）残り 36 社中 13 社の被害状況把握，影響評価レポートの作成

（c）輸送中や在庫資材の状況・物量の把握

（d）不足資材の代替サプライヤーとの交渉開始

欧米にかぎらず，世界をマーケットとしている企業は，自己のサプライチェーンの欠損を防止するため，あらゆる手を打ちます．したがって，被災企業の復旧速度が遅い場合，自社防衛のため容易に他社に供給先を変更してしまうことを肝に命じておく必要があります．

なお，2012 年に国際規格である ISO 22301「事業継続マネジメントシステム」が制定されました．この認証を受けることにより社会的評価が得られ，また，今後国際的ビジネスにおいてはこの認証を要求されることもあるので，留意が必要です．

15.6 BCM/BCP の策定

以上で見てきたように，これまでの大災害において，BCP を導入していないため

に事業を継続できなかった企業，BCP が効果を上げて事業を継続できた企業とで，現実的に明暗が分かれています．

BCP が国際的に注目されたのは，2001 年 9 月 11 日にニューヨークで発生した同時多発テロ事件であったといわれています．この事件は世界貿易センタービルに旅客機が突入し，数多くの企業が被災しましたが，被害にあった企業の内の 1 社（リーマンブラザーズ社）が，それ以外の場所に**バックアップセンター**を準備していたことにより，速やかに事業を再開することに成功したため，企業にとって BCM/BCP の重要性が改めてハイライトされました．

日本国内では，やはりこのテロ事件が契機となり，アメリカ，イギリスに追従する形で BCM/BCP の導入をめざしてきていました．また，新潟県中越沖地震や東日本大震災により，また近い将来に予想される南海トラフ巨大地震を想定して，政府の指導もあり，全企業への早期の導入が求められています．経済大国となった日本においては，もはや「命だけでも助かればよい」という段階ではなく，国際マーケットのなかで，災害前の経済水準をいかに早急に回復し維持していけるかが，災害復興の重要なポイントになっています．「**命は助かったが仕事がない**」では，国民経済の復興が達成できません．そのためには，各企業においては，その社会的責任を達成するためにも，**BCM/BCP を確立して事業継続を実現**させる必要があるのです．

また，災害時においても事業継続が可能であることをアピールできるので，契約における **Force Majeure（フォース・マジュール：不可抗力）**のリスクを減らす[1]ことができ，顧客からの**信頼性評価**を高めることにもなります．

BCP の効果は，図 15.4 のように，あらかじめ災害を想定して準備することにより，事業継続のための下限の生産レベルを維持し，また，高操業度への復旧を最短（所定

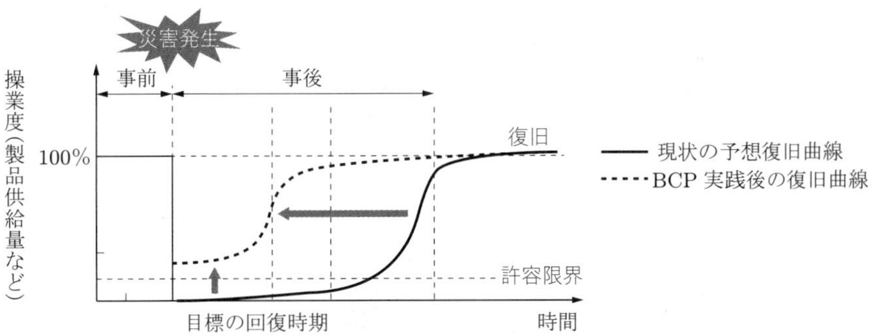

図 15.4　BCP の効果イメージ図（内閣府ホームページ）

1）BCP の策定によって，売買契約においてフォース・マジュール条項を減ずることができれば，買主の損失の可能性を減らすことになり，売主にとっても受注確度を高めることになる．

の時間以内）で行うことができることです．また，被災前のマーケットシェアを確保でき，場合によっては，拡大することも可能となります．

15.7 BCP の策定手順

つぎに，BCP の策定手順を見てみましょう（図 15.5）．

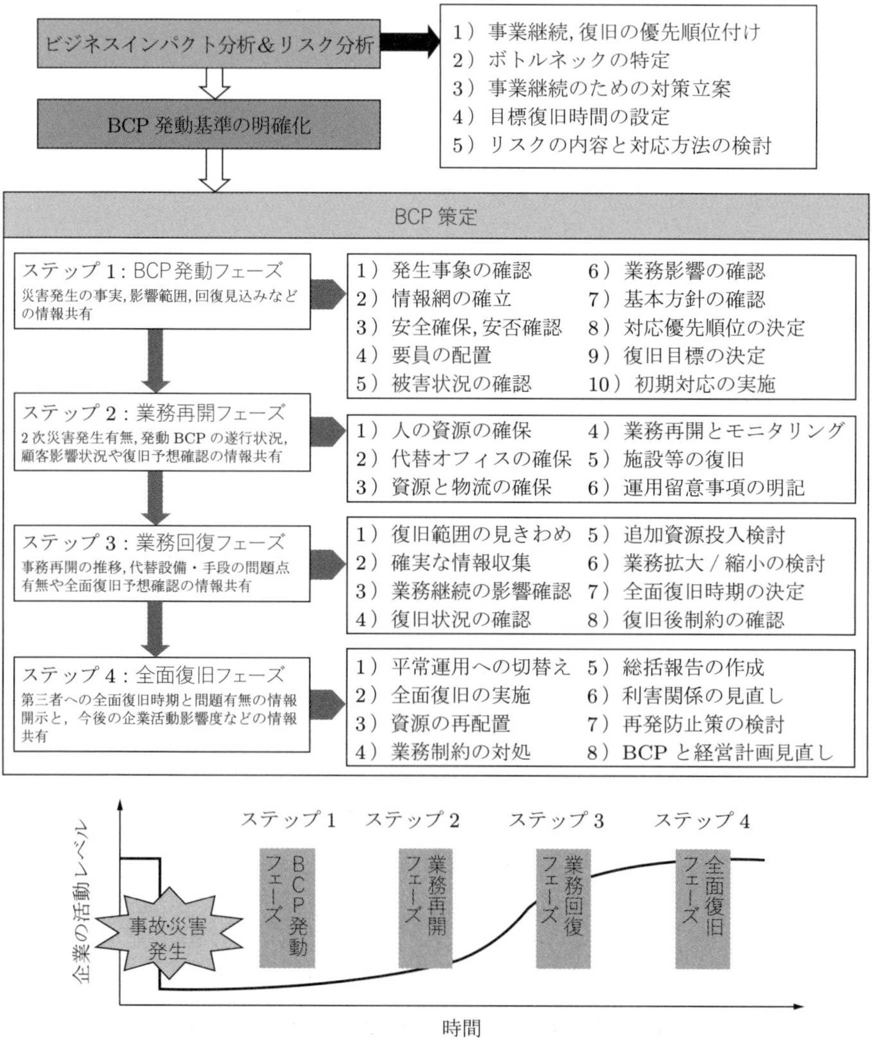

図 15.5 BCP の作成手順（経済産業省「BCP 策定ガイドラインの概要（2005 年）」より作成）

[ボトルネック]

ボトルネックとは，日本語では隘路《あいろ》とよばれるもので，図 15.6 のように，流路がもっとも狭くなっている部分をいいます．

経営活動や生産活動，プロジェクトマネジメントなどにおいては，その活動において全体の円滑な進行や発展の妨げとなる要素を示します．

事業継続計画においては，被災後に復旧・復興時の障害となる可能性のある要素（= ボトルネック）を事前に抽出し，その対策を立案しておくことがきわめて重要です．

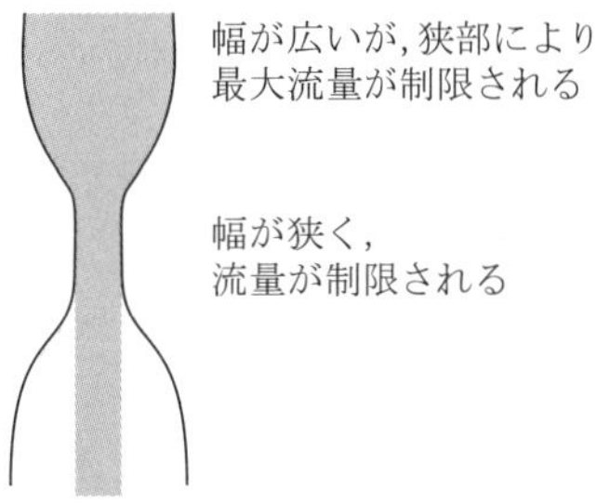

図 15.6　ボトルネック概念図

BCP 策定の際は，以下の事項が重要となります．

① **事業継続の可否と優先事業の選定**

損害のレベルなどにより，その事業を継続させる必要があるかなどを定量的に評価・分析して選定する（SWOT 分析などを使用）．

② **復旧目標期日の設定**

災害発生後，事業中断がいつまで許されるかなどを定量的に評価・分析して設定する．

③ **優先事業復旧の障害の分析・対応**

重要事業を優先的に復旧するための障害事項（ボトルネック）をリストアップし，その対策を立案する．

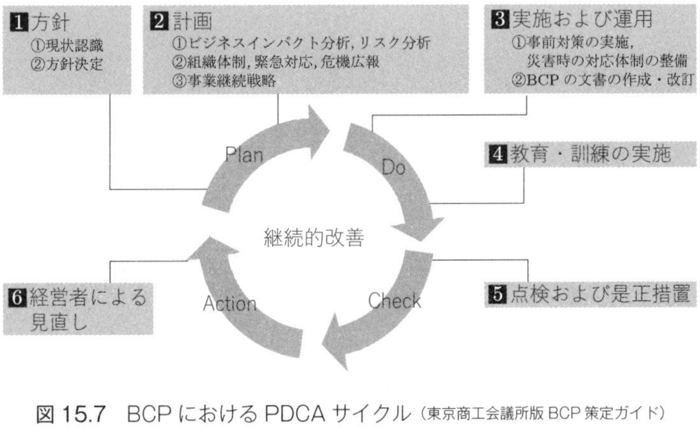

図 15.7　BCP における PDCA サイクル（東京商工会議所版 BCP 策定ガイド）

④ **経営者の主導**

BCP の取組みは企業経営と連動しており，経営者が主導する．

⑤ **常時の見直しと改善**

経営や事業などの環境変化に対応して，常に改良・改善を図る．また，図 15.7 のように，PDCA サイクルにより，継続的に BCP の改善作業を行う．

15.8 BCP 導入有無による災害後の企業活動の差異

実効のある BCP の策定と運用には，企業として，それなりのリソースを長期的につぎ込む必要があります．そのため，目先の経営のみにとらわれていたり，リソースをつぎ込む余裕がない場合には，BCP の策定を無視したり，後手に回したり，もしくは，対外用として形だけの BCP を作成したり，はたまた，経営環境の悪化や経営

表 15.2　緊急対応シナリオ例（中小企業庁「中小企業 BCP 策定運用指針第 1 版」）

	BCP 導入なし企業	BCP 導入済み企業
想定	• 自動車部品等のプレスメーカー（従業員 30 名） • 平日早朝，大規模地震が発生，県内の広い範囲で震度 6 強を観測	
当日	• 工場ではすべてのプレス機が転倒 • ほとんどの従業員の安否確認ができず • 納品先に連絡するが電話通じず，その後，後片付けに追われ，納品先に連絡せず	• 工場ではアンカーを打っていたため，プレス機の転倒を免れた • 伝言ダイヤル 171 で大半の従業員の安否確認ができた • 納品先に電話が通じないため，最寄りの営業所まで従業員 1 人をバイクで事情説明に行かせた
数日間	• 従業員は家族の被災や地域活動のため，半数は 1 か月出社できず • 原材料の仕入れ元会社の工場が全壊，代替調達の目処が立たず • 1 週間後，納品先企業から発注を他社に切り替えたと連絡あり	• 従業員に対して日頃耐震診断済みのアパートに住むように指導していたので，家族の被災を免れた • 大半の従業員が 3 日間は地域活動に専念，その後 1 か月間は 2/3 が出社するよう交代制をとった • 中核事業である自動車用部品の生産復旧に最優先で取り組んだ • あらかじめ話をつけていた会社から当面の代替調達を行った • 3 日後，納品先の企業に，もくろみどおり 1 か月で全面復旧可能と報告
数か月間	• 3 か月後，生産設備は復旧するも，受注は入らず • プレス機械更新のため，金融機関から融資を受ける • 会社の規模を縮小，従業員の 7 割を解雇	• 手持ち資金により従業員の月給，仕入れ品の支払いを行った • 同業組合から復旧要員の応援を得た • 1 か月後，全面復旧し，受注ももとに戻った • 損壊した一部プレス機械の更新は地震保険でカバー • 震災後，納品先の信用を得て，受注が拡大

方針の変更などにより，せっかく策定したBCPのPDCAサイクルが行われないために，実効性を失ってしまうことがあります．

ここでは，ある製品のメーカーを仮想して，実効性のあるBCP/BCMがしっかりと統制を取れている企業と，できていない企業が，実際に大災害に遭遇した場合，どのような差異ができるか対比してみましょう（表15.2）．

あなたは，どちらの企業に勤めたいと思いますか？

さくいん

■英数字

■あ　行

■か　行

■さ　行

■な　行

■は　行

■ま　行

■や　行

■ら　行

■わ　行

著 者 略 歴

太田　敏一（おおた・としかず）

1972 年　大阪市立大学工学部卒業，神戸市に入庁
1995 年　神戸市震災復興本部総括局計画課長
2010 年　神戸市を定年退職
2013 年　明石工業高等専門学校特命教授（～ 2017 年）
2017 年　防災科学技術研究所客員研究員
2018 年　防災リテラシー研究所代表
　　　　　現在に至る
　　　　　博士（情報学，京都大学）

松野　泉（まつの・いずみ）

1974 年　金沢大学工学部卒業，川崎重工業株式会社に入社
2007 年　カワサキプラントシステムズ株式会社エネルギープラント総括部
　　　　　発電プラント部長
2010 年　川崎重工業株式会社エネルギープラント総括部発電プラント部長
2013 年　川崎重工業株式会社を定年退職
2013 年　明石工業高等専門学校特命教授（～ 2017 年）
2017 年　神戸工業高等専門学校講師
　　　　　現在に至る

編集担当　藤原祐介（森北出版）
編集責任　上村紗帆（森北出版）
組　　版　コーヤマ
印　　刷　丸井工文社
製　　本　　　同

防災リテラシー（第 2 版）

2016 年 3 月 22 日　第 1 版第 1 刷発行
2020 年 2 月 20 日　第 1 版第 5 刷発行
2021 年 1 月 15 日　第 2 版第 1 刷発行
2023 年 3 月 20 日　第 2 版第 3 刷発行

著　　者　太田敏一・松野　泉
発 行 者　森北博巳
発 行 所　**森北出版株式会社**
東京都千代田区富士見 1-4-11（〒 102-0071）
電話 03-3265-8341／FAX 03-3264-8709
https://www.morikita.co.jp/
日本書籍出版協会・自然科学書協会　会員
JCOPY　＜（一社）出版者著作権管理機構 委託出版物＞

落丁・乱丁本はお取替えいたします．

Printed in Japan／ISBN978-4-627-45292-3